QUÍMICA

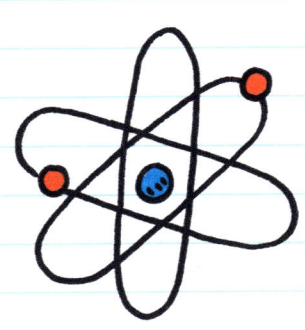

Título original: EVERYTHING YOU NEED TO ACE CHEMISTRY IN ONE BIG FAT NOTEBOOK:
The Complete High School Study Guide
Copyright © 2020 por Workman Publishing Co., Inc.
Copyright da tradução © 2023 por GMT Editores Ltda.
Publicado mediante acordo com Workman Publishing Co., Inc., Nova York.
Todos os direitos reservados. Nenhuma parte deste livro pode ser utilizada ou reproduzida sob quaisquer meios existentes sem autorização por escrito dos editores.

tradução: Cláudio Biasi
coordenador editorial: Gabriel Machado
assistente editorial: Guilherme Bernardo
preparo de originais: Luíza Côrtes
revisão técnica: Arthur Lasak Okuda e Nathália Azevedo
avaliação de conteúdo: Fernando Alves de Souza
revisão: Juliana Souza e Luis Américo Costa

revisão técnica e criação de conteúdo: Roberta Mansini
adaptação de capa, miolo e ilustrações adicionais: Ana Paula Daudt Brandão
ilustrações: Chris Pearce
designer: Vanessa Han
concepção: Raquel Jaramillo
redatora: Jennifer Swanson
impressão e acabamento: Pancrom Indústria Gráfica Ltda.

CIP-BRASIL. CATALOGAÇÃO NA PUBLICAÇÃO
SINDICATO NACIONAL DOS EDITORES DE LIVROS, RJ

G779

O Grande Livro de Química do Manual do Mundo : Anotações incríveis e divertidas para você aprender sobre átomos, moléculas e reações químicas / [ilustração Chris Pearce ; tradução Cláudio Biasi]. - 1. ed. - Rio de Janeiro : Sextante, 2023.
    592 p. : il. ; 21 cm.

Tradução de: Everything you need to ace chemistry in one big fat notebook : the complete high school study guide
    ISBN 978-65-5564-645-0

1. Química - Estudo e ensino. I. Pearce, Chris. II. Biasi, Cláudio.

23-86393
CDD: 540
CDU: 54

Gabriela Faray Ferreira Lopes - Bibliotecária - CRB-7/6643

Todos os direitos reservados, no Brasil, por
GMT Editores Ltda.
Rua Voluntários da Pátria, 45 - Gr. 1.404 - Botafogo
22270-000 - Rio de Janeiro - RJ
Tel.: (21) 2538-4100 - Fax: (21) 2286-9244
E-mail: atendimento@sextante.com.br
www.sextante.com.br

O GUIA DE ESTUDO COMPLETO PARA O ENSINO MÉDIO

O GRANDE LIVRO DE QUÍMICA DO Manual do Mundo

Anotações **INCRÍVEIS** e **DIVERTIDAS** para você aprender sobre **ÁTOMOS, MOLÉCULAS** e **REAÇÕES QUÍMICAS**

SEXTANTE

APRESENTAÇÃO

Uma das nossas grandes paixões é a Química. Desde que criamos o Manual do Mundo, há 15 anos, já fizemos centenas de experiências para mostrar as transformações incríveis que conseguimos realizar quando dominamos essa ciência. Uma delas foi o suco de repolho roxo que muda de cor quando entra em contato com um ácido, gravada em 2010, e outra foi a espuma gigante feita com água oxigenada e iodeto de potássio, que nos rendeu um recorde mundial em 2019.

Dois livros que lançamos também têm a Química como um dos temas centrais: *50 experimentos para fazer em casa* e *Experimentos ao ar livre com o Manual do Mundo*, publicados para estimular nossos seguidores a fazer por conta própria o que mostramos através das telas.

Por isso, ficamos muito entusiasmados com este novo volume da coleção Big Fat Notebook. Depois do sucesso dos livros de Ciências, História e Matemática, chegou a hora de conhecer a Química a fundo! Mais uma vez, contamos com uma equipe de especialistas, que nos ajudaram a avaliar o conteúdo, adaptar as questões e revisar cada capítulo.

Com um projeto todo colorido e ilustrado, simulando o caderno de um aluno, *O Grande Livro de Química do Manual do Mundo* vai fazer você estudar se divertindo. Você vai descobrir como trabalhar com segurança num laboratório, como nomear compostos, balancear equações e realizar cálculos químicos, entre outros assuntos.

Agora o universo dos átomos e moléculas deixará de ser um mistério... Vai até rolar uma química!

Iberê Thenório & Mari Fulfaro

O GRANDE LIVRO DE QUÍMICA
DO MANUAL DO MUNDO

  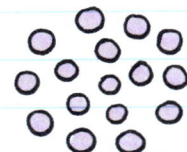 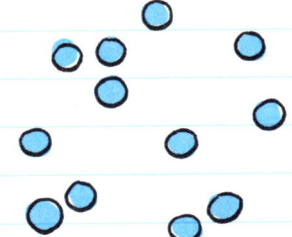

Olá! Bem-vindo à Química!

Este livro tem como objetivo servir de apoio aos seus estudos de Química. É como se fosse um apanhado com as anotações do aluno mais esperto da turma, aquele que entende muito bem as aulas e passa tudo a limpo no caderno, com clareza e precisão.

Em cada capítulo você vai encontrar conceitos importantes de Química apresentados de forma organizada e fácil de entender. Explicações sobre estados da matéria, estrutura e teoria atômica, tabela periódica, reações químicas e muito mais são apresentadas numa ordem lógica e fluida. Você não precisa ser apaixonado por Química nem ser um gênio para compreender e apreciar os conceitos deste livro. Pense nele como Química para iniciantes.

Para manter tudo bem organizado:
- Os termos técnicos estão destacados em **AMARELO**, com definições claras.
- Os termos e conceitos relacionados estão escritos com CANETA AZUL.
- São apresentados os exemplos e cálculos passo a passo.
- Junto aos conceitos, são incluídos gráficos, explicações e ilustrações.

Se você não ama de paixão os livros da escola e fazer anotações durante as aulas não é o seu forte, este livro é para você. Ele trata de muitos assuntos importantes que são ensinados em Química na escola.

SUMÁRIO

UNIDADE 1:
FUNDAMENTOS DA QUÍMICA 1

1. Introdução à Química **2**
2. Execução de experimentos **16**
3. Relatório científico e análise de resultados **27**
4. Medições **39**
5. Segurança no laboratório e instrumentos científicos **54**

UNIDADE 2:
TUDO SOBRE MATÉRIA 69

6. Matéria, propriedades e fases **70**
7. Estados da matéria **82**
8. Átomos, elementos, compostos e misturas **97**

UNIDADE 3: TEORIA ATÔMICA E CONFIGURAÇÃO ELETRÔNICA 109

9. Teoria atômica **110**
10. Ondas, teoria quântica e fótons **119**
11. Elétrons **131**

UNIDADE 4: ELEMENTOS E A TABELA PERIÓDICA 143

12. A tabela periódica **144**
13. Tendências periódicas **159**

UNIDADE 5: LIGAÇÕES E TEORIA VSEPR 179

14. Ligações **180**
15. Teoria da repulsão dos pares de elétrons da camada de valência **208**
16. Forças intermoleculares **221**

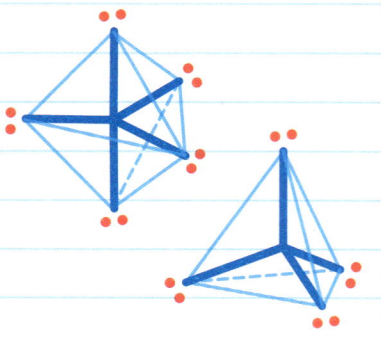

UNIDADE 6: COMPOSTOS QUÍMICOS 231

17. O mol **232**
18. Composição dos compostos **245**
19. Propriedades dos ácidos e das bases **253**
20. Escala e cálculos de pH **263**
21. Os nomes das substâncias **275**

UNIDADE 7: REAÇÕES QUÍMICAS E CÁLCULOS QUÍMICOS 293

22. Reações químicas **294**
23. Estequiometria **310**

UNIDADE 8: GASES 327

24. Gases comuns **328**
25. Teoria cinética dos gases **341**
26. As leis dos gases **347**

UNIDADE 9: SOLUÇÕES E SOLUBILIDADE 365

27. Solubilidade **366**
28. Regras e condições de solubilidade **379**
29. As concentrações das soluções **390**
30. Titulações **401**

UNIDADE 10: TERMODINÂMICA 409

31. A primeira lei da termodinâmica 410
32. A segunda lei da termodinâmica 430
33. Velocidade da reação 439

UNIDADE 11: EQUILÍBRIO 453

34. Equilíbrio químico 454
35. O princípio de Le Châtelier 471
36. Ácidos e bases conjugados 481

UNIDADE 12: ELETROQUÍMICA 489

37. Reações redox 490
38. Pilhas 508
39. Eletrólise 521

UNIDADE 13: INTRODUÇÃO À QUÍMICA ORGÂNICA 529

40. Compostos orgânicos 530
41. Hidrocarbonetos 543
42. Outras funções orgânicas e isomeria 553
43. Reações orgânicas 572

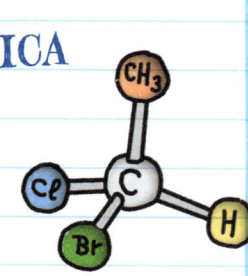

Unidade 1

Fundamentos da Química

Capítulo 1
INTRODUÇÃO À QUÍMICA

O QUE É QUÍMICA?

É o ramo da ciência que estuda a **MATÉRIA**, em que ela consiste e como se transforma.

> **MATÉRIA**
> Tudo que ocupa espaço e possui massa.

Tudo que você vê, toca, ouve, cheira e ingere envolve a Química e substâncias químicas, as quais compõem toda a matéria. A Química investiga as propriedades da matéria, suas interações e suas transformações. Quando a matéria interage para formar novas substâncias, dizemos que ela sofreu uma REAÇÃO QUÍMICA.

Química é como cozinhar. Por exemplo: ao preparar um hambúrguer ou outro alimento qualquer, você mistura ingredientes como a carne (matéria), macera esses ingredientes (aplicando uma força para triturá-los em pedacinhos menores) e os leva ao fogo (mudando a temperatura) até obter um novo material (um hambúrguer, no caso).

A Química está em toda parte.

Na cozinha: Preparação de alimentos; a explicação para a comida apodrecer

Na limpeza: Fabricação e uso de detergentes, desinfetantes e sabonetes

Na medicina: Fabricação e uso de remédios, vitaminas e suplementos alimentares

No meio ambiente: Geração e liberação de poluentes; fabricação de materiais para reduzir e evitar a poluição

TIPOS DE QUÍMICA

A Química possui diferentes ramos ou **DISCIPLINAS**. Os cinco principais são:

QUÍMICA ORGÂNICA: Estudo de compostos baseados em carbono tanto em seres vivos como em objetos não vivos e substâncias derivadas desses compostos.

Gás metano

substâncias químicas que contêm átomos de carbono principalmente ligados a átomos de hidrogênio

QUÍMICA INORGÂNICA: Estudo de substâncias que não se encaixam na definição de compostos orgânicos. Em sua maioria, não contêm átomos de carbono.

BIOQUÍMICA: Estudo de processos químicos que acontecem no organismo de seres vivos.

FÍSICO-QUÍMICA: Estudo de sistemas químicos a partir dos princípios da Física.

RAIO LASER

QUÍMICA NUCLEAR: Estudo das transformações que acontecem no núcleo (centro) dos átomos.

unidade básica da matéria

> **ORGÂNICO OU INORGÂNICO?**
> Os compostos orgânicos de forma geral contêm ligações de carbono e hidrogênio. A maioria dos compostos inorgânicos não contém carbono.

INVESTIGAÇÃO CIENTÍFICA

Os cientistas realizam experimentos e fazem observações em busca de evidências.

O processo de observar e experimentar para formular uma explicação é chamado de **INVESTIGAÇÃO CIENTÍFICA**. Para responder às suas perguntas, os cientistas seguem práticas, procedimentos e processos típicos da Ciência. De modo geral, eles podem ser resumidos em um **MÉTODO CIENTÍFICO**, que pode apresentar variações. De forma sistemática, os cientistas validam a própria pesquisa e também a de seus colegas.

A investigação científica começa com uma pergunta ou um problema. O cientista tenta reunir todas as informações possíveis em relação a um problema por meio de uma PESQUISA PRÉVIA (estudo bibliográfico), com observações e experimentos.

A pesquisa prévia inclui ainda revisar as descobertas de outros cientistas para criar uma HIPÓTESE, uma possível explicação para uma observação ou um problema. Os cientistas testam as hipóteses por meio de OBSERVAÇÕES e as comparam com as PREVISÕES, palpites baseados em observações anteriores. As observações podem exigir o uso dos sentidos (visão, olfato, tato, paladar ou audição) para descrever um evento. Podem ser QUANTITATIVAS, quando envolvem medições ou contagens de algum evento, mas também podem ser QUALITATIVAS, ao descrever a cor, o cheiro, o formato ou OUTRA CARACTERÍSTICA FÍSICA. As descobertas de uma investigação científica recebem o nome de RESULTADOS.

> Uma medição deve sempre informar um número e uma unidade: 6 centímetros, por exemplo.

INVESTIGAÇÃO CIENTÍFICA

1) Definição de problemas: observar o mundo e elaborar perguntas; propor hipóteses
2) Levantamento, análise e representação: realizar atividades práticas de diversas naturezas, como experimentos, observações, etc.; coletar, analisar e representar informações; elaborar explicações considerando o conhecimento científico já existente
3) Comunicação: relatar dados, resultados e conclusões; participar de discussões científicas
4) Intervenção: implementar soluções e ações de intervenção

Os cientistas repetem as etapas do método científico até que uma hipótese seja confirmada ou refutada.

O processo científico nem sempre é simples. Muitas vezes os cientistas acabam voltando às mesmas perguntas.

Tipos de investigação científica

A investigação científica pode estar relacionada à **CIÊNCIA PURA** ou à **CIÊNCIA APLICADA**.

CIÊNCIA PURA

A busca por conhecimento ou fatos. Usa teorias e previsões para entender a natureza. Na Geologia, o estudo da composição e formação de rochas é um exemplo de ciência pura.

CIÊNCIA APLICADA

O uso do conhecimento para aplicações de ordem prática, como na Engenharia. O projeto de um foguete é um exemplo de ciência aplicada.

O DESENVOLVIMENTO DE UM MODELO

Os **MODELOS** são ferramentas criadas pelos cientistas que ajudam a observar um fenômeno, reunir informações com mais facilidade e explicar como ele funciona.

Tipos de modelo

MODELO FÍSICO:

Algo que pode ser montado, como uma molécula representada por massinha, jujubas e palitos.

MODELO COMPUTACIONAL:

Uma simulação em computador de um objeto em movimento ou de uma reação química, por exemplo.

MODELO MATEMÁTICO:

Novas funções e equações que ajudam a descrever um sistema, como a variação de volume que um gás ocupa quando sua temperatura é alterada.

$PV = nRT$

TEORIAS E LEIS CIENTÍFICAS

Depois de realizar muitos experimentos ou criar muitos modelos, os cientistas podem usar os resultados para explicar como e por que certos eventos acontecem. Uma ideia científica começa como uma hipótese que ainda não foi confirmada nem refutada.

Depois que uma hipótese é confirmada (por meio de testes e experimentos), os cientistas formulam uma **TEORIA**.

> **TEORIA**
> Uma explicação científica que se baseia na análise de fatos.
> Os **fatos** podem ser observados e medidos.

Teorias podem ser comprovadas ou refutadas. E, com a coleta de novos fatos por experimentação ou modelagem, podem também ser alteradas ou aperfeiçoadas.

As teorias são a base do conhecimento científico – uma forma de reunir os fatos coletados e colocá-los em prática.

As teorias são a base das invenções, como os foguetes que vão para Marte, e também das pesquisas, como as que investigam a cura do câncer.

As **LEIS CIENTÍFICAS** descrevem o que acontece na natureza. Assim, por exemplo, o químico francês ANTOINE-LAURENT LAVOISIER propôs a LEI DA CONSERVAÇÃO DE MASSA em 1774. Essa lei afirma que, durante uma **REAÇÃO QUÍMICA**, a matéria não é criada nem destruída; ela apenas se transforma.

Lei da conservação de massa

REAÇÃO QUÍMICA
Um processo no qual substâncias são transformadas em uma ou mais novas substâncias.

LEI CIENTÍFICA
Uma regra baseada na observação de um processo natural que se repete sempre da mesma forma.

Uma **LEI** descreve O QUE acontece.

Uma **TEORIA** explica POR QUE alguma coisa acontece.

VERIFIQUE SEUS CONHECIMENTOS

1. O que é Química?

2. Qual a diferença entre compostos orgânicos e inorgânicos?

3. Cite três das cinco áreas básicas da Química e explique o que os cientistas estudam em cada uma delas.

4. Diferencie ciência pura de ciência aplicada.

5. Quais são as principais etapas do método científico?

6. O que são modelos e por que são usados na ciência?

7. Qual é a diferença entre uma teoria científica e uma lei científica?

RESPOSTAS

CONFIRA AS RESPOSTAS

1. A Química é o ramo da ciência que estuda a matéria, em que ela consiste e como se transforma.

2. Os compostos orgânicos contêm ligações principalmente entre carbono e hidrogênio. A maioria dos compostos inorgânicos não contém átomos de carbono.

3. A Química Orgânica é o estudo de compostos que apresentam o carbono como seu principal elemento. A Química Inorgânica estuda todos os outros compostos. A Bioquímica estuda processos químicos que acontecem no organismo de seres vivos. A Físico-Química é o estudo de sistemas químicos a partir dos princípios da Física. A Química Nuclear é o estudo das transformações que acontecem no núcleo dos átomos.

4. A ciência pura reúne conhecimento ou fatos para entender a natureza e a ciência aplicada usa o conhecimento para aplicações de ordem prática.

5. Os passos básicos do método científico são: fazer uma pergunta, realizar uma pesquisa prévia, formular uma hipótese, testar a hipótese, fazer observações e coletar dados, analisar os resultados, chegar a uma conclusão e compartilhar os resultados. Se a hipótese for refutada, o passo seguinte é formular uma nova hipótese.

6. Os modelos são ferramentas criadas pelos cientistas que ajudam a observar um fenômeno, reunir informações com mais facilidade e explicar como ele funciona.

7. Uma teoria é uma explicação científica de fatos medidos ou observados. Uma lei é uma regra baseada na observação de um processo natural que se comporta sempre da mesma forma.

Capítulo 2
EXECUÇÃO DE EXPERIMENTOS

COMO PLANEJAR UM EXPERIMENTO CIENTÍFICO

Antes de executar um experimento, você precisa determinar exatamente o que é necessário para realizá-lo e como isso será feito. Os pontos de partida para planejar um experimento são:

1. **OBSERVAR** alguma coisa que desperte sua curiosidade.

2. **FORMULAR** uma hipótese.

3. **DEFINIR** um experimento para testar a hipótese.

4. **PREVER** o resultado do experimento.

5. EXECUTAR o experimento.

6. REGISTRAR os resultados.

7. REPETIR algumas vezes o experimento para verificar se obtém os mesmos resultados.

Um experimento requer um **PROCEDIMENTO** e uma lista de materiais e métodos necessários para executá-lo.

> **PROCEDIMENTO**
> Um passo a passo de como o experimento será executado.

Você pode fazer um experimento realizando-o pelo menos duas vezes: na primeira, um **CONTROLE**, sem mudar nenhum fator e, na segunda, variando apenas o fator que você quer observar. Em um experimento controle, os fatores não alterados são chamados de **CONSTANTES** e não afetam o resultado.

> **CONTROLE**
> Experimento que é usado como referência, geralmente já realizado sob os mesmos parâmetros e com resultado previsível.

> **CONSTANTES**
> Todos os fatores de um experimento que permanecem iguais.

VARIÁVEL é todo fator com potencial para alterar o resultado de um experimento. Um experimento controlado permite testar o efeito de uma variável.

Para testar um fator do experimento, todos os outros devem se manter sempre os mesmos. Isso garante que as mudanças observadas são causadas pela única variável que você alterou.

Variáveis específicas desempenham papéis específicos em um experimento.

> Variável INDEPENDENTE é o fator que você altera em um experimento.

> Variável DEPENDENTE é o fator influenciado pela variável independente; é o resultado do seu experimento.

POR EXEMPLO: Experimento do peixinho dourado

Os peixinhos dourados do professor nunca vivem mais de duas semanas. Os alunos então formularam a hipótese de que eles estariam morrendo por não receberem a quantidade adequada de alimento. Sendo assim, planejaram um experimento para

CONSTANTES:
1. Tipo de peixe
2. Tamanho do aquário
3. Qualidade da água
4. Temperatura da água
5. Tipo de alimento
6. Localização do aquário

testar esse fator isoladamente, mantendo constantes todos os outros fatores.

Nesse experimento, a variável independente é a frequência com que o peixinho é alimentado. A variável dependente é a saúde do peixe após duas semanas.

EXPERIMENTO — COMIDA: TODO DIA

CONTROLE — COMIDA: DIA SIM, DIA NÃO (COMO ANTES) — RAÇÃO PARA PEIXES

COLETA DE DADOS

Bons dados são específicos e detalhados, e podem vir de observações quantitativas ou qualitativas. As medições precisam ter as maiores **EXATIDÃO** e **PRECISÃO** possíveis, então faça as medições cuidadosamente. Registre tudo que observar em

EXATIDÃO
Proximidade dos dados em relação a um padrão ou valor esperado.

PRECISÃO
Proximidade entre dois ou mais valores medidos, revelando a consistência e o rigor de suas medições.

um caderno, mantendo tudo organizado para ser fácil consultar depois. Dados não confiáveis (ou incompreensíveis) são inúteis.

Medições ruins
- pouco exatas, mas precisas
- exatas, mas pouco precisas
- pouco exatas e pouco precisas

As medições devem ser tanto exatas quanto precisas.

APRESENTAÇÃO DOS DADOS

Depois de coletar os dados, você pode apresentá-los de várias formas, sobretudo quantitativas. Por exemplo:

As **TABELAS** apresentam dados em linhas e colunas. Como as informações ficam lado a lado, podem ser lidas rapidamente e comparadas com facilidade. São um bom meio de registrar os dados durante um experimento, pois é fácil montá-las e ajudam a pessoa a não se esquecer de anotar algum dado importante: basta preencher todos os espaços.

Os **GRÁFICOS DE BARRAS OU DE COLUNAS** apresentam os dados na forma de retângulos de diferentes alturas ou comprimentos. São um modo fácil de comparar variáveis diferentes. Quanto mais alto ou comprido o retângulo, maior o número.

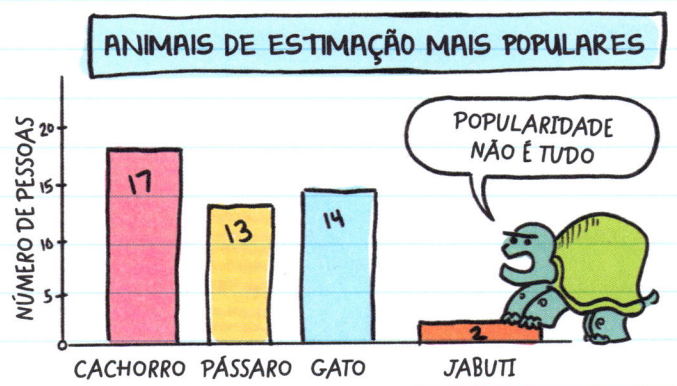

Os **GRÁFICOS DE LINHA** mostram a relação entre duas variáveis. A variável independente é representada pelo eixo x (o eixo horizontal) e uma ou mais variáveis dependentes são representadas pelo eixo y (o eixo vertical). Uma escala em cada eixo mostra os intervalos entre as medidas. As escalas devem aumentar em intervalos regulares, como 1, 2, 3, 4 ou 2, 4, 6, 8. Os gráficos de linha mostram como uma ou mais variáveis dependentes se comportam em função da variável independente.

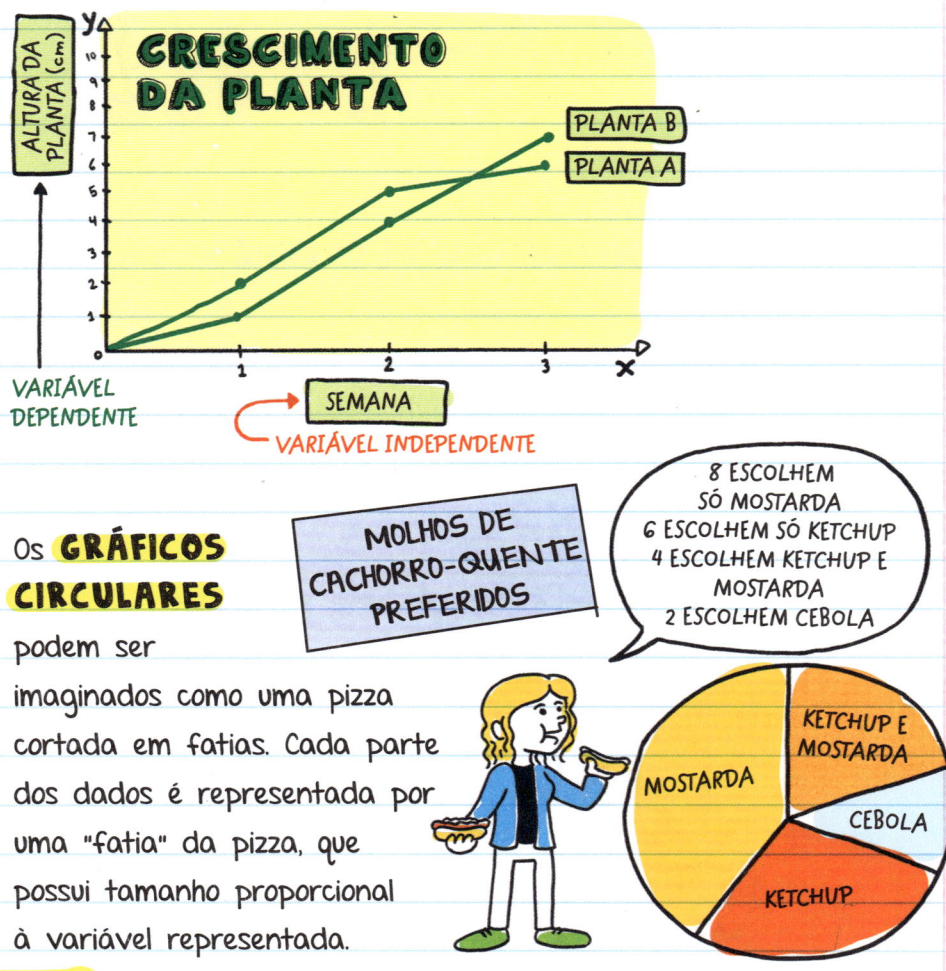

Os **GRÁFICOS CIRCULARES** podem ser imaginados como uma pizza cortada em fatias. Cada parte dos dados é representada por uma "fatia" da pizza, que possui tamanho proporcional à variável representada.

ANÁLISE DE DADOS

A análise de dados consiste em comparar, examinar e interpretar as informações coletadas – algo que todo cientista precisa fazer para determinar o resultado de um experimento. Os dados costumam ser expostos em um diagrama ou gráfico. Deve-se comparar as variáveis que estão sendo testadas com aquelas que não mudaram. É importante fazer isso de forma cuidadosa para determinar exatamente o que aconteceu durante o experimento. Assim, você será capaz de repeti-lo se necessário.

Qual é o melhor tipo de gráfico para exibir os dados?

GRÁFICO DE LINHA Se os dados apresentam variações sutis, como, por exemplo, um aumento de 0,01 para 0,02, você pode usar um gráfico de linha. É o tipo de gráfico que deixa pequenos detalhes bem visíveis e apresenta claramente relações entre variáveis.

GRÁFICO CIRCULAR Se você quer realizar comparações dentro de um conjunto geral, use um gráfico circular. Assim, por exemplo, se você quer registrar que partes de uma hora foram gastas em diferentes tarefas, esse formato é o ideal.

GRÁFICO DE BARRAS OU DE COLUNAS Se você quer comparar números associados a diferentes objetos, um gráfico desse tipo pode ser a melhor escolha. Um exemplo seria a comparação entre as velocidades máximas de diferentes modelos de automóveis.

CONCLUSÕES DE UM EXPERIMENTO

Você terminou o experimento. Os resultados estão de acordo com sua hipótese? Por que sim ou por que não? Mesmo que os resultados não sustentem a hipótese, você pode aprender com eles. Nas conclusões, é importante explicar por que você acha que a hipótese estava errada. É possível que a hipótese esteja certa e o método escolhido para testá-la esteja errado?

Em alguns momentos, as respostas obtidas não serão óbvias e você terá que fazer **INFERÊNCIAS** ou usar observações e fatos para chegar a uma conclusão sobre algo que não foi diretamente observado.

Para descobrir o que um tiranossauro comia, por exemplo, você pode observar quais tipos de fezes fossilizadas foram encontrados perto dos fósseis. Se observar ossos triturados, você pode inferir que o dinossauro comia animais menores ou outros dinossauros.

> Quando precisar fazer inferências, procure pesquisar informações conhecidas em fontes confiáveis para prosseguir com a pesquisa.

VERIFIQUE SEUS CONHECIMENTOS

1. O que é um experimento controle?

2. Quais os tipos de gráfico usados para apresentar dados?

3. Se os resultados obtidos não estão de acordo com a hipótese, o experimento foi uma perda de tempo? Justifique sua resposta.

4. Explique a diferença entre exatidão e precisão.

5. Por que é importante analisar corretamente os dados de um experimento?

6. Você mediu a altura de várias plantas. Que tipo de gráfico você usaria para reunir seus resultados?

7. Em que circunstâncias um gráfico de linha é o mais indicado?

RESPOSTAS

CONFIRA AS RESPOSTAS

1. Experimento que é usado como referência, geralmente já realizado sob os mesmos parâmetros e com resultado previsível.

2. Os três tipos mais comuns são os gráficos de linha, os gráficos de barras ou de colunas e os gráficos circulares.

3. Nenhum experimento é uma perda de tempo. Se foi bem planejado, sempre será útil para os cientistas. Cabe a eles investigar por que os dados não corroboraram a hipótese e tentar descobrir os fatores que influenciaram os resultados.

4. A exatidão é a proximidade entre os resultados das medições e seus valores reais e a precisão é determinada pela proximidade entre si de dois ou mais valores medidos, revelando a consistência e o rigor de suas medições.

5. Analisar corretamente os dados é muito importante porque só assim é possível comparar os resultados de vários experimentos e tirar conclusões para responder as hipóteses levantadas no início.

6. Um gráfico de barras ou de colunas seria a melhor opção nesse caso.

7. Quando se deseja representar relações entre variáveis, principalmente quando há variações sutis.

Capítulo 3
RELATÓRIO CIENTÍFICO E ANÁLISE DE RESULTADOS

É importante que os cientistas compartilhem entre si os resultados de seus experimentos para que todos possam aprender com eles, criticá-los ou até lhes dar continuidade.

As primeiras teorias sobre os átomos, os tijolinhos da matéria, foram desenvolvidas pelo filósofo grego DEMÓCRITO. Inclusive, foi ele o primeiro a chamá-los de "átomos". JOHN DALTON adotou as ideias de Demócrito e formulou o PRIMEIRO MODELO ATÔMICO MODERNO. Dalton compartilhou suas ideias, permitindo que o conhecimento da estrutura do átomo crescesse e se expandisse ao longo dos anos por meio das descobertas de vários cientistas.

Os cientistas podem divulgar suas descobertas de diversas maneiras: em uma palestra, um artigo para uma revista científica ou uma entrevista. Mas o primeiro passo é redigir um RELATÓRIO CIENTÍFICO.

REDIGINDO UM RELATÓRIO CIENTÍFICO

Os relatórios científicos costumam conter as seguintes informações:

TÍTULO: Informa ao leitor o assunto da investigação.

INTRODUÇÃO/OBJETIVO: Uma breve descrição para responder à pergunta "Qual é o objetivo deste experimento?" ou "Quais perguntas estou tentando responder?". Pode incluir também informações de pesquisas anteriores sobre o tópico e argumentos para justificar a importância do estudo.

HIPÓTESE OU PREVISÃO: O que se espera que aconteça na investigação e por que motivo.

MATERIAIS E EQUIPAMENTOS: Uma lista dos materiais e equipamentos necessários para executar o experimento. Você pode incluir um esboço ou uma descrição do equipamento.

PROCEDIMENTO: Uma descrição passo a passo de como executar o experimento. Pense que você está se dirigindo a alguém que não está familiarizado com o tema. O processo deve ser explicado da forma mais clara possível, como uma receita culinária.

DADOS OU RESULTADOS: Os resultados são todas as medições e observações feitas durante o experimento. Os dados devem ser apresentados de forma organizada, com o auxílio de tabelas, gráficos e desenhos. As medições devem ter sido feitas com o máximo de exatidão e precisão possível. A discussão é a análise dos resultados com a aplicação de leis e modelos, incluindo a comparação com os resultados de referência.

Um competidor de precisão acerta sempre no mesmo lugar, mas o ideal é que ele também trabalhe com exatidão, acertando sempre no centro.

CONCLUSÃO OU AVALIAÇÃO: Um resumo do que você concluiu com o experimento. Os objetivos escritos na introdução do relatório foram atingidos? Informe se o resultado confirmou ou não sua hipótese, assim como possíveis erros e sugestões para novos experimentos.

REFERÊNCIAS: Uma descrição que funciona como um "endereço" das fontes de informação utilizadas durante a investigação científica, caso o leitor do relatório queira estudar mais sobre o assunto. Existem normas para escrever as referências, como as da ABNT (Associação Brasileira de Normas Técnicas).

AVALIANDO RESULTADOS CIENTÍFICOS

Ao ler as descobertas de outro cientista, pense criticamente a respeito do experimento e faça a si mesmo as seguintes perguntas:

- O procedimento foi seguido à risca?
- Quais tipos de erro podem ter afetado os resultados?
- As observações foram registradas durante ou após o experimento?
- Os dados validam a hipótese de forma conclusiva?
- Existe um procedimento mais adequado para testar essa hipótese?
- A hipótese foi confirmada?
- Existem outras formas de interpretar os dados?
- Os resultados podem ser reproduzidos?

Os resultados de um experimento nem sempre são conclusivos (ou seja, nem sempre levam a uma resposta definitiva). Às vezes eles são inconclusivos, mas isso não significa que a investigação foi uma perda de tempo ou que deu errado, apenas que as respostas que você estava buscando talvez não pudessem ser encontradas por meio daquela investigação específica.

Sentidos opostos

O que você pode fazer para encontrar as respostas que estava buscando?

- Mudar as variáveis.
- Utilizar outro modelo.
- Experimentar uma investigação diferente.

Fontes de erro experimental

Pode haver fontes de erro em qualquer tipo de medição. E é normal que vez ou outra você chegue a resultados diferentes, mas é preciso tentar ser consistente quando fizer uma medição. Às vezes, obter exatamente o mesmo resultado duas vezes não é possível.

Todo experimento pode ter dois tipos de erro: **SISTEMÁTICO** ou **ALEATÓRIO**.

ERROS SISTEMÁTICOS

Um erro sistemático afeta a exatidão de uma medição. Se não estiver bem calibrado, o instrumento utilizado não pode fornecer uma medida exata. A **CALIBRAÇÃO** é feita comparando-se as leituras de um instrumento com uma medida conhecida, em um processo também chamado de "zerar" um equipamento. Quando você liga uma balança digital com o prato vazio, ela marca zero, 0,01 grama ou 0,02 grama? Se a marcação é diferente de zero, a balança não está bem calibrada. Isso vai afetar todas as medições que você fizer nela.

Talvez a balança não seja digital, mas tenha um ponteiro que se move até certa posição. Você precisa olhá-lo bem de frente. Se você olhá-lo meio de lado vai obter uma medida falsa.

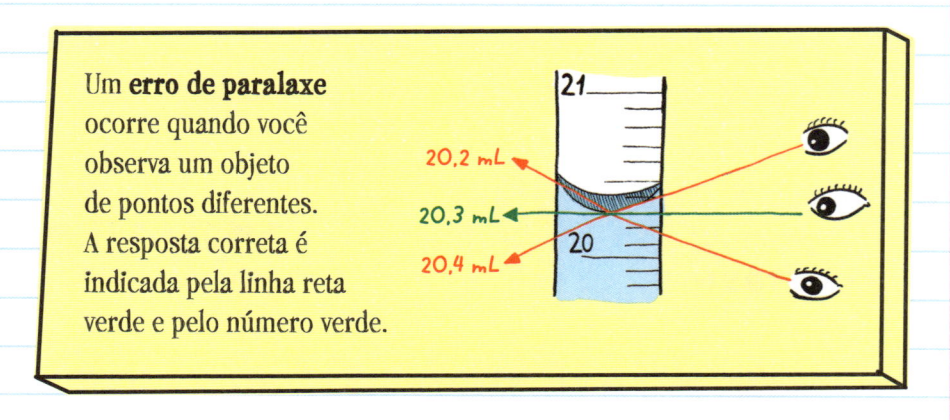

Um **erro de paralaxe** ocorre quando você observa um objeto de pontos diferentes. A resposta correta é indicada pela linha reta verde e pelo número verde.

20,2 mL
20,3 mL
20,4 mL

ERROS ALEATÓRIOS

Um erro aleatório é causado por erros no equipamento, pela pessoa que está lendo a medição ou por outras variações difíceis de rastrear, afetando a precisão. Assim, por exemplo, se você subir em uma balança, ela pode dizer que você pesa 70,2 kg, depois 70,1 e em seguida 69,8. Os números ficam mudando. Por que isso acontece? Porque a balança está oscilando de um lado para outro. Às vezes isso acontece porque você fez um pequeno movimento ou a balança não é suficientemente sensível para registrar uma leitura mais exata. Até oscilações do clima podem afetar um experimento!

Como informar qual é o erro experimental

É difícil realizar uma medição exata e precisa. Em todo relatório científico, os pesquisadores precisam informar quais são a exatidão e a precisão das medidas, e quais são as possíveis fontes de erro experimental. Dessa forma, outros cientistas vão conseguir entender quais as limitações dos resultados.

ANEMÔMETRO

- Por exemplo: os resultados vêm de uma balança que não estava bem calibrada?

- A investigação foi realizada em um dia de vento, que pode ter interferido na leitura do ponteiro da balança?

- Será que a umidade pode ter afetado a leitura de massa de uma amostra que supostamente deveria estar seca?

- Será que a porosidade do filtro de papel usado em um funil permitiu a passagem indesejável de pequenas partículas?

- O equipamento utilizado possui a precisão necessária para realização daquele experimento?

Embora seja impossível fazer uma medição perfeitamente exata e precisa, você deve se esforçar ao máximo para chegar perto disso.

Algarismos significativos

Às vezes é impossível obter uma medição exata, especialmente se você não possui instrumentos sensíveis. Talvez seu equipamento só produza medidas em números inteiros e não informe os décimos ou centésimos. A precisão de uma medida é determinada pelo número de dígitos relatados. Quanto mais preciso é o instrumento de medição, mais exata e precisa é a medida. Assim, por exemplo, 2,75 cm é uma medida mais exata que 2,7 cm.

Os números que aparecem em uma medida são chamados de **ALGARISMOS SIGNIFICATIVOS**. Trata-se de todos os algarismos conhecidos e um algarismo estimado. O algarismo estimado é determinado por meio de uma estimativa ou de um arredondamento.

O último **ALGARISMO SIGNIFICATIVO** é o número que fornece a medição mais exata possível. Neste termômetro, por exemplo, as linhas têm uma distância correspondente a 2 graus. A flecha entre duas linhas indica que a temperatura está entre 30 e 32 graus. Como não conhecemos a temperatura exata, a temperatura é estimada em 31 graus.

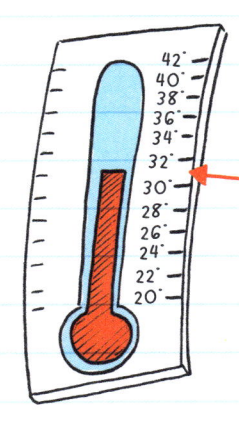

ESTIMATIVA: Uma avaliação aproximada do valor de uma grandeza, com base no bom senso e na observação.

ARREDONDAMENTO: Substituição do valor exato de um número por um valor aproximado. Por exemplo: se você arredondar um valor até a segunda casa decimal e o algarismo da terceira casa decimal for igual ou maior do que cinco, o valor deve ser arredondado para cima; se for menor do que cinco, deve ser arredondado para baixo.

CÁLCULO DE ERRO PERCENTUAL

ERRO PERCENTUAL é a diferença entre um valor medido e um valor conhecido expressa na forma de uma porcentagem. É importante porque revela a exatidão da medida.

Para calcular o erro percentual, subtraia o valor conhecido (A) do valor experimental (E) (ou vice-versa, porque você vai relatar o valor absoluto da diferença). Divida a diferença por A, o valor conhecido; em seguida, multiplique por 100.

$$\text{Erro percentual} = \frac{|E - A|}{|A|} \cdot 100$$

> O **valor conhecido** é sabidamente verdadeiro e pode ser encontrado em uma referência-padrão.
>
> O **valor experimental** é o valor medido.

O erro percentual pode ser pequeno ou grande. Por exemplo: se o valor conhecido dos dados é 35,67 g e o valor medido é 35,62, o erro percentual é 0,14%. Por outro lado, se o valor aceito é 5 g e o valor medido é 0,5 g, o erro percentual é 90%, muito maior.

VERIFIQUE SEUS CONHECIMENTOS

1. Explique por que é importante compartilhar os resultados de seus experimentos com outros cientistas.

2. Uma hipótese tem que ser confirmada para que o experimento seja bem-sucedido? Justifique sua resposta.

3. O que significa calibrar um instrumento?

4. O que você deve incluir em uma conclusão?

5. Descreva uma situação na qual você precisaria adotar uma estimativa ou um arredondamento.

6. Por que é importante incluir o erro percentual no seu relatório?

RESPOSTAS

CONFIRA AS RESPOSTAS

1. É essencial que os cientistas compartilhem os resultados dos seus experimentos com outras pessoas da área porque assim todos podem aprender com eles, criticá-los ou até dar continuidade a eles.

2. Não. Provar que uma hipótese não está correta não torna o experimento inútil; significa apenas que a hipótese proposta não foi confirmada pelos resultados.

3. Calibrar um instrumento é confirmar se o valor medido está de acordo com um padrão conhecido.

4. Um resumo do que você concluiu com o experimento, informando se cumpriu os objetivos propostos na introdução e se o resultado confirmou ou não sua hipótese, assim como possíveis erros e sugestões para novos experimentos.

5. Às vezes é impossível obter uma medida exata, especialmente se você não dispõe de instrumentos adequados. Talvez seu equipamento só meça números inteiros e não informe os décimos ou centésimos. Nesses casos, os cientistas usam estimativas ou arredondamentos.

6. Porque o erro percentual indica a exatidão das medições, permitindo que outros cientistas possam entender as limitações dos resultados.

Capítulo 4
MEDIÇÕES

O Sistema Internacional de Unidades, ou SISTEMA SI, é o método de medição mais comum na Química. Ele possui uma unidade-padrão para cada tipo de medida.

TIPO DE MEDIDA	UNIDADE DO SI (SÍMBOLO)
comprimento (ou distância)	metro (m)
massa	quilograma (kg)
peso (ou força)	newton (N)
volume (ou capacidade)	metro cúbico (m^3)
temperatura	kelvin (K)
tempo	segundo (s)
pressão	pascal (Pa)
corrente elétrica	ampère (A)
quantidade de matéria	mol

Os cientistas definiram um conjunto de prefixos que multiplicam a unidade básica por fatores de 10. Mudando o prefixo, é possível usar a mesma unidade do SI para medir valores grandes e pequenos. Por exemplo: quilômetro e milímetro vêm da unidade básica metro.

39

PREFIXO DO SI	MULTIPLICADOR	POTÊNCIA DE DEZ
tera- (T)	1 000 000 000 000	10^{12}
giga- (G)	1 000 000 000	10^{9}
mega- (M)	1 000 000	10^{6}
quilo- (k)	1 000	10^{3}
hecto- (h)	100	10^{2}
deca- (da)	10	10^{1}
base (unidade básica)	1	10^{0}
deci- (d)	0,1	10^{-1}
centi- (c)	0,01	10^{-2}
mili- (m)	0,001	10^{-3}
micro- (µ)	0,000001	10^{-6}
nano- (n)	0,000000001	10^{-9}
pico- (p)	0,000000000001	10^{-12}

Mnemônico para os prefixos SI:

O **T**errível e **G**rande **M**onarca
Kevin **H**oje **D**eve **B**eber **D**emais.
Certamente **M**erece **M**ais
Noção e **P**rudência.

CONVERSÃO DE UNIDADES

CONVERSÃO DE UNIDADES é um método matemático usado para converter uma unidade em outra.

FATOR DE CONVERSÃO é a relação entre as duas unidades.

> O fator de conversão também é conhecido como **RAZÃO**.

Suponha que um carro de brinquedo tem 15 centímetros de comprimento. Qual é o comprimento do carro em polegadas?

Para começar, você precisa conhecer o fator de conversão de centímetros (cm) em polegadas (in).

Ele pode ser escrito de três modos:

$$1 \text{ in} = 2{,}54 \text{ cm} \quad \text{OU} \quad \frac{1 \text{ in}}{2{,}54 \text{ cm}} \quad \text{OU} \quad \frac{2{,}54 \text{ cm}}{1 \text{ in}}$$

O fator que você usa depende da unidade que você tem originalmente e da unidade que precisa usar.

Neste caso, para saber qual é o comprimento do carro em polegadas, você usa o seguinte fator: $\frac{1 \text{ in}}{2{,}54 \text{ cm}}$

Dessa forma, a unidade do numerador (polegadas) se mantém, pois é a que você quer descobrir, e a unidade do denominador (centímetros) será cancelada, como veremos a seguir.

Multiplique o comprimento dado (15 cm) pelo número de polegadas e divida pelo número de centímetros. A resposta será em polegadas:

$$15 \text{ cm} \cdot \frac{1 \text{ in}}{2,54 \text{ cm}} = \frac{15}{2,54} = 5,9 \text{ in}$$

Portanto, o comprimento do modelo de carro é 5,9 in.

> A mudança de unidade é um método que envolve cancelar a unidade original multiplicando por uma fração cujo numerador envolve a nova unidade e cujo denominador envolve a unidade original.

Se você mediu uma distância em quilômetros e precisa conhecer seu valor em centímetros, a mudança de unidade envolve o seguinte processo:

1. Converta em metros:

$$1 \text{ km} \cdot \frac{1000 \text{ m}}{1 \text{ km}} = 1000 \text{ m}$$

2. Converta em centímetros:

$$1000 \text{ m} \cdot \frac{100 \text{ cm}}{1 \text{ m}} = 100\,000 \text{ cm}$$

ESCOLHA A UNIDADE MAIS ADEQUADA

Use a unidade que melhor se ajustar ao objeto que você está medindo. Se medir o comprimento de uma casa em centímetros, vai obter um número muito grande, com o qual será difícil trabalhar. Por outro lado, se usar quilômetros, vai obter um número muito pequeno. Neste caso, o melhor será usar metros.

TIPOS DE MEDIDA

O sistema SI possui uma unidade-padrão para cada tipo de medida.

COMPRIMENTO → METRO (m): A distância entre dois pontos.

VOLUME → METRO CÚBICO (m^3): A quantidade de espaço ocupada por um objeto.

MASSA → QUILOGRAMA (kg): Quantidade de substância medida pela sua inércia (resistência contra uma aceleração).

PESO → NEWTON (N): A força exercida por um campo gravitacional sobre uma massa.

> Quando você mede o peso de uma pessoa, na verdade está medindo a força que a pessoa exerce sobre a Terra.

Massa e peso NÃO SÃO a mesma coisa.

> O peso é uma força que depende da gravidade (uma força).
> A massa é a quantidade de substância medida pela sua inércia.
>
> Peso = (massa) • (gravidade)
>
> OU
>
> $P = mg$

Se você viajar para a Lua, vai continuar com a mesma massa, mas seu peso será menor. Isso acontece porque a gravidade da Lua é 1/6 da gravidade da Terra.

TEMPO → SEGUNDO (s): Período entre dois eventos. A unidade de tempo do SI é o segundo, mas existem outras, como minuto, hora, dia, mês e ano.

DENSIDADE → QUILOGRAMAS POR METRO CÚBICO (kg/m^3): Quantidade de massa por unidade de volume. Na Química, a densidade é frequentemente expressa em g/mL (gramas por mililitro) ou em g/cm^3 (gramas por centímetro cúbico).

TEMPERATURA → KELVIN (K): Medida da energia cinética média dos átomos ou moléculas de um sistema.

> Temperatura e calor NÃO SÃO a mesma coisa.

CALOR → JOULE (J): Medida da energia transferida entre dois sistemas que estão a temperaturas diferentes.

Embora a unidade de temperatura do SI seja o Kelvin (K), a unidade de temperatura mais adotada pelos cientistas é o grau Celsius (°C).

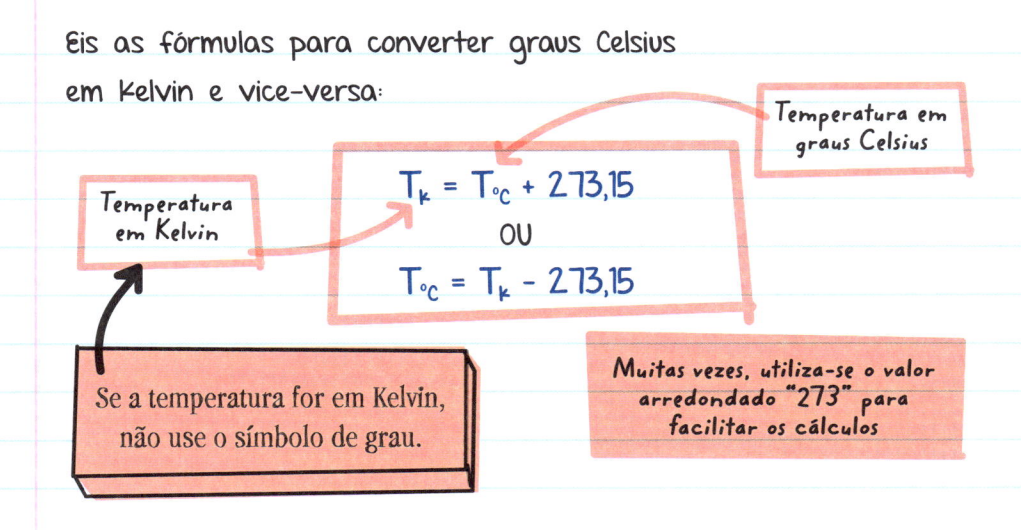

Eis as fórmulas para converter graus Celsius em Kelvin e vice-versa:

> [Temperatura em Kelvin] [Temperatura em graus Celsius]
>
> $$T_k = T_{°C} + 273,15$$
> ou
> $$T_{°C} = T_k - 273,15$$

Se a temperatura for em Kelvin, não use o símbolo de grau.

Muitas vezes, utiliza-se o valor arredondado "273" para facilitar os cálculos.

No Brasil, adotamos graus Celsius para medir a temperatura, mas em outros países, como os Estados Unidos, a temperatura é medida em graus Fahrenheit. Eis as fórmulas para converter graus Celsius em graus Fahrenheit e vice-versa:

[Temperatura em graus Fahrenheit]
$$T_{°F} = \left(T_{°C} \cdot \frac{9}{5}\right) + 32$$

e

[Temperatura em graus Celsius]
$$T_{°C} = (T_{°F} - 32) \cdot \frac{5}{9}$$

Os fatores de conversão também podem ser expressos da seguinte forma:

$$T_{°F} = 1,8 \cdot T_{°C} + 32 \quad \text{e} \quad T_{°C} = \frac{(T_{°F} - 32)}{1,8}$$

KELVIN — **CELSIUS** — **FAHRENHEIT**

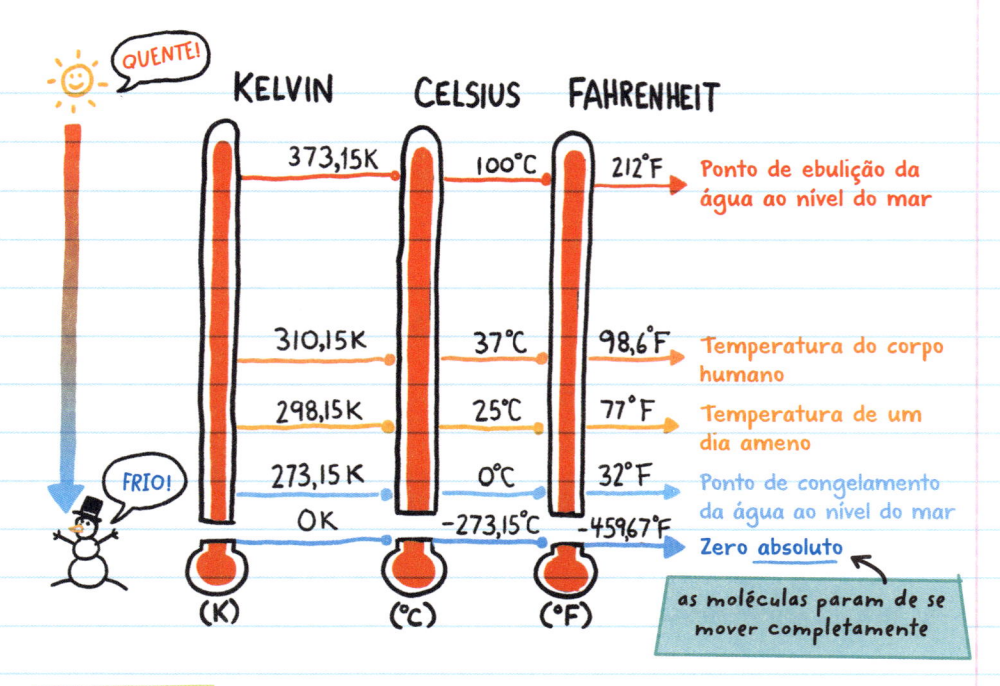

QUENTE!

Kelvin	Celsius	Fahrenheit	
373,15 K	100°C	212°F	Ponto de ebulição da água ao nível do mar
310,15 K	37°C	98,6°F	Temperatura do corpo humano
298,15 K	25°C	77°F	Temperatura de um dia ameno
273,15 K	0°C	32°F	Ponto de congelamento da água ao nível do mar
0 K	-273,15°C	-459,67°F	Zero absoluto

FRIO!

as moléculas param de se mover completamente

PRESSÃO: Medida da força exercida sobre uma superfície por unidade de área.

A unidade de pressão do sistema SI é o pascal, que corresponde a um newton por metro quadrado (1 N/m²). As unidades mais usadas em Química são **pascal (Pa)** e **atmosfera (atm)**.

(kPa significa quilopascal. 1000 Pa = 1 kPa.)

$$1 \text{ Pa} = 1 \text{ N/m}^2$$

$$1 \text{ atm} = 101,325 \text{ kPa} = 101325 \text{ Pa}$$

A pressão atmosférica padrão é definida como 1 atm e corresponde a:

$$1{,}013 \cdot 10^5 \text{ Pa} \text{ ou } 101{,}3 \text{ kPa}$$

1 atm representa a força que a camada de ar em volta do nosso planeta faz sobre tudo que está na superfície. É como o abraço invisível da atmosfera da Terra.

O USO DE ALGARISMOS SIGNIFICATIVOS

Os algarismos significativos indicam a exatidão de uma medição. O número mostrado no equipamento deve ir até o algarismo realmente medido mais um último algarismo estimado. Isso permite que as medições sejam comparadas corretamente. Assim, por exemplo, se uma proveta possui linhas que mostram dezenas, unidades e décimos, a medida final vai até centésimos, ou seja, a última linha de medição que podemos observar (décimos) mais uma estimativa da casa seguinte (centésimos).

15,2 cm

As medições devem ser apresentadas com o número adequado de algarismos significativos, que depende da precisão do instrumento de medida - neste caso, uma régua.

6,0 in

O comprimento do lápis pode ser medido corretamente até um número inteiro de centímetros e polegadas, com uma estimativa para o número de décimos de centímetro e décimos de polegada.

Regras para algarismos significativos

1. Todos os algarismos não nulos são significativos; eles sempre contam.

Assim, por exemplo, 452 mL possui três algarismos significativos.

2. Algarismos nulos que estão entre algarismos não nulos são significativos; eles sempre contam. Não importa se existem casas decimais ou não.

Por exemplo:
23,608 g possui cinco algarismos significativos.
608 g possui três algarismos significativos.
8,04 g possui três algarismos significativos.

3. Algarismos nulos que não estão entre algarismos não nulos:

- Quando o número possui uma vírgula decimal, leia o número da esquerda para a direita. Comece a contar os algarismos significativos a partir do primeiro algarismo não nulo. Conte os zeros no final do número.

Por exemplo:

0,35 g (dois algarismos significativos)
0,098 g (dois algarismos significativos)
0,0980 g (três algarismos significativos)
0,09800 g (quatro algarismos significativos)
0,098000 g (cinco algarismos significativos)

> Este número de algarismos significativos indica uma grande exatidão e normalmente requer um equipamento mais sofisticado.

6,0 g (dois algarismos significativos)
6,00 g (três algarismos significativos)

- Quando o número NÃO possui uma vírgula decimal, leia-o da direita para a esquerda. Comece a contar os algarismos significativos pelo primeiro algarismo não nulo.

Por exemplo:

> Comece a contar a partir deste algarismo.

580 g (dois algarismos significativos)

> Não conte este zero.

5800 g (dois algarismos significativos)
6060 mm (três algarismos significativos)
500 mg (um algarismo significativo)

EXATIDÕES DIFERENTES

O que acontece quando dois instrumentos de medição possuem exatidões diferentes? Digamos, por exemplo, que uma balança mede massa com dois algarismos significativos e uma proveta mede volume com quatro algarismos significativos. Quantos algarismos significativos você deve incluir em uma medida de densidade baseada nos valores indicados pelos dois instrumentos?

> O número de algarismos significativos do valor calculado a partir de medições realizadas com dois ou mais instrumentos deve ser igual ao número de algarismos significativos da medida realizada no instrumento menos exato.

POR EXEMPLO:

Como o menor número de algarismos significativos é dois, este deve ser o número de algarismos significativos do resultado.

Se um objeto possui uma massa de 32 g e um volume de 18,01 mL, o resultado da densidade (massa dividida por volume) é 32 g/18,01 mL = 1,8 g/mL, ou seja, tem dois algarismos significativos.

VERIFIQUE SEUS CONHECIMENTOS

1. Qual é a diferença entre massa e peso?

2. Quais são as duas unidades mais usadas na Química para a pressão?

3. Qual é a fórmula para converter graus Celsius em graus Fahrenheit? Converta 65 graus Celsius em graus Fahrenheit.

4. O que é um fator de conversão e como ele é usado? Qual é o fator de conversão de polegadas em centímetros?

5. Converta 3,45 pés em centímetros.

6. Qual é a diferença entre calor e temperatura?

7. Qual é a importância dos algarismos significativos?

RESPOSTAS

CONFIRA AS RESPOSTAS

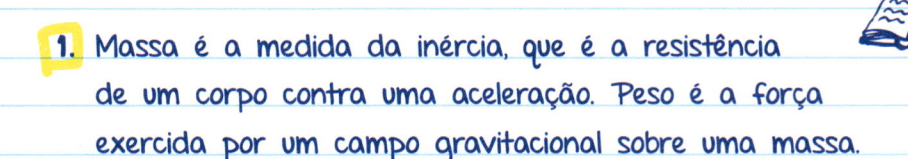

1. Massa é a medida da inércia, que é a resistência de um corpo contra uma aceleração. Peso é a força exercida por um campo gravitacional sobre uma massa.

2. Atmosfera e pascal.

3. A fórmula para converter graus Celsius em graus Fahrenheit é $T_{°F} = (T_{°C} \cdot \frac{9}{5}) + 32$.

Logo, $T_{°F} = (65 \cdot \frac{9}{5}) + 32$

$T_{°F} = 149°F$

4. Um fator de conversão é uma relação entre duas unidades da mesma grandeza.

O fator de conversão de polegadas em centímetros pode ser escrito de três formas:

$1 \text{ in} = 2{,}54 \text{ cm}$ OU $\frac{1 \text{ in}}{2{,}54 \text{ cm}}$ OU $\frac{2{,}54 \text{ cm}}{1 \text{ in}}$

5. Os fatores de conversão são 5 280 pés = 1,609 km; 1 km = 1000 m; 1 m = 100 cm.

Portanto, $3{,}45 \text{ pés} \cdot \dfrac{1{,}609 \text{ km}}{5\,280 \text{ pés}} \cdot \dfrac{1000 \text{ m}}{1 \text{ km}} \cdot \dfrac{100 \text{ cm}}{1 \text{ m}} = 105 \text{ cm}$.

6. Calor é a medida da energia transferida entre dois sistemas que estão a temperaturas diferentes. Temperatura é a energia cinética média dos átomos ou moléculas de um sistema.

7. Algarismos significativos são importantes para indicar a exatidão de uma medição. Os algarismos indicados devem revelar o que de fato foi medido, menos o último algarismo, que representa uma estimativa. Isso permite que as medições sejam comparadas corretamente.

Capítulo 5
SEGURANÇA NO LABORATÓRIO E INSTRUMENTOS CIENTÍFICOS

Em um laboratório de Química, **SEGURANÇA EM PRIMEIRO LUGAR!**

- Tenha cuidado.

- Preste sempre atenção.

- Siga todas as instruções.

- Leia o procedimento antes de executá-lo.

> TENHA BOM SENSO. ISSO PODE SALVAR SUA VIDA.

REGRAS GERAIS DE SEGURANÇA NO LABORATÓRIO

As instruções a seguir devem ser cumpridas à risca em qualquer ambiente de laboratório.

Certifique-se de que um professor ou outro adulto esteja presente.

Use óculos de segurança o tempo todo, mesmo durante uma faxina. Óculos de grau são permitidos, desde que usados por baixo dos óculos de segurança.

Use um jaleco de mangas compridas ou avental e luvas quando for pedido. Eles vão proteger você do contato com produtos químicos e de queimaduras.

Vista-se de forma apropriada. Não use chinelos ou sapatos abertos, roupas folgadas ou pendentes ou joias em excesso. Se tiver cabelos compridos, prenda-os para não enroscarem em nada nem pegarem fogo caso haja fontes de calor.

Lave as mãos depois de manipular produtos químicos e organismos vivos ou mortos. Não coma ou beba no laboratório para não misturar substâncias laboratoriais tóxicas com os alimentos, mesmo que seu experimento envolva a utilização de alimentos.

Mantenha o laboratório limpo e organizado. Guarde tudo que não for usar, como mochila e casaco.

Se você ou outra pessoa se machucar, avise o professor imediatamente.

NÃO CORRA NEM ARREMESSE OBJETOS: ALGUÉM PODE SAIR FERIDO!

Deixe a área do laboratório do jeito que encontrou, com os instrumentos e vidros limpos.

Descarte de resíduos

Todo experimento produz alguma quantidade de lixo. Pode ser o resíduo de misturas, sólidos que você produziu ou mesmo pedaços de papel de um teste de pH. Cada tipo de lixo deve ser descartado em um lugar apropriado.

Siga as instruções a seguir para descartar o lixo corretamente:

1. Antes de realizar o experimento, verifique onde descartar cada produto químico envolvido. Nem todos os líquidos podem ser jogados na pia.

2. Existem diversos tipos de descarte:

- Resíduo sólido deve ser jogado na lata específica.

- Vidro quebrado deve ser colocado em um coletor apropriado. Jamais faça esse tipo de descarte em uma lata de lixo comum.

- Resíduo químico na forma de líquido ou solução deve ser depositado em uma garrafa rotulada ou ser neutralizado quando necessário.

(NÃO MISTURE diferentes tipos de resíduo).

3. Coloque apenas lixo comum nas latas de lixo.

Ao trabalhar com produtos químicos

- Leia cada rótulo duas vezes para se assegurar de que está usando o produto químico correto.

- NÃO REALIZE experimentos sem autorização.

> produtos químicos usados em experimentos

- Não tire as garrafas de reagentes do lugar. Transporte os líquidos para a sua bancada em tubos de ensaio ou béqueres limpos e os sólidos em vidros limpos ou em papel de pesagem.

- Pegue apenas a quantidade de reagente indicada. Quantidades maiores não são necessariamente mais eficientes e podem levar a reações incontroláveis e perigosas. Além disso, geram mais resíduos, sendo que muitos produtos químicos são caros e o tratamento de seu resíduo também.

- Nunca devolva produtos químicos não usados para os recipientes em estoque. Descarte-os de forma apropriada, de acordo com as instruções.

- Nunca use a mesma pipeta para produtos químicos diferentes e não insira sua pipeta ou seu conta-gotas nas garrafas dos reagentes.

- Para diluir um ácido, despeje-o aos poucos na água enquanto mexe lentamente para evitar respingos e ajudar a dispersar o calor gerado. Jamais adicione água diretamente ao ácido.

EQUIPAMENTOS DE SEGURANÇA

Todo laboratório de Química está equipado com diferentes tipos de equipamento de segurança. Saiba como usá-los e onde estão guardados!

Se acontecer algum acidente, CONTE AO PROFESSOR!

LAVA-OLHOS: use-o se um produto químico respingar em seus olhos. Peça para alguém avisar o professor enquanto você lava os olhos por no mínimo 15 minutos.

LUVAS TÉRMICAS E PINÇAS: use-as para manipular objetos quentes, como béqueres e frascos. Vidro quente tem a mesma aparência de vidro frio.

EXTINTORES DE INCÊNDIO: use-os para apagar incêndios causados por centelhas elétricas, reações químicas ou escapamento de gás. Existem extintores apropriados para cada uma das situações, então veja o rótulo antes de comprar. Para usá-los, lembre-se do acrônimo Papel (Puxar o pino, Apontar, Pressionar a pistola E "Lamber" a base do fogo com o produto do extintor, passando-o de um lado para outro).

COBERTORES ANTICHAMA: use-os para abafar pequenos incêndios. Se as roupas de uma pessoa estiverem pegando fogo, envolva-a com o cobertor e estimule-a a rolar no chão.

CHUVEIROS DE EMERGÊNCIA: use-os caso haja contato de um produto químico diretamente com a pele ou através da roupa. Tire a roupa contaminada e fique debaixo do chuveiro por 15 minutos.

Dicas finais

Quando você estiver trabalhando com:

CALOR

Nunca deixe uma fonte de calor em funcionamento sem supervisão.

Nunca aqueça um material em um recipiente fechado.

Cuidado com choque térmico: uma vidraria quente pode rachar se for apoiada em uma bancada fria. Utilize superfícies de silicone ou aguarde esfriar.

PRODUTOS QUÍMICOS

Nunca prove ou cheire os produtos diretamente.

> O MELHOR MEIO DE CHEIRAR UM PRODUTO QUÍMICO É ABANÁ-LO COM A MÃO NA DIREÇÃO DO NARIZ. NUNCA O CHEIRE DIRETAMENTE.

Nunca use produtos químicos de um recipiente não rotulado.

Preserve os rótulos, tomando cuidado para não danificá-los enquanto utiliza um reagente. Notifique o professor caso encontre algum frasco com esse problema.

O QUE É ISSO? SACODE!

ELETRICIDADE

Certifique-se de que os fios não estejam desencapados ou danificados e mantenha-os arrumados para evitar que alguém tropece neles.

NÃO deixe cair água em tomadas ou equipamentos elétricos.

INSTRUMENTOS E FERRAMENTAS LABORATORIAIS

O **BÉQUER** parece um copo de vidro com um bico para facilitar o despejo de líquidos. É possível fazer medições de volume usando as marcações do béquer, mas elas não são muito precisas e só devem ser usadas para estimar um volume ou quando são necessárias apenas quantidades aproximadas.

O **FRASCO ERLENMEYER** é como um béquer, mas possui uma boca estreita, que, além de ser fechada com uma rolha de laboratório, impede que respingos escapem da vidraria. Assim como no béquer, as marcações laterais fornecem apenas uma estimativa do volume.

BALÕES VOLUMÉTRICOS são redondos na base e possuem um pescoço comprido e estreito. São usados para medições de volume mais precisas, especialmente no preparo de soluções com uma concentração específica. Possuem apenas uma marca para um volume muito específico.

As **ROLHAS DE LABORATÓRIO** são tampas geralmente de borracha que se encaixam na boca dos tubos de ensaio e frascos. (Rolhas comuns, de cortiça, podem absorver líquidos e se tornarem perigosas.) Às vezes, possuem um furo central para permitir a passagem de um tubo de vidro que pode ser usado para conectar o balão ou tubo de ensaio a outro recipiente.

O **TUBO DE ENSAIO** é um tubo de vidro ou plástico arredondado numa das pontas; parece um dedo oco.

NÃO INTRODUZA o dedo em um tubo de ensaio. Ai!

Uma **ESCOVA DE LIMPEZA** pode ser usada para remover a sujeira dos tubos de ensaio e frascos estreitos.

O **FUNIL** é geralmente usado para transferir líquidos de um recipiente para outro e muitas vezes é feito de vidro. Como o funil é largo na parte de cima e estreito na parte de baixo, o líquido é colhido numa área maior e concentrado numa área menor para ser transferido.

O **PAPEL DE FILTRO** é um pedaço de papel usado para separar sólidos ou precipitados de líquidos ou soluções. Deve ser dobrado de forma adequada para caber no funil e evitar perda de sólido.

Uma **PROVETA** é usada para medir líquidos ou soluções e é razoavelmente exata até a primeira casa decimal.

Ao medir um líquido ou uma solução, CERTIFIQUE-SE de realizar a leitura tendo como base o centro do **MENISCO**, a superfície curva do líquido.

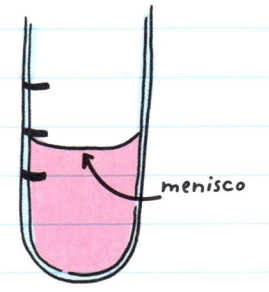

menisco

A **PIPETA** é um tubo comprido e estreito ligado a um sugador, que permite separar a quantidade correta de um líquido, verificar o volume e transferir o líquido para outro recipiente.

suporte para funil

suporte universal

Um **SUPORTE UNIVERSAL** é uma haste com base de metal ou cerâmica. Sustenta vidrarias ou frascos com o auxílio de mufas (suportes com parafusos para fixação na haste), garras ou, no caso de funis, com aros.

A **BURETA** é um tubo comprido e estreito com uma espécie de torneira na ponta, e é sustentada por uma garra. Ela permite que você dispense a quantidade correta de solução para um experimento, geralmente com uma exatidão na segunda casa decimal.

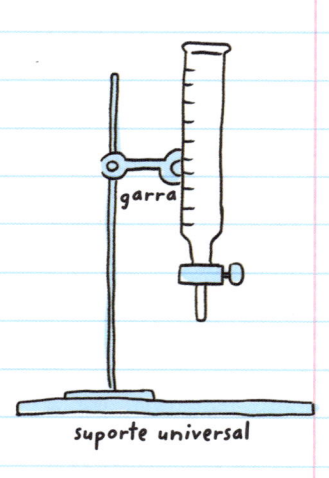

garra

suporte universal

O **BICO DE BUNSEN** é usado para aquecer objetos. Ele está ligado a uma fonte de gás por meio de um tubo de borracha e produz uma chama. A quantidade de gás é controlada por meio de uma válvula no ponto de conexão ou o ajuste é feito no próprio bico de Bunsen.

NÃO USE uma chama muito alta!

Uma **CHAPA DE AQUECIMENTO** serve para aquecer objetos, mas, ao contrário do bico de Bunsen, não tem uma chama aberta. Um botão de girar controla a temperatura da chapa.

Uma **BALANÇA ELETRÔNICA** serve para medir a massa de uma substância. Ponha a substância na balança (sempre em um recipiente ou em um pedaço de papel de pesagem) e leia o número no visor digital. Jamais coloque produtos químicos diretamente no prato de uma balança eletrônica.

Uma **BALANÇA DE DOIS PRATOS** serve para comparar os pesos de dois objetos diferentes. Para fazê-la funcionar, você precisa primeiro conhecer a massa de um dos objetos. Ponha o segundo objeto no outro prato e, quando os dois pratos estiverem nivelados, as massas serão iguais.

Sobre a **BARQUINHA DE PESAGEM OU PAPEL DE PESAGEM** você coloca a substância a ser pesada.

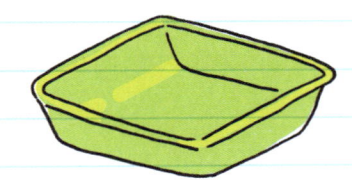

Certifique-se de medir PRIMEIRO a massa do recipiente antes de colocar a substância. Assim, depois da pesagem, você pode subtrair a massa do recipiente. Se a balança dispuser de um botão "TARA", aperte-o antes de colocar a substância para zerar a balança e subtrair automaticamente a massa do recipiente.

COLHERES DE LABORATÓRIO E ESPÁTULAS

são pequenas ferramentas curvas de plástico, metal ou cerâmica para ajudar a transferir substâncias sólidas de um recipiente para outro.

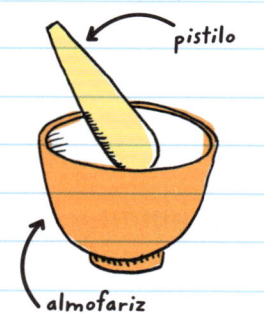

ALMOFARIZ E PISTILO são usados para triturar substâncias até virarem pó. O almofariz é o recipiente redondo e o pistilo é a ferramenta usada para triturar o sólido.

pistilo
almofariz

> Nunca use colheres ou almofarizes de cozinha no laboratório, e muito menos os do laboratório para preparar comidas.

Um **TERMÔMETRO** serve para medir temperaturas, geralmente em graus Celsius.

Cuidado com eles! Alguns termômetros possuem mercúrio, um metal muito tóxico, dentro do tubo. Utilize-os apenas para medir temperatura, nunca como bastão para misturar reagentes.

VERIFIQUE SEUS CONHECIMENTOS

1. Qual é a informação mais importante que devemos lembrar quando entramos em um laboratório de Química?

2. Quais equipamentos de segurança devem ser usados no laboratório?

3. Qual é o melhor meio de sentir o cheiro de um produto químico?

4. O que você deve fazer se respingar um produto químico nos seus olhos?

5. Um suporte _____ pode ser usado para sustentar um béquer acima de um bico de Bunsen.

6. O que você deve fazer com produtos químicos não utilizados?

7. O que é uma pipeta?

8. Descreva qual a maneira segura de diluir um ácido em água.

9. Como você faz para obter a massa correta de uma substância ao usar uma balança eletrônica?

RESPOSTAS

CONFIRA AS RESPOSTAS

1. Segurança em primeiro lugar! Preste sempre atenção no que está fazendo. Leia os rótulos. Confira tudo minuciosamente. Não se descuide: seja responsável.

2. Óculos de proteção e jaleco são equipamentos de segurança necessários. Quando for pedido, deve-se usar avental ou luvas.

3. Abane-o na direção do seu nariz com a mão. NÃO ponha o nariz diretamente sobre o béquer, o frasco ou a garrafa.

4. Peça a alguém para avisar ao professor enquanto você lava os olhos por no mínimo 15 minutos.

5. universal

6. Jamais devolva-os a recipientes em estoque. Jogue-os de forma adequada em um recipiente de descarte apropriado.

7. Uma pipeta é um tubo comprido e estreito, ligado a um sugador, que permite separar uma quantidade de líquido, verificar se o volume está correto e transferir o líquido para outro recipiente.

8. Para diluir um ácido, despeje-o aos poucos na água enquanto mexe lentamente para evitar respingos e ajudar a dispersar o calor gerado. Jamais adicione água diretamente ao ácido.

9. Meça a massa do recipiente vazio e depois adicione a substância para medir a massa total. Subtraia a massa do recipiente da massa total para obter a massa da substância.

Unidade 2

Tudo sobre matéria

Capítulo 6
MATÉRIA, PROPRIEDADES E FASES

MATÉRIA é tudo que podemos ver, tocar, cheirar ou sentir. Em outras palavras, tudo que possui massa e ocupa espaço (incluindo o ar e coisas muito pequenas, somente vistas em microscópios muito precisos).

PROPRIEDADES DA MATÉRIA

Uma **PROPRIEDADE** é uma característica que pode ser usada para descrever ou identificar um objeto. Isso inclui a aparência, como formato, tamanho e massa, mas também o jeito que esse objeto interage, o seu comportamento. As propriedades da matéria podem ser classificadas como organolépticas, físicas ou químicas.

Propriedades organolépticas

Geralmente podem ser observadas com os sentidos. São informações muito úteis para observar e descrever fenômenos, mas dependem da percepção do cientista. As principais propriedades organolépticas são:

APARÊNCIA (cor e brilho captados pela visão)

CHEIRO (captado pelo olfato)

Propriedades físicas

São características da substância ou mistura que não dependem da sua transformação em outra substância para serem identificadas.

COR (qualidade de um objeto ou uma substância em função da reflexão ou transmissão da luz)

TAMANHO (dimensões globais do objeto)

VOLUME (quantidade de espaço que uma substância ou um objeto ocupa)

DENSIDADE (razão entre a massa e o volume de uma substância)

PONTO DE EBULIÇÃO ou **PONTO DE FUSÃO**
(a temperatura à qual uma substância ferve ou derrete, respectivamente)

MAGNETISMO (como uma substância se comporta em um campo magnético)

SOLUBILIDADE (facilidade com que uma substância se dissolve em outra)

PROPRIEDADES INTENSIVAS E EXTENSIVAS

São as duas categorias em que se dividem as propriedades físicas.

As **propriedades intensivas** (também chamadas de propriedades específicas) NÃO DEPENDEM da quantidade de substância presente, como, por exemplo, a densidade. A densidade de uma substância é a mesma a uma dada temperatura, seja qual for o tamanho do objeto ou a quantidade da substância. Elas funcionam como pistas quando se deseja identificar uma substância desconhecida, por exemplo.

As **propriedades extensivas** (também chamadas de propriedades gerais) dependem da quantidade da substância, como a massa, o comprimento e o volume, por exemplo.

Se você está medindo uma propriedade intensiva de uma substância, não faz diferença se está trabalhando com 10 mg ou 10 kg dela. Faz muita diferença, porém, se você está medindo uma propriedade extensiva.

ALGUMAS PROPRIEDADES INTENSIVAS:

- Temperatura
- Ponto de congelamento
- Ponto de fusão
- Ponto de ebulição
- Densidade
- Maleabilidade
- Ductilidade
- Comportamento magnético
- Condutibilidade

ALGUMAS PROPRIEDADES EXTENSIVAS

- Tamanho
- Comprimento
- Largura
- Volume
- Massa
- Peso

As propriedades extensivas podem ser somadas. Assim, por exemplo, a massa de duas moedas de um real é igual a duas vezes a massa de uma moeda de um real.

Propriedades químicas

Descrevem a capacidade de um objeto de se submeter a diferentes transformações químicas e só podem ser testadas com a alteração da substância original.

Veja a seguir alguns exemplos de **PROPRIEDADES QUÍMICAS**:

REATIVIDADE: facilidade com que uma substância se transforma em outra (reage, ou seja, se transforma na presença de oxigênio, água, luz, etc.)

TOXICIDADE: grau de envenenamento ou dano que um produto químico pode causar a seres vivos.

INFLAMABILIDADE: facilidade com que uma substância pega fogo ao ser exposta a uma chama.

COMBUSTIBILIDADE: facilidade com que uma substância pega fogo ao ser aquecida.

Determinação das propriedades da matéria

↓

É possível identificar as propriedades desta substância sem alterá-la?

- Não → Propriedade química
- Sim → Propriedade física

74

TRANSFORMAÇÕES FÍSICAS E TRANSFORMAÇÕES QUÍMICAS

As transformações sofridas pela matéria podem ser classificadas como físicas ou **químicas**.

TRANSFORMAÇÃO FÍSICA é qualquer alteração da matéria que não afeta a sua composição química.

O produto final de qualquer transformação física tem exatamente a mesma matéria de antes.

POR EXEMPLO: Quando um cubo de gelo derrete, ele passa por uma transformação física, de sólido para líquido. Continua sendo a mesma substância: água.

Gelo → água: é a mesma coisa!

Uma **TRANSFORMAÇÃO QUÍMICA**, ou REAÇÃO QUÍMICA, acontece quando a matéria se transforma em novas substâncias com novas propriedades. Quando uma substância se transforma em outra, dizemos que ela REAGE.

A substância final NÃO É a mesma de antes da transformação.

POR EXEMPLO: Quando um pedaço de madeira é queimado, ele se transforma em cinzas, gases e outros materiais. A matéria tem uma constituição diferente e uma composição diferente, portanto ocorreu uma transformação química.

Madeira → cinzas: NÃO SÃO a mesma coisa.

Como você sabe que alguma coisa sofreu uma transformação química?

Observe os seguintes sinais, também chamados de evidências de transformação:

MUDANÇA de COR: Exemplo: quando você esquece uma maçã cortada ao meio fora da geladeira e sua polpa escurece em contato com o ar.

MUDANÇA de ODOR: Surge um cheiro novo, que pode ser desagradável, como o de comida estragada.

FORMAÇÃO de um GÁS: A mistura de duas substâncias, como vinagre e bicarbonato de sódio, forma bolhas de gás.

FORMAÇÃO de um **SÓLIDO:** A mistura de duas substâncias produz um novo sólido, como acontece quando combinamos cloreto de cálcio com <u>bicarbonato de sódio</u> *(usado para remover manchas)* em solução para formar, entre outras substâncias, cloreto de sódio e carbonato de cálcio. O cloreto de sódio é solúvel em água, mas o carbonato de cálcio se deposita no fundo do recipiente, formando o que é chamado de **PRECIPITADO**.

> **PRECIPITADO**
> Um sólido que se forma em uma solução durante uma reação química e se deposita no fundo do recipiente.

LIBERAÇÃO ou **ABSORÇÃO** de **ENERGIA:**
Uma reação química pode absorver ou liberar energia na forma de calor ou luz.

Uma transformação física ou uma reação química que <u>libera calor ou outras formas de energia</u> é chamada de **EXOTÉRMICA**. Um exemplo é a formação de gelo a partir da água.

Uma transformação física ou uma reação química que <u>absorve calor ou outras formas de energia</u> é chamada de **ENDOTÉRMICA**. Um exemplo é a formação de vapor a partir da água.

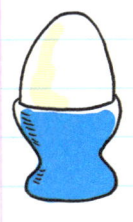

Quando preparamos um ovo cozido, produzimos uma transformação química. A constituição da gema e da clara é alterada.

VERIFIQUE SEUS CONHECIMENTOS

1. Qual é a diferença entre uma propriedade organoléptica, uma propriedade física e uma propriedade química?

2. Qual é a diferença entre uma propriedade intensiva e uma propriedade extensiva? Dê um exemplo de cada uma.

3. Se você amassa uma banana ou raspa uma maçã para comer imediatamente, ou faz um suco de laranja, os ingredientes sofrem que tipo de transformação? Se você usa ovos, farinha e leite para assar biscoitos, os ingredientes sofrem que tipo de transformação?

4. Se você queima um pedaço de madeira em uma fogueira, a massa das cinzas resultante é maior ou menor que a massa inicial?

5. Qual dos itens a seguir NÃO é considerado matéria: árvore, luz solar, grama?

6. Os fogos de artifício são um exemplo de reação endotérmica ou exotérmica? Explique.

7. Quais das figuras abaixo mostram uma transformação química e quais mostram uma transformação física?

A.

C.

B. ESTOU FICANDO VERDE!

D.

CONFIRA AS RESPOSTAS

1. As propriedades organolépticas podem ser observadas com os sentidos, como cor e cheiro, que dependem da percepção do cientista. As propriedades físicas são características que não dependem da sua transformação em outra substância para serem identificadas, como é o caso do tamanho ou do ponto de ebulição. Já as propriedades químicas descrevem a capacidade de um objeto de se submeter a diferentes transformações químicas e só podem ser testadas com a alteração da substância original.

2. A propriedade extensiva DEPENDE da quantidade de matéria que está sendo examinada. A propriedade intensiva NÃO DEPENDE da quantidade de matéria que está sendo examinada. Exemplos de propriedades extensivas são a massa, o volume, o peso e o comprimento. Exemplos de propriedades intensivas são o ponto de ebulição, a densidade, o ponto de fusão e a temperatura.

3. A banana, a maçã e a laranja passaram por uma transformação física porque continuam sendo as mesmas substâncias, porém trituradas. No caso do biscoito, os ingredientes passaram por uma transformação química porque reagiram para gerar novas substâncias que, juntas, formaram o biscoito.

4. A massa das cinzas vai ser menor que a massa original. Para recuperar toda a massa da madeira, você teria que recolher todos os materiais que foram produzidos após a queima, incluindo gases liberados.

5. A luz solar não é matéria porque não possui massa nem ocupa espaço. A árvore e a grama são matéria porque possuem massa e ocupam espaço. A matéria possui massa e volume, o que não acontece com a luz e outros tipos de radiação.

6. Os fogos de artifício são um exemplo de uma reação exotérmica, pois liberam calor e luz. Durante a queima, os fogos de artifício ficam muito quentes.

7. **A.** Física
B. Química
C. Física
D. Química

Capítulo 7
ESTADOS DA MATÉRIA

ESTADOS DA MATÉRIA

A matéria costuma ser encontrada em três **ESTADOS** físicos (ou fases):

- Sólido
- Líquido
- Gasoso

A disposição e o comportamento das partículas (**MOLÉCULAS** ou **ÁTOMOS**) que formam a substância determinam o estado da matéria.

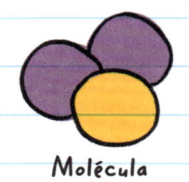

Átomo

Molécula

> **MOLÉCULA**
> Grupo de átomos ligados entre si.
>
> **ÁTOMO**
> Unidade básica da matéria.

As partículas de uma substância se atraem mutuamente, o que as mantém unidas. Cada partícula, porém, possui uma energia associada aos movimentos que executa dentro de uma substância. <u>O estado da substância depende do movimento das partículas e da distância que mantêm entre si.</u>

A matéria pode existir nos seguintes estados:

SÓLIDO: As partículas estão muito próximas e não se movimentam livremente.

LÍQUIDO: As partículas não estão muito próximas e podem se mover com relativa liberdade.

GASOSO: As partículas estão muito distantes umas das outras e se movimentam com muita liberdade.

Um **SÓLIDO** é uma substância com uma estrutura fixa e uma <u>forma definida</u>. <u>A forma e o volume são constantes.</u> Suas partículas vibram, porém não o bastante para superar a força de atração entre elas.

Exemplos (a 25°C e 1 atm): sal de cozinha, açúcar e alumínio

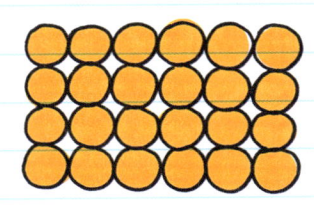

83

Um **LÍQUIDO** é uma substância que não possui forma definida, mas que tem volume fixo. Como a energia cinética das partículas é maior que a energia associada à força de atração, o líquido assume o formato do recipiente que o contém. Embora as partículas estejam mais livres para se movimentar, permanecem relativamente próximas umas das outras.

Exemplos (a 25°C e 1 atm): água, óleo e álcool

> A dificuldade das partículas de se mover em um líquido é chamada de **VISCOSIDADE**. Trata-se da resistência ao fluxo, às vezes chamada de **ATRITO** entre as partículas da substância.

Um **GÁS** (ou vapor) não possui forma e volume constantes; sendo assim, molda-se totalmente ao recipiente onde está contido e, ao contrário dos líquidos, sempre ocupa completamente seus recipientes. As partículas de um gás possuem uma ENERGIA CINÉTICA ELEVADA, o que significa que elas se movimentam muito rapidamente, superando a atração entre elas.

Se você soltar o gás de um balão de festa, esse gás vai imediatamente se dispersar na atmosfera.

Exemplos (a 25°C e 1 atm): gás oxigênio, gás carbônico

ESTADO	Sólido	Líquido	Gasoso
DISPOSIÇÃO DAS PARTÍCULAS			
CARACTERÍSTICAS	Forma e volume constantes	A forma pode mudar, mas o volume é praticamente fixo. Pode fluir.	A forma e o volume dependem do recipiente. Pode fluir.
MOVIMENTO DAS PARTÍCULAS	Vibram, mas possuem posições fixas.	Movimentam-se livremente: não possuem posições fixas.	Movimentam-se em alta velocidade. Estão muito distantes entre si.
COMPRESSIBILIDADE	Não pode ser comprimido	Pode ser ligeiramente comprimido	Pode ser comprimido

COMPRESSIBILIDADE
Mede a mudança de volume que resulta de uma pressão aplicada.

MUDANÇAS DE FASE

Um estado não é permanente. Mudanças de temperatura e pressão modificam a matéria, em um processo chamado **MUDANÇA DE FASE**. Essas são as mais importantes delas:

FUSÃO é o processo no qual a matéria muda do estado sólido para o líquido. O **PONTO DE FUSÃO** é a temperatura à qual um sólido vira líquido. O calor aumenta a energia cinética (movimento) das moléculas dentro do sólido. Conforme as partículas vão recebendo cada vez mais calor, vão se movimentando mais depressa, até que passam pelo ponto de fusão e começam a se movimentar com muito mais liberdade.

SOLIDIFICAÇÃO é o processo no qual a matéria muda do estado líquido para o sólido. O resfriamento transforma os líquidos em sólidos porque diminui a energia cinética (movimento) das partículas. Quando a energia individual de cada partícula não é mais capaz de superar a força de atração mútua, elas formam um sólido. O **PONTO DE SOLIDIFICAÇÃO** é a temperatura à qual um líquido se transforma em sólido.

Ao nível do mar:

- Acima de 100°C, a água é um vapor.
- Entre 0°C e 100°C, a água é um líquido.
- Abaixo de 0°C, a água é um sólido.

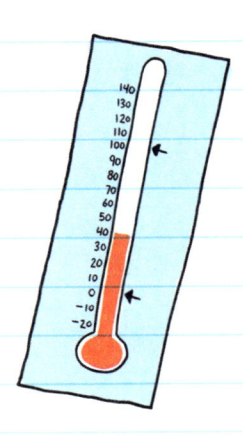

VAPORIZAÇÃO é o processo no qual a matéria passa do estado líquido para o gasoso. Quando a vaporização ocorre devagar, à temperatura ambiente, é chamada de EVAPORAÇÃO; quando é produzida por um aumento da temperatura, é chamada de EBULIÇÃO.

O suor é um líquido que se forma no nosso corpo, possibilitando regular a temperatura quando faz calor. Se você não o enxuga, seca. Para onde vai o líquido? Ele absorve energia do corpo e evapora no ar.

Quando a água ferve, é porque alcançou a temperatura à qual ela passa de líquido para vapor, ou seja, o PONTO DE EBULIÇÃO. O aquecimento faz as partículas do líquido se movimentarem mais depressa. Quando elas chegam a uma velocidade suficiente para superar todas as forças de atração entre si, o líquido vira vapor.

CONDENSAÇÃO (ou liquefação) é o oposto da vaporização, ou seja, é o processo no qual a matéria passa do estado gasoso para o líquido. Quando um vapor d'água do ar esfria e perde energia, as partículas passam a se movimentar mais devagar. Com isso, as forças de atração fazem as partículas se aproximarem e interagirem entre si, formando um líquido. Se você tampar uma panela com água fervente, vai observar gotículas de água se formarem na parte interna da tampa. Isso é um exemplo de condensação. O vapor quente bate na tampa fria e transforma o vapor de volta em líquido.

SUBLIMAÇÃO é o processo no qual um sólido passa para o estado gasoso sem passar pelo líquido. Normalmente isso não acontece, mas a sublimação queima uma etapa. Ela é rara, pois requer condições específicas, como certas combinações de temperatura e pressão. O gelo seco, por exemplo, sublima quando o CO_2 no estado sólido se transforma diretamente em CO_2 no estado gasoso.

O PROCESSO OPOSTO, NO QUAL UMA SUBSTÂNCIA PASSA DIRETAMENTE DO ESTADO GASOSO PARA O SÓLIDO, É CHAMADO SUBLIMAÇÃO OU RESSUBLIMAÇÃO. A GEADA É UM EXEMPLO.

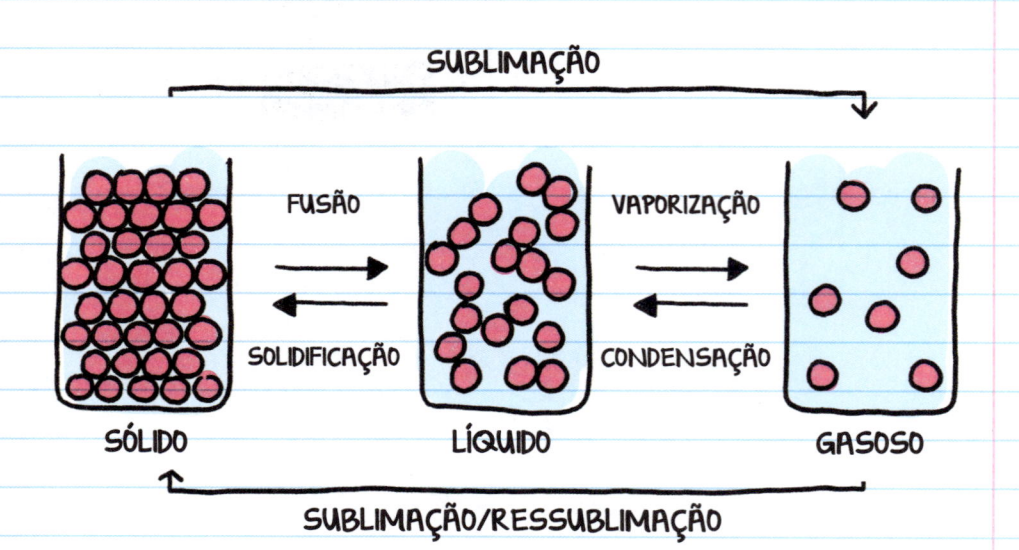

SUBLIMAÇÃO

SÓLIDO — FUSÃO / SOLIDIFICAÇÃO — LÍQUIDO — VAPORIZAÇÃO / CONDENSAÇÃO — GASOSO

SUBLIMAÇÃO/RESSUBLIMAÇÃO

GRÁFICO DAS MUDANÇAS DE FASE

O **DIAGRAMA DE FASES** é usado para mostrar as mudanças de estado de uma substância de acordo com a temperatura e a pressão a que a substância é submetida.

Eis um exemplo de um diagrama de fases simples. A forma é a mesma para muitas substâncias:

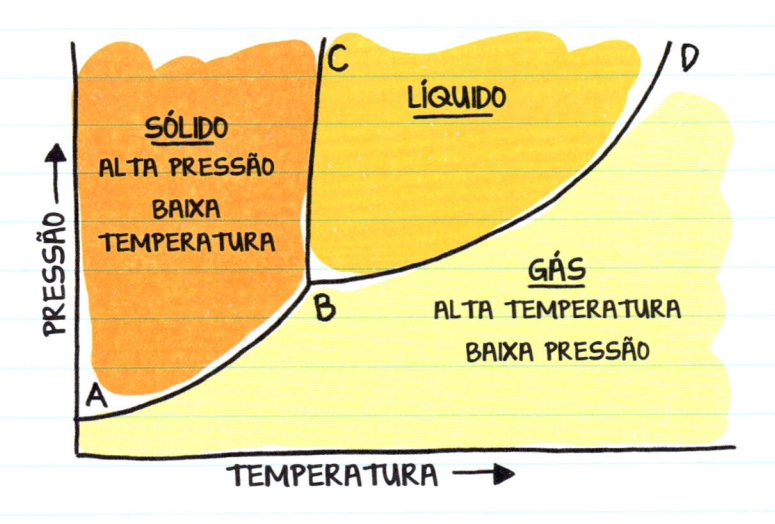

Diagrama: eixo vertical PRESSÃO, eixo horizontal TEMPERATURA. Regiões: SÓLIDO (alta pressão, baixa temperatura), LÍQUIDO, GÁS (alta temperatura, baixa pressão). Pontos marcados: A, B, C, D.

Nos diagramas de fases, a pressão normalmente é indicada em atmosferas e a temperatura, em graus Celsius ou em Kelvin. Eles são divididos em regiões que representam os estados sólido, líquido e gasoso da substância.

Cada ponto no diagrama indica uma combinação possível de temperatura e pressão. As regiões separadas por linhas mostram as temperaturas e pressões com maior probabilidade de produzir um gás, um líquido ou um sólido. As linhas que separam as regiões do diagrama em estados mostram temperaturas e pressões nas quais dois estados da substância estão em equilíbrio e coexistem.

COMO INTERPRETAR UM DIAGRAMA DE FASES:

A linha AB separa regiões de sólido e gás. Na linha, esses estados estão em equilíbrio. Ultrapassá-la através de mudanças de temperatura ou pressão significa realizar um processo de sublimação.

A linha BC separa regiões de líquido e sólido. Na linha, esses estados estão em equilíbrio. Ultrapassá-la através de mudanças de temperatura ou pressão significa realizar um processo de fusão (da esquerda para a direita) ou solidificação (da direita para a esquerda).

A linha BD separa regiões de gasoso e líquido. Na linha, esses estados estão em equilíbrio. Ultrapassá-la através de mudanças de temperatura ou pressão significa realizar um processo de vaporização ou condensação.

No ponto B, que é chamado de **PONTO TRIPLO**, estados sólido, líquido e gasoso estão em **EQUILÍBRIO** e coexistem. É uma situação muito difícil de alcançar em laboratório, pois exige um controle muito alto do experimento.

Outra forma de mostrar o que acontece durante uma mudança de fase é usar uma curva de **aquecimento**. Esse tipo de gráfico mostra a temperatura de uma substância em função da quantidade de calor absorvida sob pressão constante. O contrário também pode ser representado através de uma curva de **resfriamento** (quando o calor é liberado).

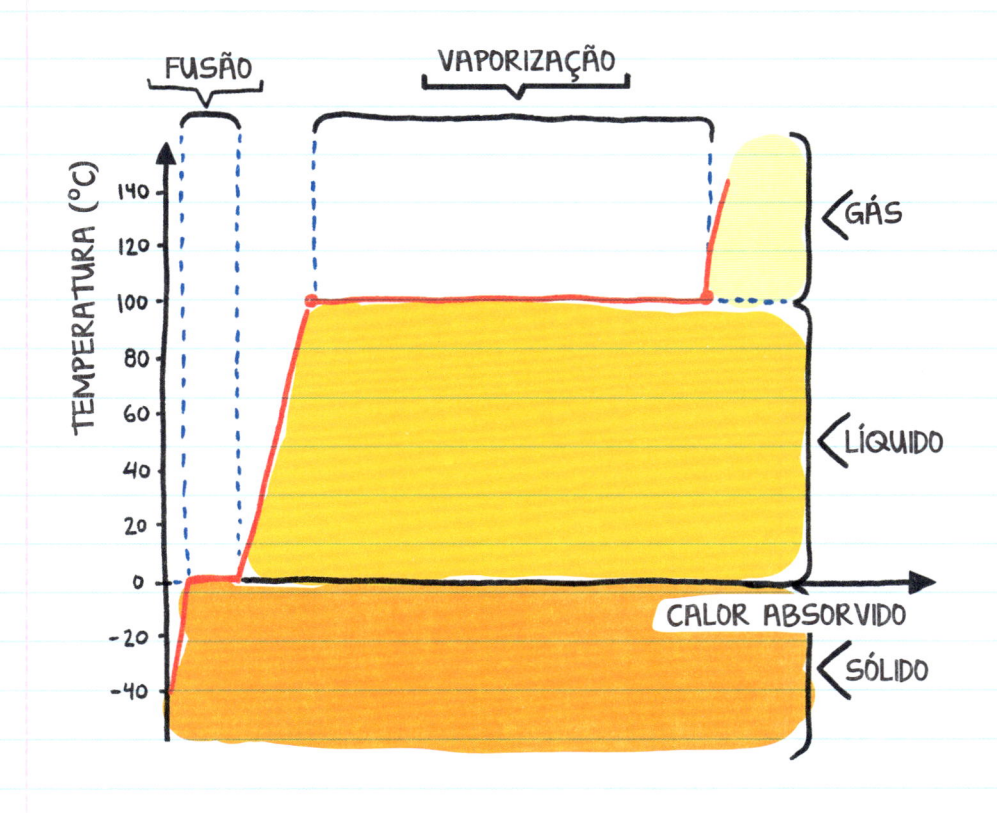

Quando as substâncias esquentam, absorvem energia e mudam de estado físico.

Em uma curva de aquecimento, um **SÓLIDO** fica no canto inferior esquerdo do gráfico. Isso significa que ele tem baixa temperatura e muito pouco calor absorvido. O gráfico mostra que a temperatura do sólido do exemplo varia de -40°C a 0°C.

Quando o calor absorvido aumenta, a linha vermelha do gráfico sobe a um nível em que a energia é suficiente para que a substância se transforme em **LÍQUIDO**. A faixa seguinte mostrada no gráfico vai de 0°C até 100°C. Quando a temperatura ultrapassa 100°C, a substância do exemplo se transforma em **GÁS**.

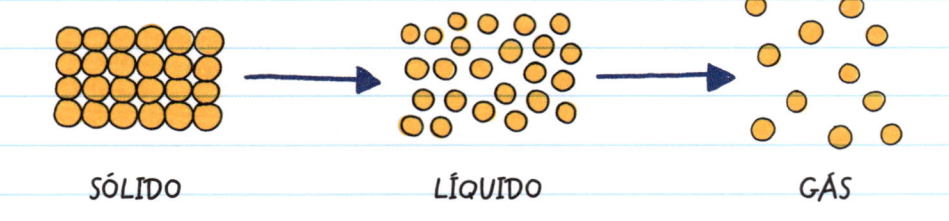

SÓLIDO → LÍQUIDO → GÁS

Por que a linha vermelha fica na horizontal antes de acontecer a mudança de estado?

Em uma mudança de estado físico, a substância precisa absorver calor suficiente para que todas as partículas superem as forças de atração. Na região em que a linha é horizontal, toda a energia é direcionada para o processo de mudança de estado físico e, por isso, a temperatura permanece constante até que o processo termine.

VERIFIQUE SEUS CONHECIMENTOS

1. Quais são os dois fatores responsáveis por uma mudança de estado físico?

2. As partículas de um sólido estão em movimento?

3. _____ é o oposto de fusão,
   _____ é o oposto de condensação e
   _____ é o nome de dois processos opostos.

4. Cite três tipos de mudança de fase.

5. Quais as propriedades que costumam ser representadas nos eixos x e y de um diagrama de fases?

6. Por que a linha fica horizontal em alguns pontos de uma curva de aquecimento?

RESPOSTAS

CONFIRA AS RESPOSTAS

1. A temperatura e a pressão.

2. Em um sólido, as partículas não podem se movimentar livremente, mas são capazes de vibrar em seus lugares.

3. Solidificação; vaporização; sublimação.

4. Três dos seguintes tipos: fusão, solidificação, sublimação, vaporização e condensação.

5. A temperatura em graus Celsius ou Kelvin no eixo x e a pressão em atmosferas no eixo y.

6. A linha permanece horizontal em uma curva de aquecimento nas regiões em que acontece uma mudança de estado porque a substância precisa absorver calor suficiente para que todas as partículas superem as forças de atração.

Capítulo 8
ÁTOMOS, ELEMENTOS, COMPOSTOS E MISTURAS

ÁTOMOS

Matéria é tudo que possui massa e ocupa lugar no espaço. A matéria é composta de **ÁTOMOS**.

Os **átomos** são a base de construção de todas as substâncias do universo. Eles são tão pequenos que não é possível vê-los a olho nu ou mesmo usando um microscópio ótico.

Eles são formados por partículas ainda menores (partículas subatômicas). Algumas delas têm uma carga elétrica. A **CARGA** é uma propriedade física que faz, entre outras coisas, com que as partículas sejam atraídas ou repelidas por outras partículas.

Tipos de partícula subatômica

- **Elétrons:** Partículas com carga negativa (-)
- **Prótons:** Partículas com carga positiva (+)
- **Nêutrons:** Partículas com carga zero. Não existe notação para indicar uma carga zero.

Os prótons e nêutrons fazem parte do **NÚCLEO**, a parte central do átomo. Como os prótons têm uma unidade de carga positiva (+) e os nêutrons têm carga zero, o núcleo tem uma carga total positiva.

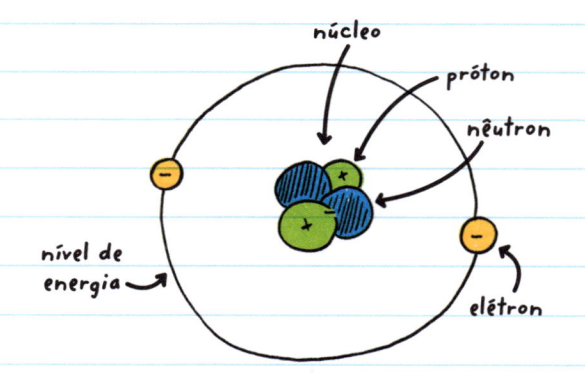

Modelo atômico que representa partículas subatômicas

Os elétrons formam "nuvens" em certos níveis de energia.

> Os prótons e nêutrons são formados por partículas ainda menores, chamadas quarks.

Um **ÁTOMO NEUTRO** (um átomo com carga zero) tem o mesmo número de prótons e elétrons. Como o elétron tem uma unidade de carga negativa e o próton, uma unidade de carga positiva, a soma das cargas é zero.

Um **ÍON POSITIVO** (um átomo com carga positiva) tem mais prótons que elétrons. Também é chamado de CÁTION.

Um **ÍON NEGATIVO** (um átomo com carga negativa) tem mais elétrons que prótons. Também é chamado de ÂNION.

ELEMENTOS E COMPOSTOS

Átomos são geralmente classificados como elementos. Cada elemento tem a mesma quantidade de prótons no núcleo. Existem 118 átomos diferentes.

Uma **MOLÉCULA** é feita de dois ou mais átomos ligados quimicamente, formando pequenos aglomerados com composição idêntica entre si. Muitas substâncias são formadas por moléculas, como a água (H_2O) e o gás carbônico (CO_2).

Uma **SUBSTÂNCIA** é uma porção da matéria que possui composição constante e é descrita por suas propriedades físicas. A água, por exemplo, é uma substância formada por moléculas representadas por H_2O, independentemente da região no planeta onde você estiver, ou até mesmo em outro astro do universo, e sempre será caracterizada pelas mesmas propriedades: entra em ebulição a 100°C a 1 atm, possui densidade de 1,00 g/cm^3 a 25°C, etc.

Uma **SUBSTÂNCIA SIMPLES** é um conjunto de partículas unidas quimicamente formadas por apenas um tipo de elemento. Gás oxigênio (O_2), gás hélio (He) e alumínio (Aℓ) são exemplos de substâncias simples.

Um **COMPOSTO** é uma substância que contém dois ou mais elementos diferentes quimicamente combinados em uma razão fixa.

A água, cuja fórmula química é H_2O, é um composto porque contém dois elementos diferentes: hidrogênio (H) e oxigênio (O).

O sal de cozinha, cuja fórmula química é NaCℓ, também é um composto porque contém os elementos sódio (Na) e cloro (Cℓ).

Nas substâncias simples, os átomos podem estar distribuídos de formas diferentes, dependendo das condições de pressão e temperatura a que foram submetidos. O carbono, por exemplo, normalmente existe na forma de grafite, mas, ao ser submetido a calor e pressão intensos, pode se transformar em diamante. Essa condição é chamada de alotropia.

> **POR EXEMPLO:** O sódio (Na) é um metal prateado altamente reativo e o cloro (Cl_2) existe na forma de um gás tóxico verde-amarelo. Ambos são substâncias simples. Quando se combinam quimicamente, formam sal de cozinha (NaCl), um composto que, consumido com moderação, não representa um risco para a saúde.

As proporções dos diferentes átomos em um composto são fixas. Água é sempre H_2O: dois átomos de hidrogênio (H) para um átomo de oxigênio (O).

SUBSTÂNCIAS PURAS E MISTURAS

Uma **SUBSTÂNCIA PURA** é feita de apenas um tipo de átomo ou um tipo de molécula. Gás oxigênio, gás hidrogênio e água destilada são todos exemplos de substâncias puras.

Na natureza, é difícil encontrar uma porção da matéria que corresponda a uma substância pura, ou seja, que possa ser descrita por uma fórmula específica e apresente propriedades físicas constantes.

Uma **MISTURA** é a combinação de duas ou mais substâncias diferentes, entre as quais não há ligação química. Um exemplo é um molho de salada feito de azeite, vinagre, ervas finas e suco de limão.

Existem dois tipos de mistura:

As misturas **HETEROGÊNEAS** não têm aspecto uniforme. Podem-se distinguir nelas duas ou mais fases (separações visuais numa mistura, às vezes microscópicas).

Por exemplo: nos garimpos de ouro, pedacinhos de ouro podem estar misturados a grãos de areia.

As misturas **HOMOGÊNEAS** têm aspecto uniforme, ou seja, têm uma única fase.

Por exemplo: a água com açúcar é composta de água e sacarose e cada parte dessa mistura contém a mesma proporção de componentes.

A separação de misturas

Às vezes pode ser interessante separar misturas para recuperar os componentes originais. Em muitos casos, é possível separá-los por meios físicos graças a diferenças nas propriedades físicas desses componentes.

No caso do garimpo, para separar o ouro da areia usa-se uma corrente de água sobre a mistura. Apenas a areia é arrastada pela água, pois o ouro é mais denso e permanece no recipiente. Essa técnica é chamada de **LEVIGAÇÃO**.

Eis outros métodos físicos para separar uma mistura:

- Filtração
- Cromatografia
- Evaporação
- Extração
- Destilação

A **FILTRAÇÃO** separa um sólido **INSOLÚVEL** (que não se dissolve) de um líquido ou uma solução. A mistura de sólidos e líquidos é despejada em um filtro e a parte sólida fica retida no papel de filtro.

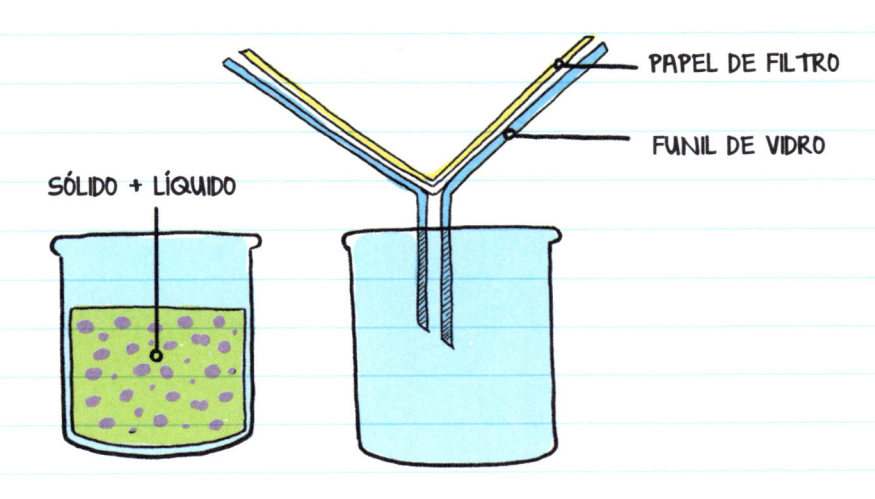

PAPEL DE FILTRO
FUNIL DE VIDRO
SÓLIDO + LÍQUIDO

CROMATOGRAFIA é um processo de separação dos componentes de uma mistura baseado na interação destes com uma fase líquida e uma fase sólida. No caso da separação de dois líquidos, por exemplo, uma placa de vidro é revestida com uma fina camada de sílica (fase sólida) e recebe uma gota do líquido, que fica retido na placa. A parte de baixo da placa é imersa no solvente (fase líquida). Por meio do fenômeno da capilaridade, as moléculas de solvente penetram o papel e sobem lentamente. O solvente arrasta com ele a amostra, que então é separada, caso as substâncias da mistura tenham afinidades diferentes com a sílica. A cromatografia pode ser usada para testar se um líquido é uma substância pura ou uma mistura. Ela não separa a amostra inteira.

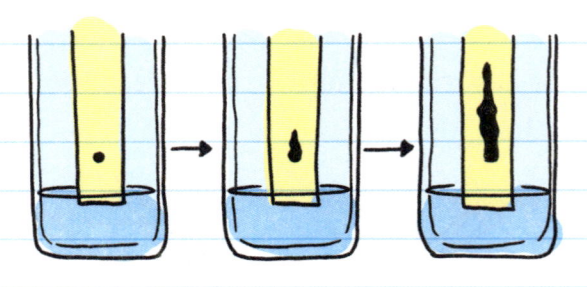

A **EVAPORAÇÃO** pode ser usada para separar um sólido **SOLÚVEL**, como, por exemplo, o sal de cozinha, de um líquido, que é geralmente a água. A solução é aquecida, fazendo com que o líquido se vaporize e que reste no recipiente apenas o sólido.

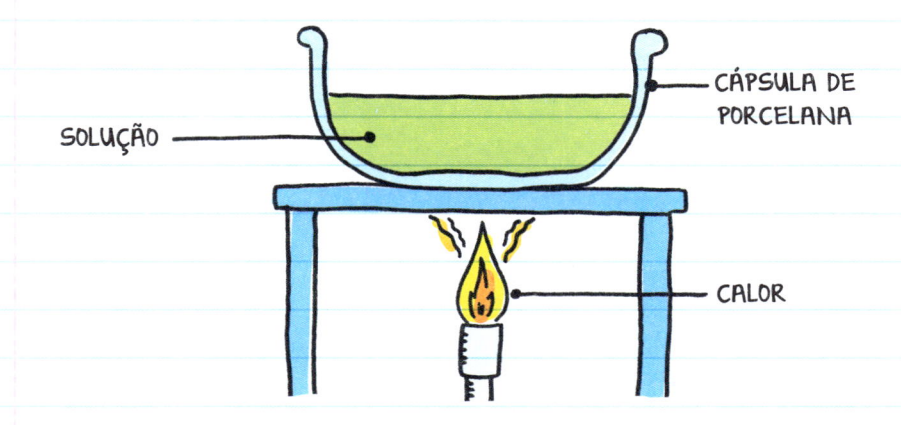

- CÁPSULA DE PORCELANA
- SOLUÇÃO
- CALOR

EXTRAÇÃO é o processo de separar um composto de outros em uma mistura homogênea. A mistura é colocada em contato com um líquido no qual a substância desejada é solúvel e as outras substâncias presentes são insolúveis.

- FUNIL DE SEPARAÇÃO
- SOLUTO EM UMA FASE ORGÂNICA
- SOLUTO EM UMA FASE AQUOSA
- TORNEIRA

DESTILAÇÃO é a ação de purificar um líquido por meio do processo de aquecimento seguido de resfriamento. Ela pode ser usada para separar duas substâncias que possuem pontos de ebulição diferentes, aquecendo-as para vaporizar uma delas e depois resfriando o vapor para condensá-la enquanto a outra permanece no recipiente original. O exemplo abaixo envolve a separação entre um sólido e um líquido:

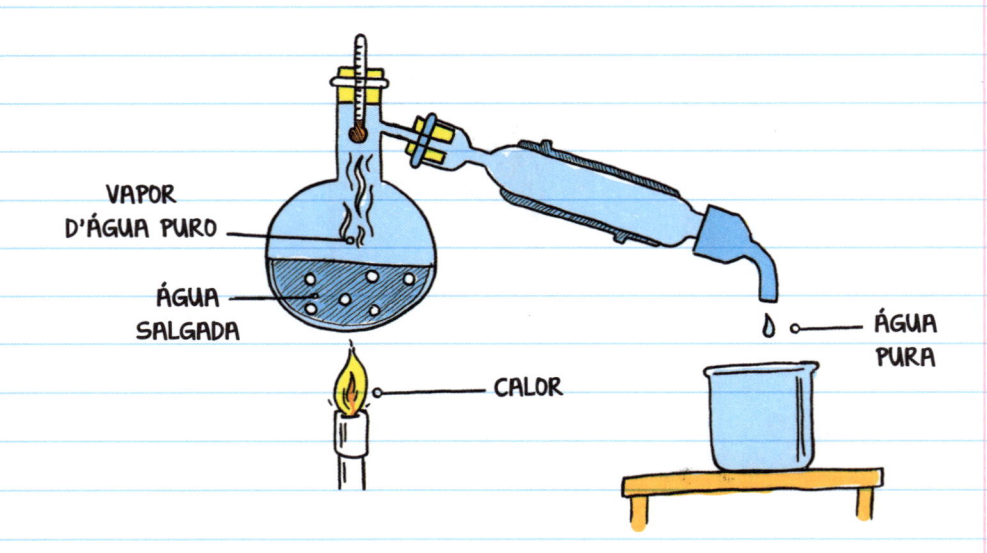

VERIFIQUE SEUS CONHECIMENTOS

1. Qual a relação entre matéria e átomo?

2. Quais as três partículas que compõem o átomo? Quais as suas cargas?

3. Qual a diferença entre uma substância simples e um composto?

4. Qual a diferença entre uma mistura e uma substância pura?

5. Qual a diferença entre uma mistura homogênea e uma mistura heterogênea? Dê um exemplo de cada.

6. Cite dois métodos físicos que podem ser usados para separar um sólido de um líquido.

7. Qual o melhor meio de separar dois líquidos com pontos de ebulição muito próximos?

RESPOSTAS

CONFIRA AS RESPOSTAS

1. Matéria é tudo que tem massa e ocupa lugar no espaço, enquanto átomo é a base de construção de todas as substâncias do universo.

2. As três partículas que compõem o átomo são os elétrons, os prótons e os nêutrons. Os elétrons têm carga negativa (-), os prótons têm carga positiva (+) e os nêutrons não têm carga.

3. Uma substância simples é um conjunto de partículas unidas quimicamente formadas por apenas um tipo de elemento. Um composto é uma substância que contém dois ou mais elementos diferentes que estão quimicamente combinados em uma razão fixa.

4. Uma mistura é formada por duas ou mais substâncias que estão juntas mas não ligadas quimicamente. Uma substância pura é formada por um ou mais elementos que estão ligados quimicamente e têm propriedades bem definidas.

5. Uma mistura heterogênea não tem aspecto uniforme. Podem-se distinguir nela duas ou mais fases. Exemplo: ouro e areia. Uma mistura homogênea tem aspecto uniforme, ou seja, tem uma única fase. Exemplo: água com açúcar.

6. Filtração e evaporação.

7. A cromatografia.

Unidade 3

Teoria atômica e configuração eletrônica

Capítulo 9
TEORIA ATÔMICA

DESENVOLVIMENTO DA TEORIA

John Dalton

JOHN DALTON foi o primeiro cientista a formular uma teoria atômica baseada em observações científicas. Ele acreditava que:

> **John Dalton** foi um cientista inglês, considerado o pai da teoria atômica, proposta por ele em 1803.

- Toda matéria é composta de átomos.
- O átomo é indivisível.
- Os átomos de um elemento são iguais; os átomos de elementos diferentes são diferentes.

Assim, por exemplo, os átomos de hidrogênio (H) são diferentes dos átomos de oxigênio (O).

- Nas reações químicas, os átomos são reagrupados, mas não perdidos (a LEI DA CONSERVAÇÃO DE MASSA de Lavoisier).

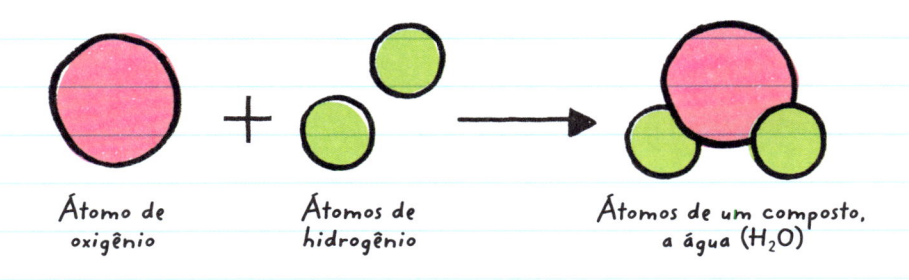

| Átomo de oxigênio | Átomos de hidrogênio | Átomos de um composto, a água (H_2O) |

A LEI DAS PROPORÇÕES MÚLTIPLAS de Dalton diz que, se dois elementos podem se combinar e produzir mais de um tipo de composto, as massas de um elemento serão múltiplas entre si ao se combinar com uma massa fixa do outro.

Assim, por exemplo, N e O podem formar diferentes substâncias (como N_2O, NO, N_2O_3, NO_2, N_2O_5).

Dessa forma, 14 g de N podem estar combinados com 8, 16, 24, 32 ou 40 g de O (dependendo da substância formada).

A teoria de Dalton não estava totalmente certa. Descobriu-se mais tarde, por exemplo, que os átomos podem ser decompostos em partículas menores (prótons, elétrons e nêutrons), mas foi um excelente ponto de partida porque átomos e moléculas continuam a ser as menores partículas que mantêm as propriedades químicas e físicas de uma substância.

J. J. Thomson

Parte da teoria de Dalton foi refutada quando JOSEPH JOHN (J. J.) THOMSON descobriu o elétron em 1897. Thomson estava estudando um tipo de **RADIAÇÃO**, que é uma forma de energia transmitida à distância, através de ondas ou partículas.

> **J. J. Thomson** foi o físico inglês que descobriu o elétron e propôs o modelo do "pudim de passas" para o átomo.

Com base na teoria da radiação e em experimentos com um equipamento conhecido como TUBO DE RAIOS CATÓDICOS, ele conseguiu provar que partículas carregadas negativamente (elétrons) estavam presentes nos átomos.

Um tubo de raios catódicos é um cilindro de vidro fechado em que a maior parte do ar foi removida. Nas extremidades do tubo estão dois **ELETRODOS**: um **CÁTODO**, que é o eletrodo com carga negativa, e um **ÂNODO**, o eletrodo com carga positiva.

Um anúncio de neon é feito de tubos de raios catódicos.

Quando alta-tensão é aplicada entre os eletrodos, um feixe de elétrons viaja do cátodo para o ânodo. Usando o tubo de raios catódicos, Thomson determinou a razão entre a carga elétrica e a massa de um elétron:

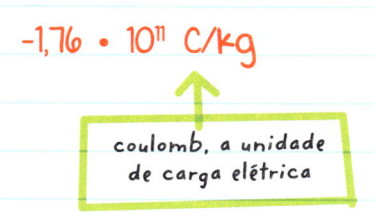

$$-1{,}76 \cdot 10^{11} \text{ C/kg}$$

coulomb, a unidade de carga elétrica

Thomson propôs que os átomos eram como um "pudim de passas", ou seja, que os elétrons estavam distribuídos em todo o volume de um "pudim de carga positiva". As cargas negativas dos elétrons eram canceladas por essa carga positiva, responsável pela maior parte da massa dos átomos.

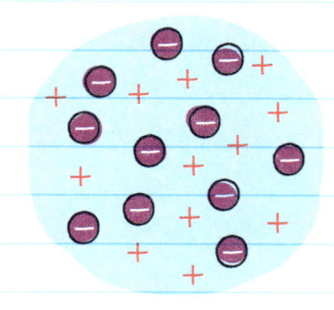

J. J. Thomson acreditava que os elétrons eram como passas dentro de um "pudim" de carga positiva.

Ernest Rutherford

O físico neozelandês ERNEST RUTHERFORD levou a ideia de Thomson um passo adiante ao usar partículas radioativas. Ele disparou PARTÍCULAS ALFA (partículas formadas somente por núcleos contendo dois prótons e dois nêutrons), com carga positiva 2+, contra uma folha fina de ouro e observou que a maior parte das partículas alfa atravessava a folha (o que era esperado), mas algumas ricocheteavam. Se os átomos eram estruturas maciças, como as partículas alfa atravessavam? O que fazia as partículas alfa ricochetearem? Rutherford deu a seguinte explicação:

- Os átomos são compostos principalmente de espaço vazio (é por isso que a maioria das partículas atravessa a folha de ouro).
- No centro dos átomos existe uma pequena região com carga positiva (é por isso que algumas partículas com carga positiva ricocheteiam).

Ernest também afirmou que, como cargas de mesma natureza se repelem, as partículas alfa de carga positiva que ricocheteavam estavam se chocando com uma partícula positiva situada no centro do átomo e sendo repelidas por ela. Ele chamou essa região central do átomo de **NÚCLEO**. Os elétrons estariam numa ampla região ao redor do núcleo, chamada de **ELETROSFERA**.

> **NÚCLEO**
> Parte central do átomo, com carga positiva, responsável por quase toda a massa do átomo.

MEDIDA DA CARGA DO ELÉTRON

Os elétrons são uma forma de matéria. Como toda matéria, eles devem ter uma massa. Mas como é possível medir a massa de algo tão pequeno como um elétron? Primeiro foi necessário calcular a carga.

R. A. Millikan

Em 1909, R. A. MILLIKAN executou um experimento que lhe permitiu determinar a carga de um elétron.

> **Robert Andrews Millikan** foi um físico americano ganhador do prêmio Nobel em 1923 "por seus estudos da carga elementar da eletricidade e do efeito fotelétrico".

EXPERIMENTO DA GOTA DE ÓLEO DE MILLIKAN

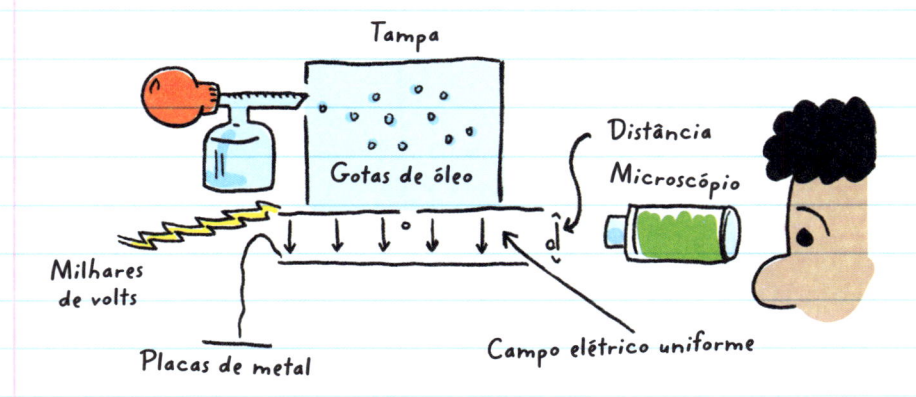

Millikan carregou negativamente gotas de óleo. Em seguida, determinou o valor da tensão elétrica entre as placas necessária para manter uma gota de óleo em equilíbrio. Comparando a força gravitacional, a força de arrasto e a força elétrica em várias gotas de óleo, ele conseguiu estabelecer a carga do elétron. Atualmente, o valor aceito é aproximadamente $-1{,}602 \cdot 10^{-19}$ C.

Usando os valores atuais aproximados para a razão carga/massa do elétron medida por Thomson e para a carga do elétron medida por Millikan, chega-se ao seguinte:

$$\text{Massa do elétron} = \frac{\text{carga}}{\text{carga/massa}} = \frac{-1{,}602}{-1{,}76} \cdot \frac{10^{-19}}{10^{11}} = 9{,}10 \cdot 10^{-31} \text{ kg}$$

James Chadwick

JAMES CHADWICK passou a vida estudando o núcleo do átomo de Rutherford e sabia que, para a maioria dos elementos, o núcleo era cerca de duas vezes mais pesado do que se imaginava, considerando apenas os prótons. Mas essa massa "extra" não poderia ser devida à existência de uma partícula carregada, como os prótons, já que o átomo, como um todo, tem carga neutra. Assim, Chadwick concluiu que o núcleo devia ter partículas sem carga. Ele chamou essas partículas de **NÊUTRONS**.

> O físico inglês **James Chadwick** descobriu o nêutron em 1932 e, por essa descoberta, ganhou o prêmio Nobel em 1935.

Valores aproximados aceitos atualmente para as massas e cargas das três partículas elementares que compõem o átomo

PARTÍCULA	CARGA (C)	MASSA (KG)
Elétron	$-1{,}602 \cdot 10^{-19}$	$9{,}109 \cdot 10^{-31}$
Próton	$1{,}602 \cdot 10^{-19}$	$1{,}673 \cdot 10^{-27}$
Nêutron	0	$1{,}675 \cdot 10^{-27}$

VERIFIQUE SEUS CONHECIMENTOS

1. Quem foi o primeiro cientista a propor uma teoria atômica baseada em observações científicas?

2. Verdadeiro ou falso: os átomos do sódio (Na) são diferentes dos átomos do cloro (Cl).

3. Explique a diferença entre cátodo e ânodo em um tubo de raios catódicos.

4. Que cientista construiu um tubo de raios catódicos para provar que há partículas com cargas negativas (elétrons) nos átomos?

5. Que experimento Rutherford realizou quando investigava a estrutura atômica? O que sua pesquisa provou?

6. O núcleo de um átomo tem carga? Em caso afirmativo, a carga é positiva ou negativa?

7. Quem foi o primeiro cientista a determinar a carga do elétron?

RESPOSTAS

CONFIRA AS RESPOSTAS

1. John Dalton.

2. Verdadeiro. Eles têm números diferentes de prótons e elétrons.

3. Em um tubo de raios catódicos, o cátodo é um eletrodo com carga negativa e o ânodo é um eletrodo com carga positiva.

4. J. J. Thomson.

5. Rutherford disparou partículas alfa contra folhas finas de ouro. Ele observou que, embora a maioria das partículas as atravessasse, algumas ricocheteavam, demonstrando que o átomo tinha um núcleo.

6. Sim. A carga é positiva.

7. Millikan, com o experimento da gota de óleo.

Capítulo 10
ONDAS, TEORIA QUÂNTICA E FÓTONS

O QUE É UMA ONDA?

Uma **ONDA** é uma oscilação que se propaga no espaço e transporta energia, mas não matéria. As ondas podem ser descritas em termos de **AMPLITUDE**, **COMPRIMENTO DE ONDA** e **FREQUÊNCIA**.

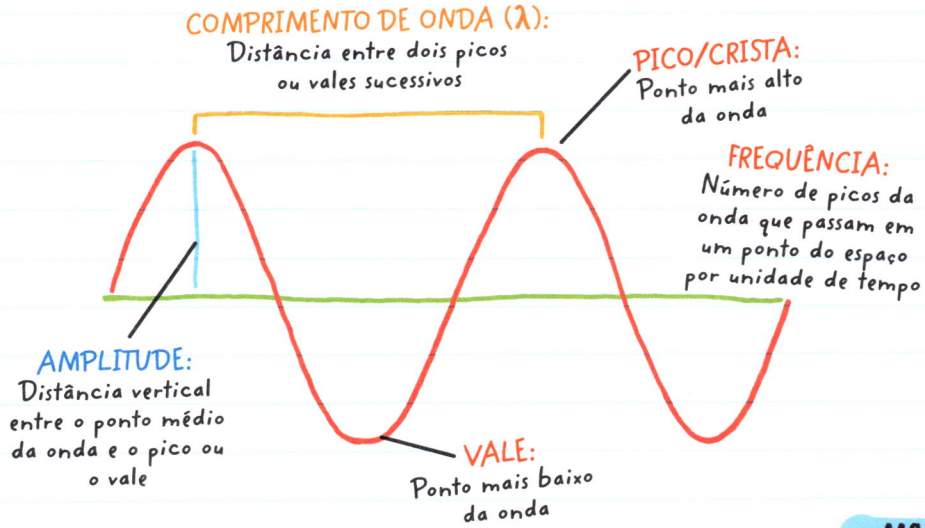

COMPRIMENTO DE ONDA (λ): Distância entre dois picos ou vales sucessivos

PICO/CRISTA: Ponto mais alto da onda

FREQUÊNCIA: Número de picos da onda que passam em um ponto do espaço por unidade de tempo

AMPLITUDE: Distância vertical entre o ponto médio da onda e o pico ou o vale

VALE: Ponto mais baixo da onda

HEIN?!

A unidade de medida do comprimento de onda pode ser qualquer unidade de comprimento, como o metro, o centímetro, o nanômetro ou o angstrom.

Um angstrom é uma unidade de comprimento igual a 10^{-10} metro ou um centésimo milionésimo de centímetro.

O ESPECTRO ELETROMAGNÉTICO

Um dos tipos de onda mais comuns são as **ONDAS ELETROMAGNÉTICAS**. Elas estão presentes em toda parte e assumem muitas formas. Quase todas são invisíveis a olho nu. Eis alguns exemplos:

Luz solar

Raios X

Forno de micro-ondas

O conjunto de todos os tipos de ondas eletromagnéticas é chamado de **ESPECTRO ELETROMAGNÉTICO**. Ele costuma ser dividido em sete regiões, de acordo com o comprimento de onda. Do maior para o menor, os nomes das regiões são os seguintes:

- ondas de rádio
- micro-ondas
- infravermelho
- luz visível
- ultravioleta
- raios X
- raios gama

Lembre-se do espectro eletromagnético, do maior comprimento de onda para o menor, usando este mnemônico:

Rogério **M**onta **I**nstrumentos: **V**iolinos, **U**kuleles, **X**ilofones e **G**uitarras

---

Os seres humanos só conseguem enxergar uma pequena parte do espectro eletromagnético, o chamado **espectro da luz visível**. Essa parte é composta por cores: vermelho, laranja, amarelo, verde, azul, anil e violeta. Essa é a ordem do maior para o menor comprimento de onda, que pode ser representada pelo mnemônico: **V**imos **L**á **A**diante **V**árias **A**ves **A**lçarem **V**oo.

O espectro eletromagnético

Comprimento de onda (metros)	Tamanho aproximado de:
ONDAS DE RÁDIO ← 1	Edifício
MICRO-ONDAS 1 a 10^{-3}	Grão de açúcar
INFRAVERMELHO 10^{-3} a $7 \cdot 10^{-7}$	Protozoário
LUZ VISÍVEL $7 \cdot 10^{-7}$ a $4 \cdot 10^{-7}$	Bactéria
ULTRAVIOLETA $3 \cdot 10^{-7}$ a 10^{-8}	Molécula
RAIOS X 10^{-8} a 10^{-12}	Átomo
RAIOS GAMA 10^{-12} →	Núcleo atômico

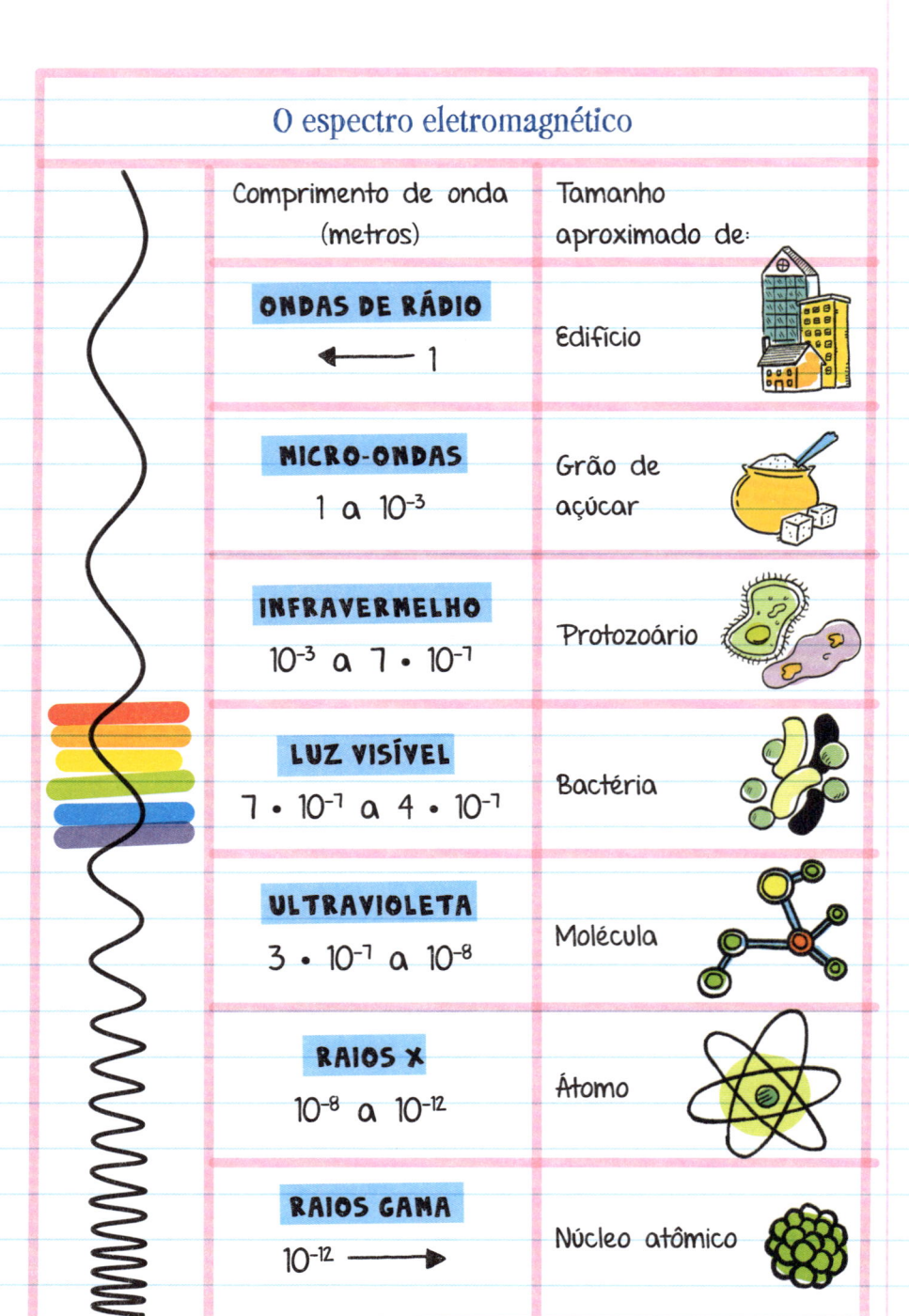

A posição na tabela indica o comprimento de cada tipo de onda. Uma onda de rádio tem um comprimento de onda muito grande, como uma corda de pular agitada para cima e para baixo. Um raio gama é minúsculo, do tamanho de um núcleo atômico.

> Quando assistimos a um filme, escutamos um programa de rádio ou esquentamos a comida no micro-ondas, estamos usando ondas eletromagnéticas.

A TEORIA DE PLANCK

O físico alemão **MAX PLANCK** aqueceu sólidos até que emitissem luz visível, que é uma forma de onda eletromagnética, e descobriu que a onda era emitida em pequenos pacotes. Ele chamou esses pacotes de **QUANTA** (singular: **quantum**).

O **QUANTUM** é a menor quantidade de energia que pode ser emitida ou absorvida na forma de uma onda eletromagnética.

Explicação simples: Todo dia temos que lidar com quantidades fixas. Suponha que uma barra de chocolate custe R$ 2,79, mas uma loja está oferecendo um desconto de 10%. A rigor, você teria que pagar R$ 2,79 − R$ 0,279 = R$ 2,511, mas a menor moeda que existe no Brasil é 1 centavo. Podemos dizer que o quantum de dinheiro

> SÃO 2 REAIS E 51,1 CENTAVOS.
>
> HEIN?

no Brasil é 1 centavo. Você não pode pagar em dinheiro uma quantia menor que um centavo. Assim como não existe energia menor que um quantum.

Quanto "vale" um quantum de energia?

Planck propôs que o quantum de energia é calculado pela seguinte equação:

$$\varepsilon = h\nu$$

Nela, ε é a energia em joules (J), h é uma constante no valor de $6,626 \cdot 10^{-34}$ J $\cdot$ s, que mais tarde recebeu o nome de CONSTANTE DE PLANCK, e ν é a frequência da onda eletromagnética absorvida ou emitida em Hz (ou s^{-1}).

> O joule é a unidade de energia do SI.

A constante de Planck relaciona a energia em um quantum de energia de uma onda eletromagnética à frequência da onda.

Como a frequência de uma onda eletromagnética é calculada por $\nu = c/\lambda$, em que c é a velocidade da onda e λ é o comprimento de onda, o quantum de energia também é dado pela seguinte equação:

> λ é a letra grega **lambda**.
> ν é a letra grega **ni**.

$$\varepsilon = \frac{hc}{\lambda}$$

A velocidade de qualquer onda eletromagnética no vácuo (ou no ar, para todos os efeitos práticos) é dada por $c = 3 \cdot 10^8$ m/s. A constante c é comumente chamada de velocidade da luz.

A teoria quântica é o estudo da matéria e da energia nos níveis atômico e subatômico. Ela permite que os cientistas entendam como os elétrons se comportam, para fazer previsões.

Importante! De acordo com a teoria quântica, a energia é sempre emitida em múltiplos inteiros de hv, como, por exemplo, hv, $2hv$, $3hv$, mas não $1,96hv$ ou $3,2hv$.

O FÓTON

ALBERT EINSTEIN levou adiante a teoria de Planck. Ele explicou por que a incidência da luz em uma superfície metálica só produzia a emissão de elétrons em certas condições. Essa emissão é conhecida como **EFEITO FOTELÉTRICO**. Einstein descobriu que nem sempre o número de elétrons ejetados do metal era proporcional à intensidade da luz.

Albert Einstein foi o físico alemão que criou a teoria da relatividade. Em 1921, recebeu o prêmio Nobel pela descoberta da Lei do Efeito Fotelétrico.

Mesmo que a luz fosse muito intensa, os elétrons só seriam ejetados se a frequência da luz fosse maior que a chamada FREQUÊNCIA DE CORTE. Se a frequência fosse menor que a de corte, nenhum elétron seria ejetado.

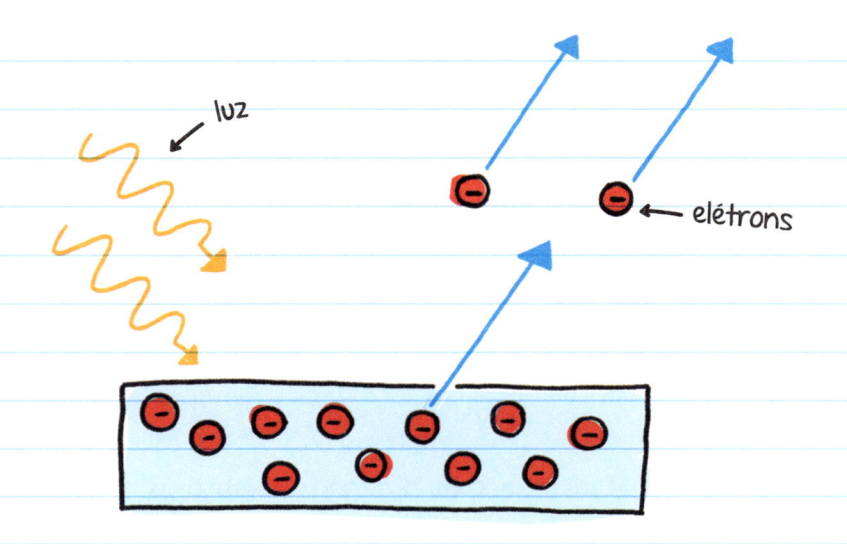

O metal contém elétrons. Quando a energia em forma de luz incide na superfície do metal, ela arranca os elétrons do metal.

Como os elétrons da superfície são atraídos pelo metal, é necessária uma energia relativamente grande para arrancar os elétrons.

Se a energia que pode ser fornecida depende da frequência da luz incidente, é necessário que ela tenha uma frequência mínima para provocar esse efeito.

> **POR EXEMPLO:** Imagine que você está segurando uma bola de basquete com as duas mãos e outra pessoa quer tomá-la de você. Para isso, a pessoa precisa aplicar uma força suficiente para que você solte a bola. Se a bola for puxada sem muita força, você vai continuar segurando-a.
>
> Se a pessoa puxá-la com força suficiente, vai tirá-la das suas mãos.
>
> A bola de basquete representa o elétron. O puxão mais forte representa um feixe de luz cuja frequência é maior que a frequência de corte.

Einstein sugeriu que a luz é composta de partículas, que mais tarde receberam o nome de **FÓTONS**.

Segundo Einstein, a energia dos fótons é calculada pela equação proposta por Planck para a energia das ondas eletromagnéticas:

$$\varepsilon = h\nu \quad \text{OU} \quad \varepsilon = \frac{hc}{\lambda}$$

em que c é a velocidade da luz no vácuo, $3 \cdot 10^8$ m/s.

> A energia de um fóton é igual à constante de Planck multiplicada pela frequência da luz.

Isso significa que:

> **Um fóton = um quantum**

Os fótons são a menor unidade de energia (como um quantum) e possuem as seguintes características:

- São neutros, estáveis e não têm massa.

- Interagem com elétrons e possuem uma energia que depende da frequência.

- Podem viajar à velocidade da luz, mas apenas no vácuo, como no espaço sideral.

- Todas as ondas eletromagnéticas são feitas de fótons, inclusive a luz visível.

VERIFIQUE SEUS CONHECIMENTOS

1. O que é a teoria quântica?

2. Por que é importante estudar a teoria quântica?

3. Quais as três propriedades de uma onda?

4. É possível que um fóton parcial seja emitido por um objeto?

5. Fóton é o mesmo que elétron?

6. Cite pelo menos três características dos fótons.

RESPOSTAS

CONFIRA AS RESPOSTAS

1. É o estudo da matéria e da energia nos níveis atômico e subatômico.

2. Porque ajuda os cientistas a prever o comportamento dos elétrons e de outras partículas subatômicas.

3. Amplitude, frequência e comprimento de onda.

4. Não. Fótons são emitidos apenas inteiros.

5. Não, os fótons são partículas que correspondem à menor unidade de energia eletromagnética e não possuem carga elétrica nem massa. Os elétrons são partículas subatômicas que formam o átomo (junto aos prótons e nêutrons) e possuem massa e carga elétrica.

6. Os fótons não possuem carga elétrica nem massa. Eles interagem com elétrons e possuem uma energia que depende da frequência. Podem viajar à velocidade da luz, mas somente no vácuo. Todas as ondas eletromagnéticas são feitas de fótons, inclusive a luz visível.

Capítulo 11

ELÉTRONS

NÍVEIS DE ENERGIA

O físico dinamarquês NIELS BOHR foi um dos primeiros cientistas a formular um modelo para a estrutura do átomo que envolvesse os estudos de matéria e energia desenvolvidos em sua época (início do século XX).

Tentando descobrir em que lugar do átomo os elétrons ficavam, Bohr propôs a ideia de que eles giravam em torno do núcleo como os planetas giram em torno do Sol, em **ÓRBITAS**.

ÓRBITA
A trajetória curva que um objeto descreve em torno de outro objeto.

Bohr associou essas órbitas a diferentes **NÍVEIS DE ENERGIA**.

IUPI!

As regras sugeridas por Bohr para os níveis de energia foram as seguintes:

- **Cada nível tem uma energia diferente.** A energia dos níveis está relacionada à distância do núcleo: quanto menor a distância, menor o tamanho do nível e menor a energia.

> **NÍVEL DE ENERGIA**
> Uma das possíveis trajetórias do elétron em torno do núcleo.

- **Cada nível de energia fica a uma distância fixa do núcleo.** Os níveis são numerados, do núcleo para fora.

Bohr propôs ainda que a única maneira de um elétron ganhar ou perder energia seria passar de um nível para outro.

A figura mostra o modelo de Bohr para o elemento cálcio (Ca):

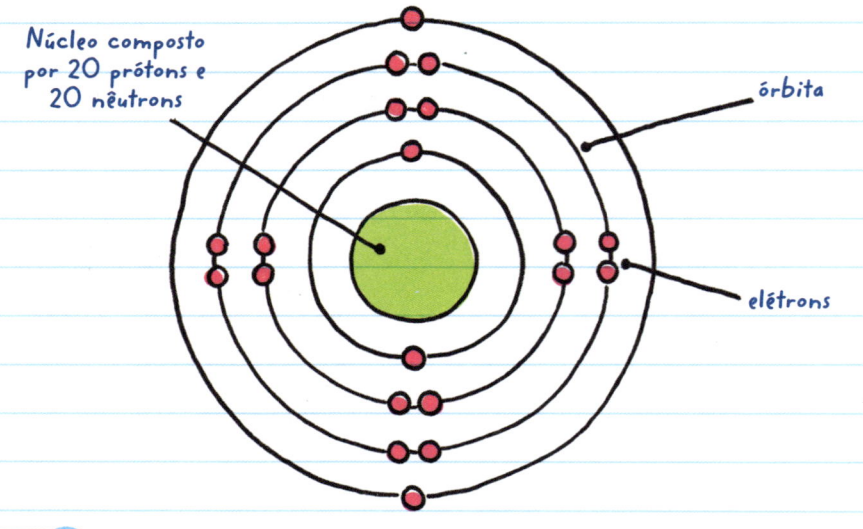

Núcleo composto por 20 prótons e 20 nêutrons

órbita

elétrons

Os elétrons no nível de energia mais distante do núcleo são os ELÉTRONS DA CAMADA DE VALÊNCIA.

- Quando um elétron passa de um nível de maior energia (mais distante do núcleo) para um nível de menor energia (mais próximo do núcleo), a diferença é liberada na forma de um fóton.

Mais tarde os cientistas descobriram que o modelo de Bohr tinha problemas. Por exemplo, de acordo com o modelo, os níveis de energia estariam a distâncias muito bem determinadas em relação ao núcleo, mas foi observado que isso não era verdade. De qualquer forma, Bohr foi o primeiro a sugerir uma estrutura de disposição dos elétrons, que pode funcionar bem para estudar e compreender muitas situações.

PARTÍCULA OU ONDA?

Os cientistas ainda tinham muitas dúvidas em relação à natureza dos elétrons. Eram ondas ou partículas? O físico francês LOUIS DE BROGLIE afirmou que eram as duas coisas.

O físico alemão WERNER HEISENBERG declarou que, se fosse assim mesmo, seria impossível saber a localização exata de um elétron, já que as ondas não são fenômenos localizados.

Ele formulou o PRINCÍPIO DA INCERTEZA, segundo o qual é impossível conhecer, ao mesmo tempo e com absoluta precisão, a velocidade e a posição de uma partícula.

Isso significava que as órbitas eletrônicas fixas propostas por Bohr para o átomo estavam erradas. Elas não eram trajetórias bem definidas e sim regiões do espaço em torno do núcleo nas quais os elétrons podiam ser encontrados.

O físico austríaco ERWIN SCHRÖDINGER juntou todas essas teorias no que ficou conhecido como equação de Schrödinger. Ela é a base da **MECÂNICA QUÂNTICA**, a teoria que explica as interações de átomos e partículas subatômicas como elétrons, prótons e nêutrons.

Na mecânica quântica, os elétrons são descritos por meio dos quatro **NÚMEROS QUÂNTICOS**. Cada um deles é representado por uma letra e descreve um aspecto do elétron. São eles:

- Número quântico principal: n. Indica em que nível de energia (camada eletrônica) está o elétron.
  - Valores: são sempre números inteiros maiores ou iguais a 1. Quanto maior seu valor, maior a energia do elétron e mais longe ele está do núcleo do átomo.

- Número quântico secundário: l. Indica em que subnível de energia está o elétron.
  - Valores: variam de 0 a $(n-1)$. Exemplo: se $n = 3$, l pode ser 0, 1 ou 2.

- **Número quântico magnético:** *m*. Indica a região mais provável em que se encontra o elétron dentro do subnível de energia.
  - Valores: variam de $-l$ a l. Exemplo: se $l = 1$, *m* pode ser -1, 0 ou 1.

- **Número quântico de spin:** *s*. Indica o sentido de rotação do elétron.
  - Valores: $+\frac{1}{2}$ ou $-\frac{1}{2}$.

A cada elétron é atribuída uma sequência desses valores. Essa sequência é única, ela não se repete em mais de um elétron do mesmo átomo.

Podemos dizer, por exemplo, que o número quântico de determinado elétron do magnésio é dado por $(3, 0, 0, +\frac{1}{2})$.

Essa sequência não informa onde exatamente está o elétron, e sim a probabilidade de encontrá-lo em determinada região.

Os números quânticos localizam os elétrons nos chamados **ORBITAIS** (não confundir com órbitas!). Os orbitais são regiões ao redor do núcleo atômico onde existe a maior probabilidade de serem encontrados os elétrons.

Os orbitais podem ser representados como mapas tridimensionais, compondo assim o modelo orbital. Na imagem a seguir, vemos a representação dos orbitais do nível 4 de um elemento, com seus vários subníveis de energia, que são identificados pelas letras s, p, d, f (veremos isso mais detalhadamente na próxima seção). Cada orbital comporta dois elétrons.

Usam-se as coordenadas x, y e z para mostrar que, na realidade, há três dimensões, apesar de ser um desenho 2-D.

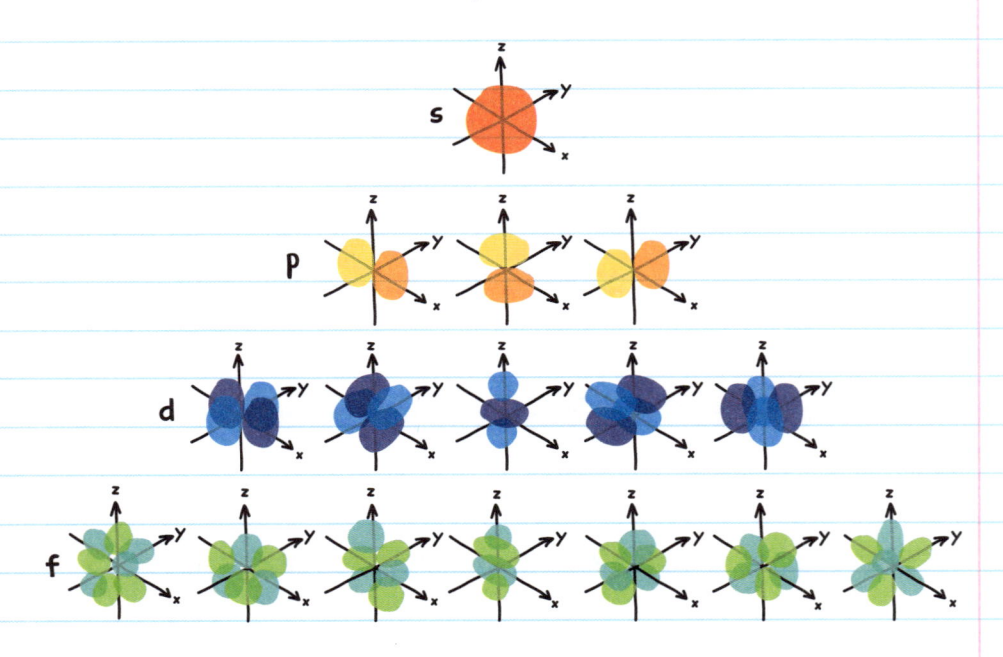

DISTRIBUIÇÃO DE ENERGIA

Em espaços públicos (como ônibus, metrô, cinemas, etc.), há sempre um lugar mais concorrido. Parece que todo mundo quer sentar ali. Se não chegarmos cedo para garantir esse lugar, podemos acabar perdendo-o.

Algo semelhante acontece com os elétrons. Eles procuram ocupar os níveis mais baixos em energia, que são mais estáveis.

Chamamos isso de **ESTADO FUNDAMENTAL** do átomo.
À medida que o átomo recebe elétrons, eles vão ocupando as posições mais estáveis disponíveis.

Mas quais são os "assentos disponíveis" para os elétrons?

Cada nível de energia está organizado em subníveis de energia. E cada subnível consegue comportar uma quantidade limitada de elétrons. Para os elementos da tabela periódica, os elétrons são organizados da seguinte forma:

SUBNÍVEL	QUANTIDADE MÁXIMA DE ELÉTRONS
s	2
p	6
d	10
f	14

Graças ao químico americano Linus Pauling, temos um diagrama que permite identificar facilmente a ordem de distribuição de energia de cada um dos níveis e subníveis eletrônicos.

COMO MONTAR O DIAGRAMA DE PAULING?

Na tabela abaixo, cada linha representa um nível eletrônico e cada coluna representa um subnível.

Repare que, nos subníveis, o primeiro número se refere ao nível e o número sobrescrito diz respeito à quantidade máxima de elétrons.

Escrito acima do alinhamento normal

NÍVEL	SUBNÍVEIS			
N=1	$1s^2$			
N=2	$2s^2$	$2p^6$		
N=3	$3s^2$	$3p^6$	$3d^{10}$	
N=4	$4s^2$	$4p^6$	$4d^{10}$	$4f^{14}$
N=5	$5s^2$	$5p^6$	$5d^{10}$	$5f^{14}$
N=6	$6s^2$	$6p^6$	$6d^{10}$	
N=7	$7s^2$	$7p^6$		

> A mecânica quântica prevê mais níveis e subníveis, mas consideramos somente estes da tabela, pois são suficientes para realizar a distribuição eletrônica (a organização dos elétrons) de qualquer um dos 118 elementos da tabela periódica.

Usando como base a tabela acima, faça setas na diagonal, de cima para baixo, a exemplo do desenho a seguir. A distribuição eletrônica seguirá a ordem dessas setas.

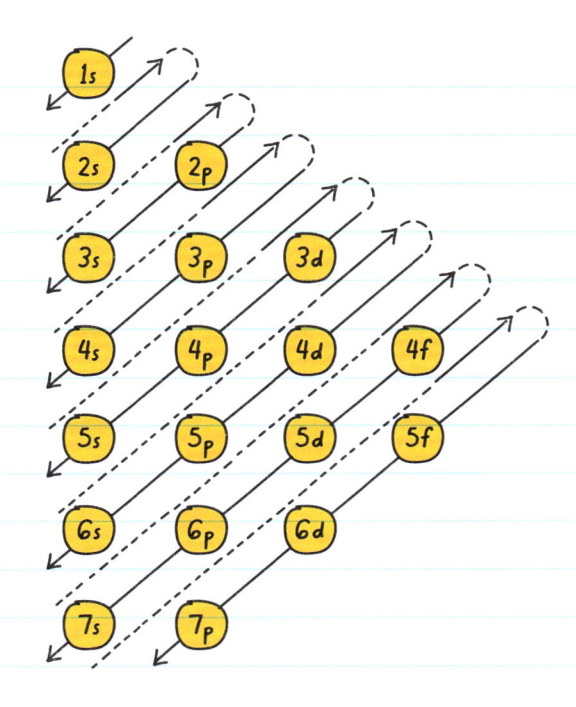

[Diagrama de Pauling: 1s; 2s 2p; 3s 3p 3d; 4s 4p 4d 4f; 5s 5p 5d 5f; 6s 6p 6d; 7s 7p]

O subnível seguinte em energia só é preenchido depois que o anterior está com sua capacidade máxima de elétrons.

EXEMPLOS:

> Lembre-se que esse número à esquerda representa a quantidade de prótons.

- Faça a distribuição eletrônica do átomo $_{26}$Fe.

Como esse átomo é neutro, o número de elétrons é igual ao de prótons, então o total de elétrons também é 26. Assim, seguindo o Diagrama de Pauling:

$_{26}$Fe: $1s^2\ 2s^2\ 2p^6\ 3s^2\ 3p^6\ 4s^2\ 3d^6$

Camada de valência: 4

> Note que nem sempre os elétrons mais externos serão aqueles de maior energia. Os elétrons no subnível $3d^6$ possuem maior energia, mas estão em uma camada mais interna.

■ Faça a distribuição eletrônica do cátion $_{12}Mg^{2+}$.

A distribuição de energia também vale para íons. O átomo neutro de magnésio tem 12 prótons e 12 elétrons, mas, sendo um cátion com carga 2+, possui dois elétrons a menos, ou seja, 10 elétrons.

$_{12}Mg^{2+}$: $1s^2$ $2s^2$ $2p^6$
Camada de valência: 2

Recapitulando

É impossível saber exatamente onde os elétrons estão.

Os elétrons sempre procuram o nível desocupado de menor energia.

Os elétrons do nível de energia mais afastado do núcleo são os elétrons da camada de valência, responsáveis pelas reações químicas.

CONCLUSÃO: NA QUÍMICA, O ELÉTRON É A ESTRELA DO SHOW!

VERIFIQUE SEUS CONHECIMENTOS

1. O que acontece quando um elétron passa de um nível de maior energia para um nível de menor energia?

2. Quem foi o primeiro cientista a propor que um elétron podia se comportar como uma onda ou como uma partícula?

3. O que afirma o Princípio da Incerteza de Heisenberg?

4. Quem formulou uma equação que é a base da mecânica quântica?

RESPOSTAS

CONFIRA AS RESPOSTAS

1. A diferença de energia é liberada pelo elétron na forma de um fóton. Bohr foi o primeiro cientista a fazer essa sugestão.

2. O físico francês Louis de Broglie.

3. Afirma que é impossível saber, simultaneamente e com absoluta precisão, a velocidade e a posição de uma partícula.

4. O físico austríaco Erwin Schrödinger.

Unidade 4

Elementos e a tabela periódica

Capítulo 12
A TABELA PERIÓDICA

Tipos diferentes de átomo são chamados **ELEMENTOS**.

- Existem 118 elementos conhecidos até o momento.

- Cada elemento tem um número diferente de prótons. Isso explica todas as diferenças nas propriedades físicas dos elementos e sua reatividade.

- Alguns elementos formam substâncias simples no estado gasoso à temperatura ambiente, enquanto outras são líquidos e outras são sólidos.

Todos esses elementos químicos são apresentados em um quadro chamado **TABELA PERIÓDICA**.

> O cientista russo **Dmitri Ivanovich Mendeleev** inventou a primeira tabela periódica moderna em 1869, mesmo que muitos elementos ainda não tivessem sido descobertos na época.

A tabela periódica lista e organiza os elementos em linhas e colunas. Cada um deles ocupa um lugar específico. Originalmente, o critério para a ordem era a massa atômica, mas depois passou a ser o **NÚMERO ATÔMICO**.

NÚMERO ATÔMICO
O número de prótons em um átomo, representado pela letra Z.

Também é o número de elétrons em um átomo neutro.

ESTRUTURA DA TABELA PERIÓDICA

Cada elemento da tabela periódica é associado a um **SÍMBOLO QUÍMICO**, formado por uma ou duas letras. A primeira letra é maiúscula e a segunda (quando presente) é minúscula. Por exemplo:

Sódio = Na
Magnésio = Mg
Enxofre = S

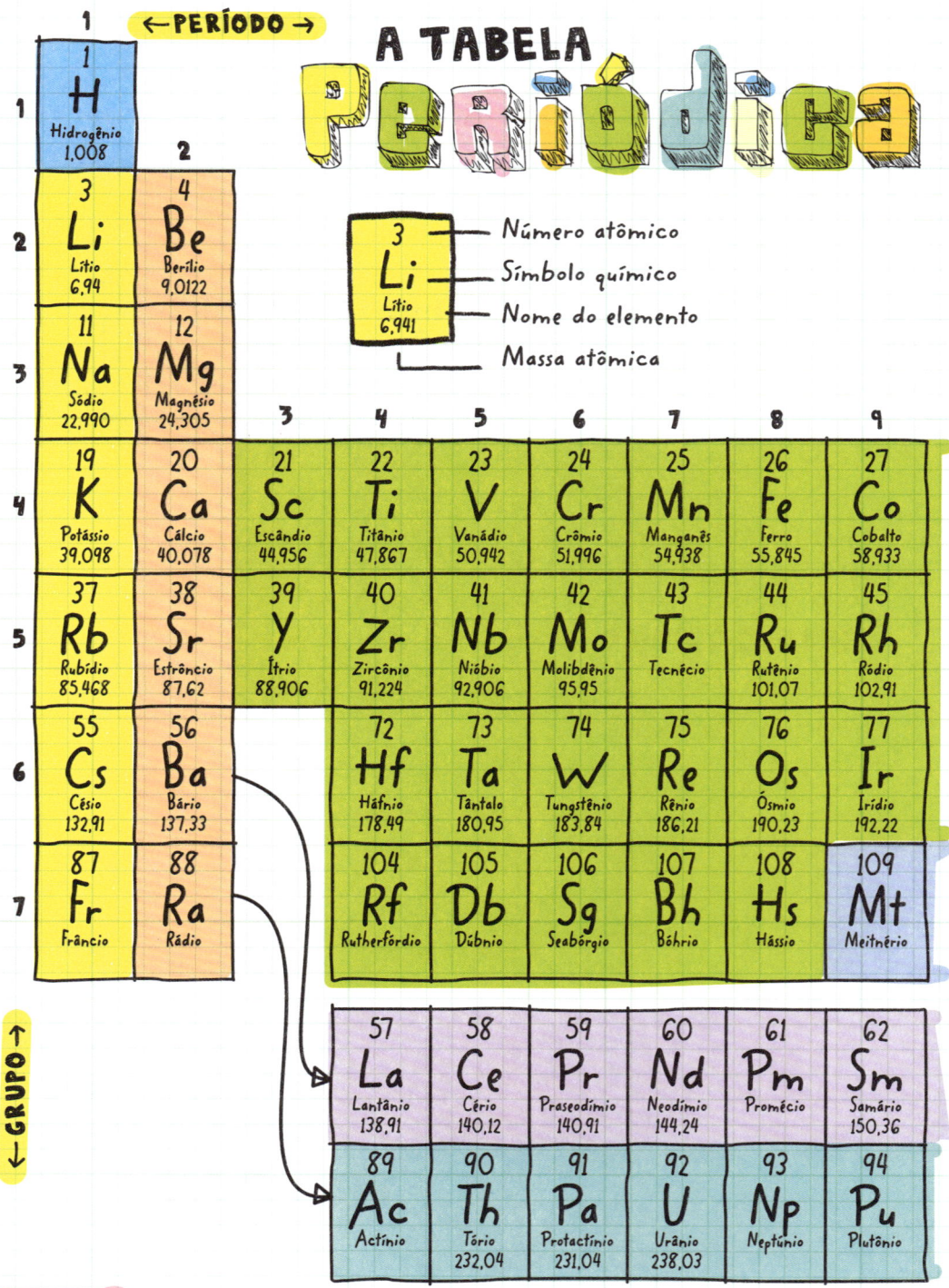

A TABELA PERIÓDICA

← PERÍODO →

↓ GRUPO ↑

Legenda do elemento:
- 3 — Número atômico
- Li — Símbolo químico
- Lítio — Nome do elemento
- 6,941 — Massa atômica

Período	1	2	3	4	5	6	7	8	9
1	1 H Hidrogênio 1,008								
2	3 Li Lítio 6,94	4 Be Berílio 9,0122							
3	11 Na Sódio 22,990	12 Mg Magnésio 24,305							
4	19 K Potássio 39,098	20 Ca Cálcio 40,078	21 Sc Escândio 44,956	22 Ti Titânio 47,867	23 V Vanádio 50,942	24 Cr Crômio 51,996	25 Mn Manganês 54,938	26 Fe Ferro 55,845	27 Co Cobalto 58,933
5	37 Rb Rubídio 85,468	38 Sr Estrôncio 87,62	39 Y Ítrio 88,906	40 Zr Zircônio 91,224	41 Nb Nióbio 92,906	42 Mo Molibdênio 95,95	43 Tc Tecnécio	44 Ru Rutênio 101,07	45 Rh Ródio 102,91
6	55 Cs Césio 132,91	56 Ba Bário 137,33		72 Hf Háfnio 178,49	73 Ta Tântalo 180,95	74 W Tungstênio 183,84	75 Re Rênio 186,21	76 Os Ósmio 190,23	77 Ir Irídio 192,22
7	87 Fr Frâncio	88 Ra Rádio		104 Rf Rutherfórdio	105 Db Dúbnio	106 Sg Seabórgio	107 Bh Bóhrio	108 Hs Hássio	109 Mt Meitnério

Lantanídeos:

57 La Lantânio 138,91	58 Ce Cério 140,12	59 Pr Praseodímio 140,91	60 Nd Neodímio 144,24	61 Pm Promécio	62 Sm Samário 150,36

Actinídeos:

89 Ac Actínio	90 Th Tório 232,04	91 Pa Protactínio 231,04	92 U Urânio 238,03	93 Np Neptúnio	94 Pu Plutônio

- → METAIS ALCALINOS
- → METAIS ALCALINOTERROSOS
- → LANTANÍDEOS
- → ACTINÍDEOS
- → METAIS DE TRANSIÇÃO
- → PROPRIEDADES DESCONHECIDAS
- → METAIS PÓS-TRANSIÇÃO
- → SEMIMETAIS
- → OUTROS NÃO METAIS
- → HALOGÊNIOS
- → GASES NOBRES

10	11	12	13	14	15	16	17	18
								2 He Hélio 4,0026
			5 B Boro 10,81	6 C Carbono 12,011	7 N Nitrogênio 14,007	8 O Oxigênio 15,999	9 F Flúor 18,998	10 Ne Neônio 20,180
			13 Al Alumínio 26,982	14 Si Silício 28,085	15 P Fósforo 30,974	16 S Enxofre 32,06	17 Cl Cloro 35,45	18 Ar Argônio 39,95
28 Ni Níquel 58,693	29 Cu Cobre 63,546	30 Zn Zinco 65,38	31 Ga Gálio 69,723	32 Ge Germânio 72,630	33 As Arsênio 74,922	34 Se Selênio 78,971	35 Br Bromo 79,904	36 Kr Criptônio 83,798
46 Pd Paládio 106,42	47 Ag Prata 107,87	48 Cd Cádmio 112,41	49 In Índio 114,82	50 Sn Estanho 118,71	51 Sb Antimônio 121,76	52 Te Telúrio 127,60	53 I Iodo 126,90	54 Xe Xenônio 131,29
78 Pt Platina 195,08	79 Au Ouro 196,97	80 Hg Mercúrio 200,59	81 Tl Tálio 204,38	82 Pb Chumbo 207,2	83 Bi Bismuto 208,98	84 Po Polônio	85 At Astato	86 Rn Radônio
110 Ds Darmstádtio	111 Rg Roentgênio	112 Cn Copernício	113 Nh Nihônio	114 Fl Fleróvio	115 Mc Moscóvio	116 Lv Livermório	117 Ts Tennesso	118 Og Oganessônio

63 Európio 151,96	64 Gd Gadolínio 157,25	65 Tb Térbio 158,93	66 Dy Disprósio 162,50	67 Ho Hólmio 164,93	68 Er Érbio 167,26	69 Tm Túlio 168,93	70 Yb Itérbio 173,05	71 Lu Lutécio 174,97
95 Am Amerício	96 Cm Cúrio	97 Bk Berquélio	98 Cf Califórnio	99 Es Einstênio	100 Fm Férmio	101 Md Mendelévio	102 No Nobélio	103 Lr Laurêncio

Em muitos casos, as letras de um símbolo químico correspondem ao nome do elemento... mas nem sempre.

Por exemplo:

Oxigênio é O
Zinco é Zn,
mas Chumbo é Pb.

— DE ONDE VEM ESSE Pb?

— VOCÊ NÃO SABE? Pb É ABREVIAÇÃO DE PLUMBUM, QUE É CHUMBO EM LATIM.

Cada quadradinho da tabela periódica contém as seguintes informações sobre o elemento:

- Número atômico
- Símbolo químico
- Nome do elemento
- Massa atômica

3
Li
Lítio
6,941

— Número atômico
— Símbolo químico
— Nome do elemento
— Massa atômica

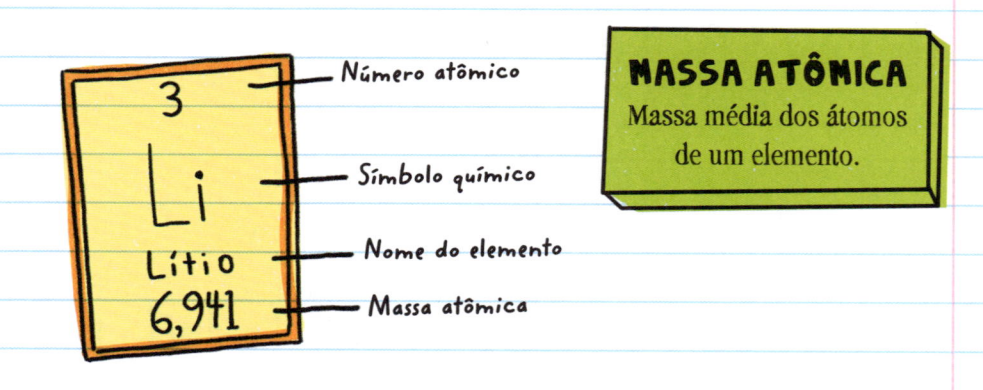

MASSA ATÔMICA
Massa média dos átomos de um elemento.

A tabela periódica é organizada em linhas e colunas. Cada linha é chamada **PERÍODO** e cada coluna é chamada **GRUPO** ou **FAMÍLIA**. Os elementos são organizados pela ordem do número atômico.

> **PERÍODO**
> Cada linha de elementos da tabela periódica.

Os elementos são ordenados da esquerda para a direita em ordem crescente de número atômico. Por isso, à medida que você vai avançando na tabela, cada elemento vai ganhando um elétron e um próton a mais.

> **GRUPO** ou **FAMÍLIA**
> Uma coluna de elementos na tabela periódica. Grupos de elementos possuem algumas propriedades físicas e químicas semelhantes.

POR EXEMPLO: o hidrogênio (H) possui um próton em seu núcleo, o hélio (He) possui dois, o lítio (Li) possui três, e assim por diante. Os elementos de um mesmo grupo (coluna) possuem propriedades químicas semelhantes.

ELEMENTOS NEUTROS, ISÓTOPOS E ÍONS

Em um **ELEMENTO NEUTRO**, o número de elétrons é igual ao número de prótons: a carga negativa dos elétrons compensa totalmente a carga positiva dos prótons.

O número atômico corresponde ao número de prótons. Se o elemento é neutro, corresponde também ao número de elétrons.

Átomos de um mesmo elemento químico sempre apresentam o mesmo número atômico, mas o número de nêutrons pode variar.

O **NÚMERO DE MASSA** (A) é a quantidade de partículas subatômicas presentes em um núcleo (ou seja, o número de prótons e nêutrons).

> Número de massa = número atômico + número de nêutrons

A massa atômica é a média ponderada do número de massa de todos os átomos daquele elemento. Para descobrir o número de nêutrons, você deve subtrair o número atômico do número de massa.

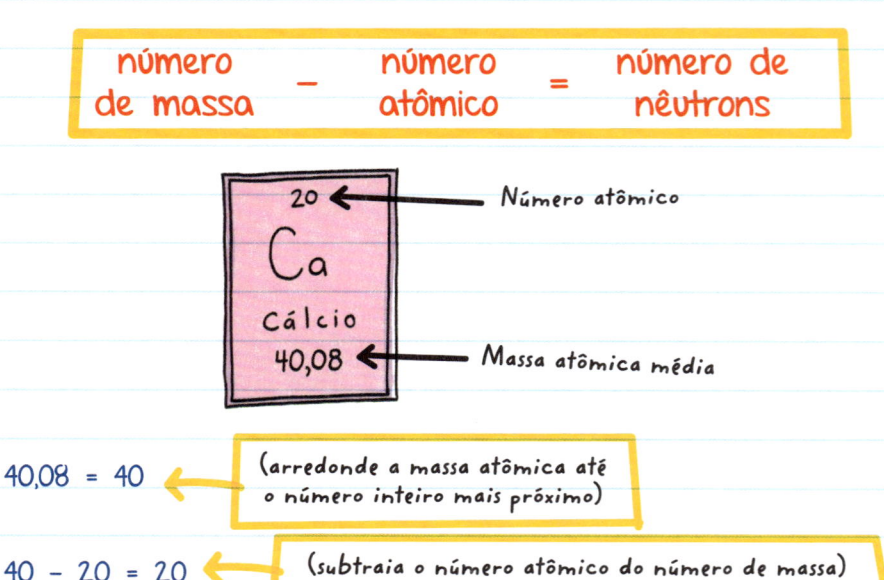

> número de massa − número atômico = número de nêutrons

20 ← Número atômico
Ca
Cálcio
40,08 ← Massa atômica média

40,08 = 40 (arredonde a massa atômica até o número inteiro mais próximo)

40 − 20 = 20 (subtraia o número atômico do número de massa)

96,9% dos átomos de cálcio possuem 20 nêutrons, mas existem na natureza outros átomos de cálcio, com até 28 nêutrons no núcleo. Por isso a média ponderada da massa é muito próxima de 40.

ISÓTOPOS

ISÓTOPOS são átomos do mesmo elemento. Assim, por exemplo, o carbono-14 é um isótopo de carbono. Os isótopos têm o mesmo número de prótons e uma quantidade diferente de nêutrons.

Mais nêutrons = mais massa = átomos mais pesados

Menos nêutrons = menos massa = átomos mais leves

Cada isótopo de um elemento é identificado por um NÚMERO DE MASSA, que é a soma do número atômico (número de prótons) com o número de nêutrons no núcleo.

Para descrever um isótopo, você precisa conhecer:

- o número de massa
- o número atômico
- o símbolo do elemento
- a carga (se tiver)

O formato é o seguinte:

$$^{\text{número de massa}}_{\text{número atômico}}(\text{símbolo do elemento})^{\text{carga}}$$

> **POR EXEMPLO:** Um átomo de carbono-14 possui 6 prótons, 6 elétrons e 8 nêutrons.
>
> *Ele é chamado assim porque seu número de massa é 14.*
>
> O isótopo é representado da seguinte forma:
>
> $$^{14}_{6}C$$
>
> - número de massa
> - número atômico
> - símbolo do elemento
>
> Como este átomo não tem carga residual, então não há símbolo ou número à direita do elemento.

> **POR EXEMPLO:** Um isótopo de oxigênio pode ser representado da seguinte forma:
>
> $$^{16}_{8}O^{2-}$$
>
> O isótopo tem carga -2.
>
> *Se uma carga é +1 ou -1, escrevemos + ou - (sem 1) sobrescrito.*

O hidrogênio tem três isótopos:

O **prótio** tem 1 próton e não tem nêutrons e é o isótopo mais comum do hidrogênio.

é escrito da seguinte forma:

$${}^{1}_{1}H$$

1 próton → 1 (superior)
número atômico → 1 (inferior)

O **deutério** tem 1 próton e 1 nêutron e é um isótopo representado da seguinte forma:

$${}^{2}_{1}H$$

1 próton + 1 nêutron → 2

O **trítio** tem 1 próton e 2 nêutrons e é um isótopo representado da seguinte forma:

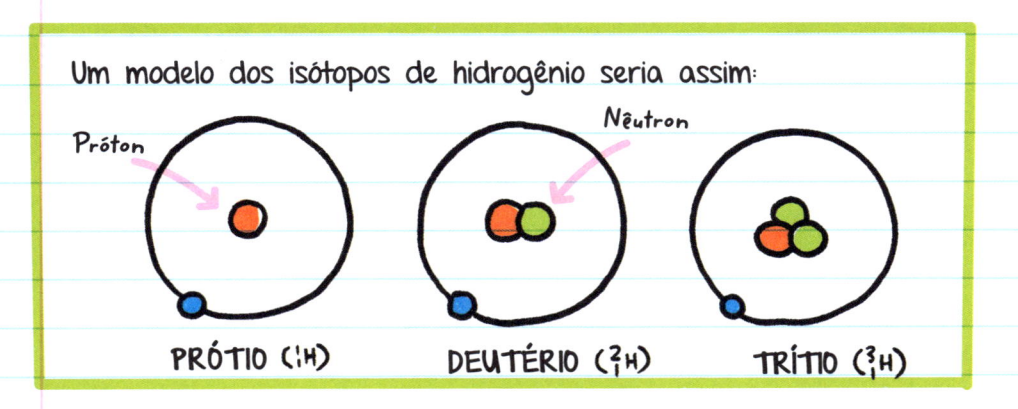

$${}^{3}_{1}H$$

1 próton + 2 nêutrons → 3

Um modelo dos isótopos de hidrogênio seria assim:

Próton — Nêutron

PRÓTIO (${}^{1}_{1}H$)   DEUTÉRIO (${}^{2}_{1}H$)   TRÍTIO (${}^{3}_{1}H$)

Os isótopos são usados em:

DETECTORES DE FUMAÇA:

O isótopo amerício-241 ioniza o ar, produzindo uma pequena corrente que, quando interrompida pela fumaça, faz o detector disparar.

REATORES NUCLEARES:

O isótopo urânio-235 é usado em reatores nucleares porque, sob certas condições, pode se fragmentar e liberar uma grande quantidade de energia.

BATERIAS NAS SONDAS ESPACIAIS DA NASA:

O isótopo plutônio-238 é usado como fonte de energia em muitas sondas da Nasa. Quando ele decai, emite calor, que gera eletricidade.

ÍONS

Se um átomo possui uma carga elétrica, ele é chamado **ÍON**.

Um íon com carga negativa (-), ou **ÂNION**, apresenta excesso de elétrons em relação a sua quantidade de prótons.

Um íon com carga positiva (+), ou **CÁTION**, possui uma quantidade menor de elétrons do que de prótons.

> Um íon positivo é atraído por um íon negativo.

> Um íon positivo é repelido por outro íon positivo.

> Um íon negativo é repelido por outro íon negativo.

Íons com cargas diferentes e suas atrações:

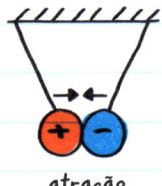

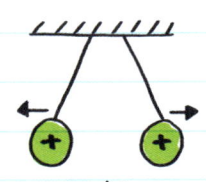

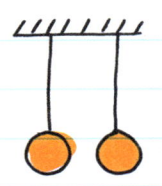

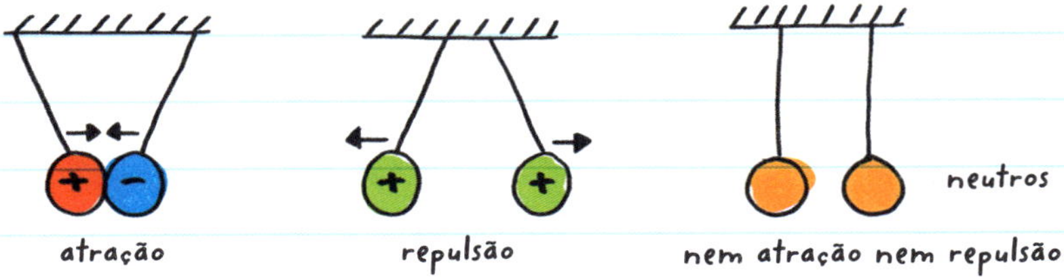

atração — repulsão — nem atração nem repulsão (neutros)

ELEMENTOS COMUNS

Todos os dias usamos vários elementos da tabela periódica.

Por exemplo:

O **ALUMÍNIO (Al)** é usado para fabricar aviões, travessas e panelas.

O **OURO (Au)** é usado para fazer joias.

O **SÓDIO (Na)** está combinado com o CLORO (Cl) no sal de cozinha.

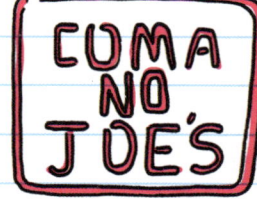

O **NEÔNIO (Ne)** é usado para fazer anúncios em neon.

O **FERRO (Fe)** é usado para fazer vigas de aço para pontes e edifícios.

VERIFIQUE SEUS CONHECIMENTOS

1. Quantos elementos são conhecidos atualmente?

2. Qual o número da tabela periódica que expressa o número de prótons de um elemento?

3. Como se chamam as linhas e as colunas da tabela periódica?

4. Quem propôs o formato da tabela periódica utilizada atualmente? Em que dados ele baseou sua proposta inicial?

5. Qual a diferença entre número atômico e massa atômica? Por que essa diferença é tão importante para a tabela periódica?

6. Qual é a diferença entre um ânion e um cátion?

RESPOSTAS 157

CONFIRA AS RESPOSTAS

1. Atualmente são conhecidos 118 elementos.

2. O número atômico.

3. As linhas da tabela periódica são chamadas de períodos e as colunas são chamadas de grupos ou famílias.

4. Dmitri Mendeleev. Ele criou a tabela periódica com base na massa dos elementos.

5. Número atômico é o número de prótons do átomo e massa atômica é a massa média dos átomos de um elemento. Essa diferença é importante porque a ordem mais usada para os elementos na tabela periódica é determinada pelo número de prótons e não pela massa atômica.

6. Um ânion é um íon de carga negativa e um cátion é um íon de carga positiva.

Capítulo 13
TENDÊNCIAS PERIÓDICAS

TIPOS DE ELEMENTO

A tabela periódica é regida pela **LEI PERIÓDICA**, que afirma o seguinte:

As propriedades físicas e químicas dos elementos se repetem de modo sistemático e previsível quando os elementos são dispostos na ordem crescente do número atômico.

> A **lei periódica** é um dos conceitos mais importantes da Química. Ela ajuda os químicos a prever as propriedades de um elemento.

> Se você conhece a posição de um elemento na tabela periódica, consegue prever suas propriedades.

Os elementos da tabela periódica são divididos em três categorias:

METAIS   **AMETAIS**   **METALOIDES**

Os **METAIS** são:

- Sólidos à temperatura ambiente, com exceção do mercúrio (Hg), que é líquido à temperatura ambiente.

- **DÚCTEIS** (podem ser transformados em fios)

- **LUSTROSOS** (brilhantes)

- Bons condutores de calor e eletricidade

- **MALEÁVEIS** (podem ser laminados)

- Suscetíveis à perda de elétrons

Os **AMETAIS** possuem propriedades *opostas* às dos metais. Eles são:

- Sólidos, líquidos ou gasosos à temperatura ambiente

- **FRÁGEIS**

- Foscos (não brilhantes)

- Maus condutores de calor e eletricidade

- Ganham ou compartilham elétrons com facilidade.

Os **METALOIDES** (também chamados de semimetais) possuem uma *mistura* das propriedades dos metais e ametais. Eles são:

- Sólidos à temperatura ambiente

- Foscos ou brilhantes

- Uma mistura de bons e maus condutores de calor e eletricidade

- Caracterizados por propriedades físicas que tendem a ser metálicas e propriedades químicas que tendem a ser ametálicas.

Tabela periódica mostrando as três categorias

- → METAL
- → METALOIDE
- → AMETAL

1 H Hidrogênio 1,008																	
3 Li Lítio 6,94	4 Be Berílio 9,0122																
11 Na Sódio 22,990	12 Mg Magnésio 24,305																
19 K Potássio 39,098	20 Ca Cálcio 40,078	21 Sc Escândio 44,956	22 Ti Titânio 47,867	23 V Vanádio 50,942	24 Cr Crômio 51,996	25 Mn Manganês 54,938	26 Fe Ferro 55,845	27 Co Cobalto 58,933									
37 Rb Rubídio 85,468	38 Sr Estrôncio 87,62	39 Y Ítrio 88,906	40 Zr Zircônio 91,224	41 Nb Nióbio 92,906	42 Mo Molibdênio 95,95	43 Tc Tecnécio	44 Ru Rutênio 101,07	45 Rh Ródio 102,91									
55 Cs Césio 132,91	56 Ba Bário 137,33		72 Hf Háfnio 178,49	73 Ta Tântalo 180,95	74 W Tungstênio 183,84	75 Re Rênio 186,21	76 Os Ósmio 190,23	77 Ir Irídio 192,22									
87 Fr Frâncio	88 Ra Rádio		104 Rf Rutherfórdio	105 Db Dúbnio	106 Sg Seabórgio	107 Bh Bóhrio	108 Hs Hássio	109 Mt Meitnério									

57 La Lantânio 138,91	58 Ce Cério 140,12	59 Pr Praseodímio 140,91	60 Nd Neodímio 144,24	61 Pm Promécio	62 Sm Samário 150,36
89 Ac Actínio	90 Th Tório 232,04	91 Pa Protactínio 231,04	92 U Urânio 238,03	93 Np Neptúnio	94 Pu Plutônio

						2 He Hélio 4,0026
5 B Boro 10,81	6 C Carbono 12,011	7 N Nitrogênio 14,007	8 O Oxigênio 15,999	9 F Flúor 18,998	10 Ne Neônio 20,180	
13 Al Alumínio 26,982	14 Si Silício 28,085	15 P Fósforo 30,974	16 S Enxofre 32,06	17 Cl Cloro 35,45	18 Ar Argônio 39,95	

28 Ni Níquel 58,693	29 Cu Cobre 63,546	30 Zn Zinco 65,38	31 Ga Gálio 69,723	32 Ge Germânio 72,630	33 As Arsênio 74,922	34 Se Selênio 78,971	35 Br Bromo 79,904	36 Kr Criptônio 83,798
46 Pd Paládio 106,42	47 Ag Prata 107,87	48 Cd Cádmio 112,41	49 In Índio 114,82	50 Sn Estanho 118,71	51 Sb Antimônio 121,76	52 Te Telúrio 127,60	53 I Iodo 126,90	54 Xe Xenônio 131,29
78 Pt Platina 195,08	79 Au Ouro 196,97	80 Hg Mercúrio 200,59	81 Tl Tálio 204,38	82 Pb Chumbo 207,2	83 Bi Bismuto 208,98	84 Po Polônio	85 At Astato	86 Rn Radônio
110 Ds Darmstádtio	111 Rg Roentgênio	112 Cn Copernício	113 Nh Nihônio	114 Fl Fleróvio	115 Mc Moscóvio	116 Lv Livermório	117 Ts Tennesso	118 Og Oganessônio

63 Eu Európio 151,96	64 Gd Gadolínio 157,25	65 Tb Térbio 158,93	66 Dy Disprósio 162,50	67 Ho Hólmio 164,93	68 Er Érbio 167,26	69 Tm Túlio 168,93	70 Yb Itérbio 173,05	71 Lu Lutécio 174,97
95 Am Amerício	96 Cm Cúrio	97 Bk Berquélio	98 Cf Califórnio	99 Es Einstênio	100 Fm Férmio	101 Md Mendelévio	102 No Nobélio	103 Lr Laurêncio

FAMÍLIAS DA TABELA PERIÓDICA

Uma família (ou grupo) da tabela periódica é um conjunto de elementos que têm propriedades químicas semelhantes. As propriedades de um elemento dependem do número de **ELÉTRONS NA CAMADA DE VALÊNCIA**. São esses elétrons que determinam o modo como um átomo se comporta em uma reação química.

> **ELÉTRON NA CAMADA DE VALÊNCIA**
> Um elétron situado na camada mais externa de um átomo.

Todo elemento tende a completar a **CAMADA DE VALÊNCIA**, que costuma comportar (embora nem sempre) um número máximo de 8 elétrons. Para completar a camada de valência, a maioria dos elementos precisa ganhar ou perder elétrons.

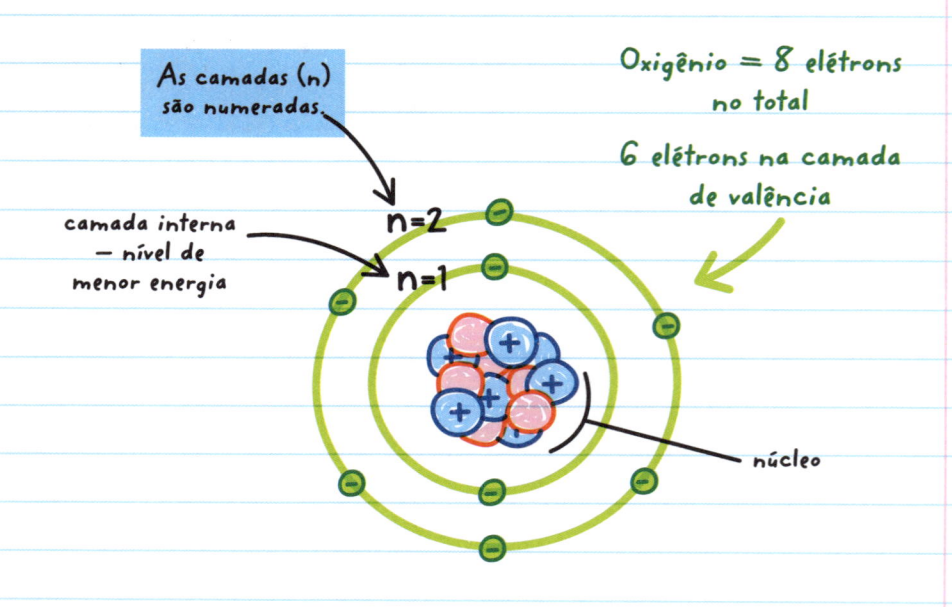

As camadas (n) são numeradas.

camada interna — nível de menor energia

n=2
n=1

Oxigênio = 8 elétrons no total

6 elétrons na camada de valência

núcleo

Segundo a REGRA DO OCTETO, os elementos precisam se combinar de modo que cada átomo possua oito elétrons na camada de valência. Eles acabam adquirindo a mesma configuração eletrônica de um gás nobre. (Os gases nobres são os elementos da última coluna da tabela periódica.)

Alguns grupos possuem reatividade semelhante:

— Cada grupo é numerado.

Metais alcalinos: Grupo 1, exceto o hidrogênio

Metais alcalinoterrosos: Grupo 2

Metais de transição: Grupos 3-12

Halogênios: Grupo 17

Gases nobres: Grupo 18

Os grupos 13 a 16 contêm elementos das três categorias: metais, metaloides e ametais.

METAIS ALCALINOS

Os elementos deste grupo têm as seguintes propriedades:

- Possuem um elétron na camada de valência, que é perdido com facilidade para que a camada anterior, que tem oito elétrons, se torne a camada de valência. Isso resulta em um íon com carga +1
- São sólidos macios, metálicos e brilhantes
- São bons condutores de calor e eletricidade
- Têm baixa densidade e ponto de fusão relativamente baixo, que geralmente diminui com o aumento da massa atômica

> O **hidrogênio** também está localizado no grupo 1, porém não é considerado um metal alcalino. Ainda assim, compartilha algumas das suas características, como a tendência a formar íons de carga +1. Entretanto, não forma octetos.

METAIS ALCALINOTERROSOS

Os elementos deste grupo têm as seguintes propriedades:

- Possuem dois elétrons na camada de valência, que são perdidos com facilidade, o que resulta em um íon com carga +2
- São sólidos metálicos, mais duros que os metais alcalinos
- São mais densos e melhores condutores que os metais alcalinos, com pontos de fusão mais elevados

METAIS DE TRANSIÇÃO

Os elementos deste grupo têm as seguintes propriedades:

- O número de elétrons que podem perder é variável, sendo possíveis vários valores para a carga elétrica dos íons
- São sólidos metálicos duros e muito bons condutores, com pontos de fusão elevados
- São brilhantes e densos

HALOGÊNIOS

Os elementos deste grupo têm as seguintes propriedades:

- Possuem sete elétrons na camada de valência e, portanto, querem ganhar um elétron para completar o octeto, se tornando ânions com carga -1
- São ametais reativos
- Têm pontos de fusão e de ebulição que geralmente aumentam quando o número atômico aumenta

GASES NOBRES

Os elementos neste grupo têm as seguintes propriedades:

- Possuem oito elétrons na camada de valência, com exceção do hélio (He), que tem dois
- Raramente reagem com outras substâncias, porque a sua camada de valência está completa

E as duas linhas de elementos que ficam abaixo da tabela periódica principal?

Esses elementos na verdade deveriam estar na tabela logo após o Grupo 2. Eles costumam ficar nessa posição porque a tabela ficaria comprida demais para caber em uma página. São conhecidos como **LANTANÍDEOS** e **ACTINÍDEOS**.

> A maioria dos **actinídeos**, elementos 89 a 103, é artificial, não existe na natureza, por isso é criada em laboratório. Exceções importantes incluem o urânio e o tório.

> Os **lantanídeos** são os elementos 57 a 71 e possuem propriedades semelhantes às do lantânio, o primeiro elemento da linha, por isso ganharam esse nome. Também são chamados de terras raras.

PROPRIEDADES QUE DETERMINAM TENDÊNCIAS

Ao olhar para a tabela periódica, é possível observar TENDÊNCIAS nas propriedades dos elementos.

Entre as propriedades mais importantes estão as seguintes: raio atômico, raio iônico, energia de ionização, eletronegatividade, eletropositividade e afinidade eletrônica.

É importante entender a forma como os prótons do núcleo afetam os elétrons das camadas mais externas. Isso é chamado de **CARGA NUCLEAR EFETIVA**.

> **CARGA NUCLEAR EFETIVA**
> A carga positiva resultante sentida por um elétron em um átomo com vários elétrons.

Os prótons ficam no núcleo do átomo e possuem uma carga positiva. Em um átomo com mais de um elétron, essa carga positiva é neutralizada em parte pelos elétrons dos níveis de energia mais internos, de modo que os elétrons mais afastados não experimentam a força total exercida pela carga do núcleo.

Em um átomo com vários níveis de elétrons, aqueles da camada de valência (a mais distante do núcleo) são blindados de quase toda a força de atração dos prótons pelos elétrons dos níveis inferiores.

O **EFEITO DE BLINDAGEM** é o equilíbrio entre a atração positiva dos prótons nas camadas de valência e as forças de repulsão dos elétrons das camadas internas.

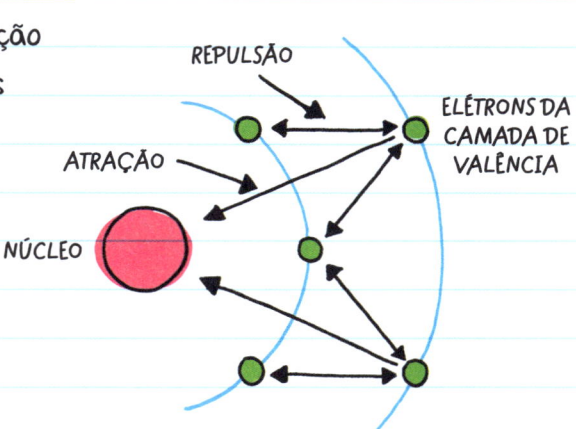

Raio atômico

O **RAIO ATÔMICO** é uma forma de medir o tamanho de um átomo. O raio corresponde à distância do centro do átomo até seu elétron mais externo. Pode ser estimado como a metade da distância entre os núcleos de dois átomos iguais e adjacentes.

> EXATAMENTE COMO O RAIO DA GEOMETRIA!

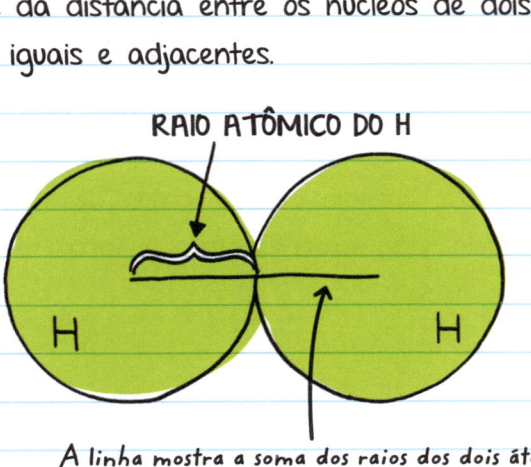

RAIO ATÔMICO DO H

A linha mostra a soma dos raios dos dois átomos de hidrogênio que formam a molécula de H_2.

Quando você se movimenta da esquerda para a direita em um período da tabela periódica, o raio atômico diminui. Isso acontece porque a carga positiva do núcleo (carga nuclear efetiva) aumenta ao longo dos períodos da tabela nessa direção, mas a quantidade de níveis eletrônicos permanece a mesma. Logo, os elétrons da camada de valência (mais externa) são mais atraídos em direção ao núcleo, fazendo com que o seu raio seja menor.

O magnésio e o cloro, por exemplo, estão no mesmo período da tabela periódica, mas o cloro está mais à direita, com maior carga nuclear efetiva, por isso possui um raio atômico menor.

O raio atômico aumenta do alto para baixo em um grupo porque, a cada novo período, uma nova camada começa a ser preenchida por elétrons, cada vez mais distante do núcleo atômico.

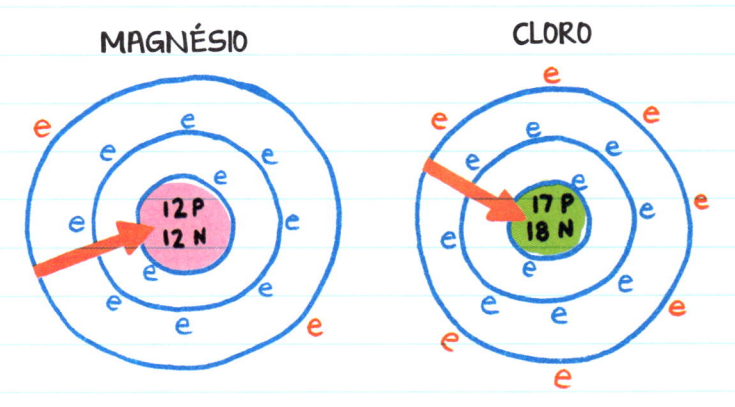

MAGNÉSIO

12 P
12 N

CLORO

17 P
18 N

e = elétrons das camadas internas, e = elétrons da camada de valência, P = prótons, N = nêutrons. As setas mostram a atração dos núcleos.

Assim, por exemplo, o raio atômico do magnésio é maior que o do cloro. O magnésio fica à esquerda do cloro na mesma linha da tabela periódica.

Raio iônico

É a medida da distância entre os núcleos de dois íons que estão unidos quimicamente em um composto iônico.

$r_{ânion} + r_{cátion}$

> Veja ligações e compostos iônicos a partir da página 182.

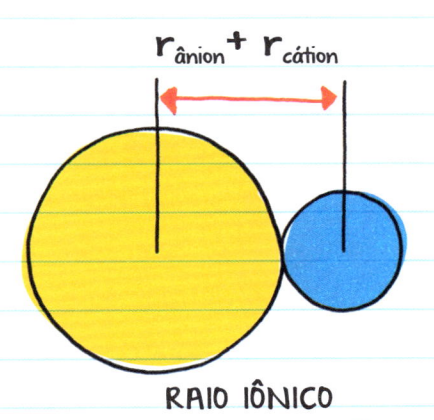

RAIO IÔNICO

A tendência de variação do raio iônico é muito semelhante à variação do raio atômico. Mas também é interessante estudar o raio iônico porque ele mostra como um mesmo átomo varia em tamanho quando ganha ou perde elétrons.

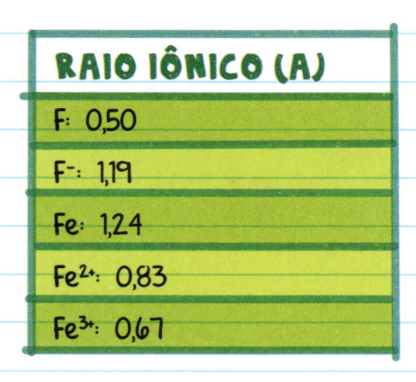

RAIO IÔNICO (Å)

F: 0,50
F^-: 1,19
Fe: 1,24
Fe^{2+}: 0,83
Fe^{3+}: 0,67

> Quanto maior a carga nuclear, maior o poder de puxar os elétrons, tornando o raio menor. Dessa forma, um átomo de Fe^{3+} tende a ser menor que um átomo de Fe^{2+}, pois o núcleo atômico do ferro é o mesmo (Z=26), mas consegue atrair com mais eficiência uma menor quantidade de elétrons, tornando-o menor.

Energia de ionização

A **ENERGIA DE IONIZAÇÃO** (EI) é a energia necessária para remover um ou mais elétrons de um átomo neutro na fase gasosa. Nem todos os átomos cedem elétrons com facilidade. Os elétrons mais distantes do núcleo são os mais fáceis de remover.

A EI diminui do alto para baixo em um grupo. Quando você desce em um grupo, o tamanho do átomo aumenta porque os elétrons são adicionados em níveis de energia mais distantes do núcleo. Quanto maior o átomo, menor a energia necessária para remover elétrons, porque quanto mais longe os elétrons estão do núcleo, menor é a força de atração dele.

A EI aumenta da esquerda para a direita na tabela periódica. Ao longo de um período, a carga nuclear efetiva aumenta quando elétrons são adicionados à mesma distância do núcleo, o que dificulta a remoção de um elétron.

Eletronegatividade

Os átomos querem estabilidade e às vezes a única maneira de encontrá-la é se ligando a outros átomos por meio de seus elétrons. Essa conexão é chamada de **LIGAÇÃO QUÍMICA**.

POR EXEMPLO: Dois átomos de cloro se ligam para formar uma molécula de Cl_2. A ligação é assim:

$$Cl-Cl$$

A linha indica que os dois átomos estão ligados.

Cada átomo de Cl contribui com um elétron para a ligação.

ELETRONEGATIVIDADE é a tendência de um átomo de atrair elétrons em uma ligação química.

Ela aumenta de baixo para cima em uma coluna e aumenta da esquerda para a direita em uma linha.

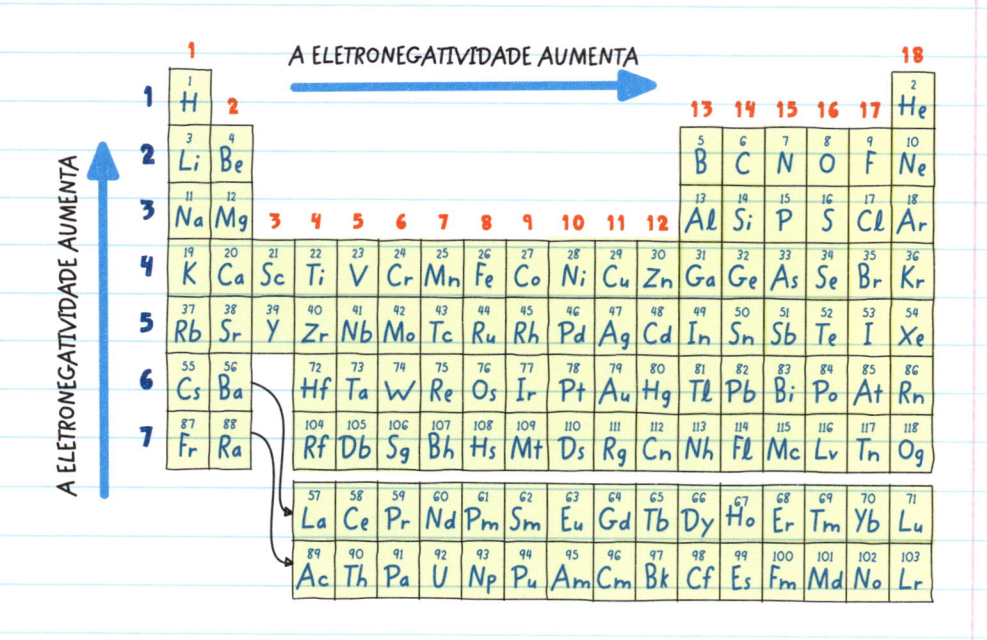

[Tabela periódica indicando que a eletronegatividade aumenta da esquerda para a direita ao longo das linhas e de baixo para cima nas colunas.]

Os gases nobres geralmente não são incluídos na escala de eletronegatividade, uma vez que não formam ligações químicas. O flúor (F) é o elemento mais eletronegativo, pois precisa de somente um elétron para atingir grande estabilidade química (o octeto), e o frâncio (Fr) e o césio (Cs) são os menos eletronegativos.

ELETROPOSITIVIDADE é a tendência de um átomo de perder elétrons, ou seja, se tornar cátion, quando está ligado quimicamente a outros átomos.

É uma tendência mais intensa em metais, crescendo da direita para a esquerda, e de cima para baixo, na tabela periódica. Está relacionada também à carga nuclear efetiva.

AFINIDADE ELETRÔNICA é a quantidade de energia liberada quando um átomo no estado gasoso adiciona um elétron a sua eletrosfera.

A afinidade eletrônica cresce da esquerda para a direita na tabela periódica, pois os elétrons com octetos mais preenchidos se estabilizam melhor ao receber um elétron. Também aumenta à medida que o átomo diminui.

Recapitulando

Tendências na tabela periódica.

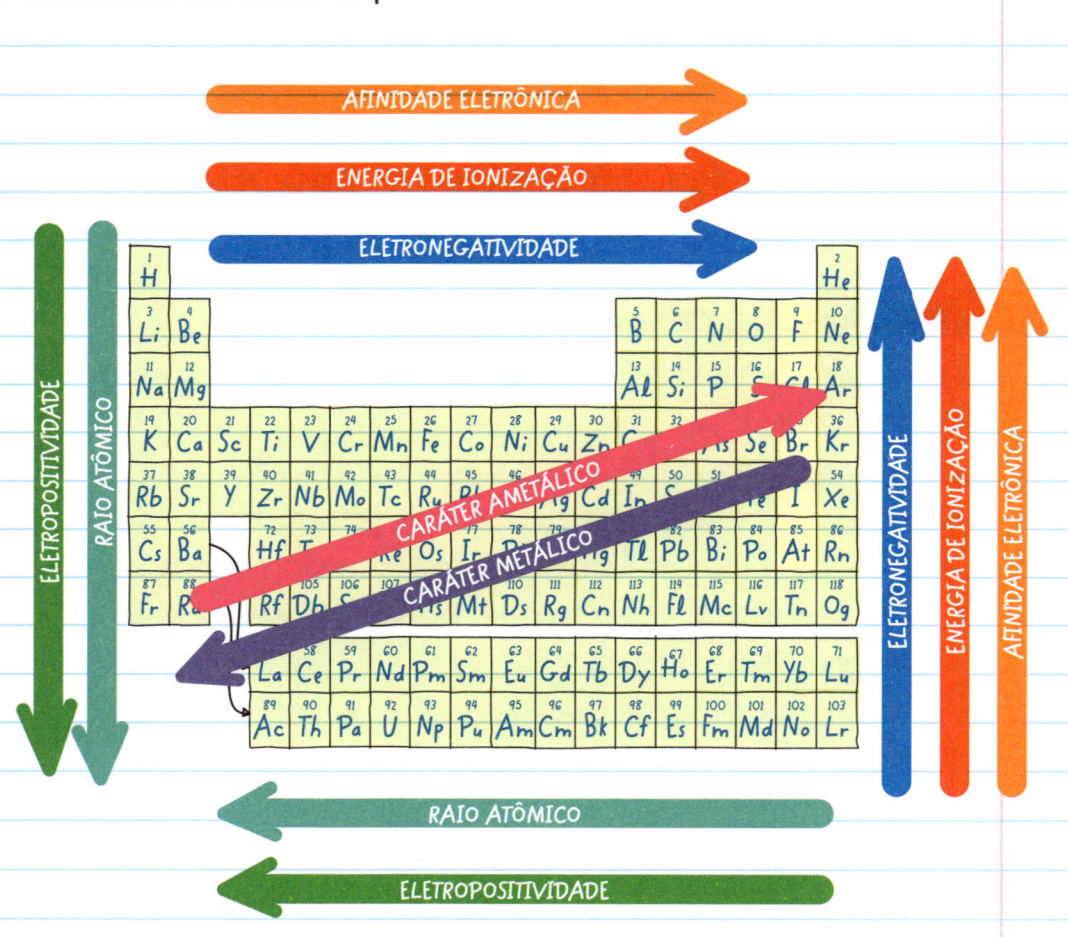

VERIFIQUE SEUS CONHECIMENTOS

1. Qual a lei responsável pela organização das propriedades dos elementos na tabela periódica?

2. O que é um metaloide? Dê alguns exemplos de suas propriedades.

3. Quais são os nomes dos cinco grupos mais conhecidos da tabela periódica?

4. Qual a diferença entre raio atômico e raio iônico?

5. Explique o termo *energia de ionização* e descreva suas tendências na tabela periódica.

6. Qual a diferença entre eletronegatividade e eletropositividade?

RESPOSTAS

CONFIRA AS RESPOSTAS

1. A lei periódica.

2. Metaloides são sólidos à temperatura ambiente, podem ser brilhantes ou foscos, bons ou maus condutores de calor e eletricidade e têm propriedades físicas que tendem a ser mais parecidas com as dos metais e propriedades químicas que tendem a ser mais parecidas com as dos ametais.

3. Metais alcalinos, metais alcalinoterrosos, metais de transição, halogênios e gases nobres.

4. O raio atômico é a metade da distância entre os núcleos de dois átomos iguais e adjacentes. O raio iônico é a medida da distância entre o núcleo de dois íons que fazem parte de um composto iônico.

5. A energia de ionização (EI) é a energia necessária para remover um ou mais elétrons de um átomo neutro na fase gasosa. A EI diminui de cima para baixo em uma coluna da tabela periódica e aumenta da esquerda para a direita em uma linha.

6. Eletronegatividade é a tendência de um átomo de atrair elétrons em uma ligação química. Eletropositividade é a tendência de um átomo de perder elétrons, ou seja, se tornar cátion, quando está ligado quimicamente a outros átomos.

Unidade 5

Ligações e teoria VSEPR

Capítulo 14
LIGAÇÕES

LIGAÇÕES QUÍMICAS

Quando dois ou mais átomos se combinam, formam uma **LIGAÇÃO** química, a força que os mantém unidos. Isso permite reduzir a energia dos elétrons e, assim, ter mais estabilidade. Apenas os elétrons da camada mais externa (elétrons de valência) formam ligações químicas. Os átomos formam ligações de acordo com a regra do octeto.

> OCTETO SIGNIFICA UM GRUPO COM OITO MEMBROS.

Regra do Octeto: Os elementos se combinam a fim de que cada átomo fique com a camada de elétrons mais externa completa, o que, na maioria dos elementos, significa ter oito elétrons de valência. Para que isso aconteça, os átomos perdem, recebem ou compartilham elétrons.

O número de elétrons de valência para elementos de alguns grupos pode ser determinado por sua localização na tabela periódica.

Por exemplo:

O sódio (Na) faz parte do grupo 1 na tabela periódica e tem um elétron de valência. Ele é assim:

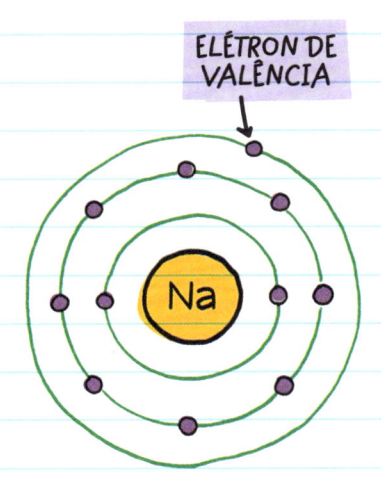

ELÉTRON DE VALÊNCIA

O cloro (Cl) faz parte do grupo 17 e tem sete elétrons de valência. Ele é assim:

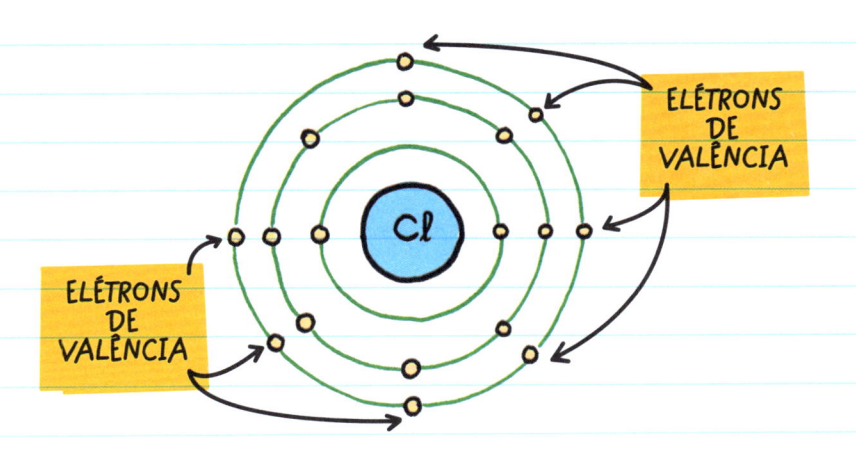

ELÉTRONS DE VALÊNCIA

ELÉTRONS DE VALÊNCIA

Os gases nobres são os elementos mais estáveis. As camadas de valência desses elementos já estão completas, com dois elétrons para o hélio (He) e oito elétrons para o neônio (Ne), o argônio (Ar), o criptônio (Kr), o xenônio (Xe) e o radônio (Rn). Todos os outros elementos querem ser estáveis como eles. Existem algumas interações fortes que os átomos podem realizar entre si, chamadas **LIGAÇÕES QUÍMICAS**, buscando alcançar essa estabilidade.

Estes são os três tipos mais importantes de ligação:

LIGAÇÃO IÔNICA: Um cátion (íon com carga positiva) e um ânion (íon com carga negativa) sentem uma forte atração eletrostática entre si. Essa ligação acontece entre íons de metais e ametais.

LIGAÇÃO COVALENTE: Dois átomos compartilham elétrons. Essa ligação acontece entre dois ametais.

LIGAÇÃO METÁLICA: Os átomos são ligados por um "mar de elétrons". Essa ligação acontece entre metais.

LIGAÇÕES IÔNICAS

Ocorrem quando dois átomos estão ligados por uma **ATRAÇÃO ELETROSTÁTICA**, na qual dois objetos com cargas opostas se atraem.

As ligações iônicas acontecem entre o cátion de um metal e o ânion de um ametal.

> Um **cátion** é um íon de carga positiva.
>
> Um **ânion** é um íon de carga negativa.

> **ATRAÇÃO ELETROSTÁTICA**
> Ocorre quando íons de cargas opostas se atraem.

Metais e ametais

Os metais têm menos elétrons de valência que os ametais e tendem a cedê-los para completar o octeto. A energia necessária para remover um elétron de um átomo neutro é chamada de ENERGIA DE IONIZAÇÃO.

$$\text{Energia de ionização} + \text{átomo do metal} \rightarrow \text{cátion (+)} + \text{elétron (e}^-\text{)}$$

Quando o átomo de um metal recebe uma energia igual à energia de ionização, perde um elétron e se torna um cátion.

Os ametais têm mais elétrons na camada de valência e tendem a receber mais elétrons para completar o octeto. A energia liberada por um átomo quando ganha um elétron é chamada de AFINIDADE ELETRÔNICA.

Átomo do ametal + elétron (e⁻) → ânion (-) + energia (afinidade eletrônica)

Quando o átomo de um ametal ganha um elétron, cede energia e se torna um ânion.

POR EXEMPLO: O sódio (Na) e o cloro (Cl) se ligam para formar sal de cozinha (NaCl).

O sódio tem um elétron de valência (elétron vermelho), que ele cede para o cloro.

O íon sódio tem carga +1 (ele cedeu um elétron).

O íon cloro tem carga −1 (ele recebeu um elétron).

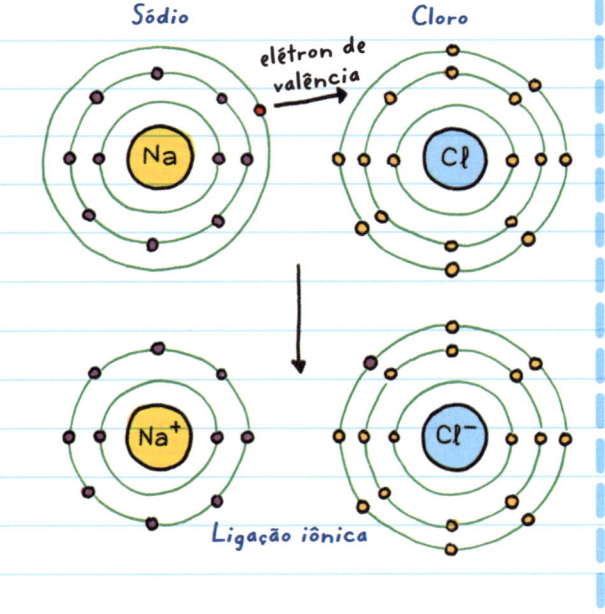

Sódio — elétron de valência — Cloro
Na⁺ — Cl⁻ — Ligação iônica

Quando os dois íons se ligam, formam o composto estável NaCl. O elétron cedido pelo átomo de sódio é doado para a camada de valência do átomo de cloro.

ÍONS SIMPLES E POLIATÔMICOS

Um **ÍON SIMPLES** é formado a partir de um único átomo. São exemplos os íons de elementos pertencentes aos grupos 1 e 2 da tabela periódica, que perdem elétrons com facilidade. Isso acontece porque basta perderem um ou dois elétrons para que fiquem com a camada de valência completa. Também existem ânions simples de elementos dos grupos 15, 16 e 17.

Exemplos:

hidrogênio (H^+), lítio (Li^+), sódio (Na^+), potássio (K^+),

berílio (Be^{2+}), magnésio (Mg^{2+}), cálcio (Ca^{2+}), óxido (O^{2-}), nitreto (N^{3-})

Um **ÍON POLIATÔMICO** é formado a partir de dois ou mais átomos unidos por uma ligação covalente.

Exemplos:

Exceção de cátion que não é formado por um metal!

NH_4^+: íon amônio, composto por um átomo de nitrogênio (N) e quatro átomos de hidrogênio (H)

OH^-: íon hidróxido, composto por um átomo de oxigênio (O) e um átomo de hidrogênio (H)

SO_4^{2-}: íon sulfato, composto por um átomo de enxofre (S) e quatro átomos de oxigênio (O)

O sulfato de amônio é um composto neutro formado por ligação iônica.

> **Nota sobre estabilidade:** Os átomos que ganham ou perdem elétrons para criar octetos completos são mais estáveis que sua versão neutra.

POR EXEMPLO: Explique por que o cálcio e o oxigênio se ligam para formar o composto óxido de cálcio (CaO).

As setas mostram que dois elétrons do cálcio são transferidos para o átomo de oxigênio, fazendo com que o oxigênio e o cálcio passem a ter octetos completos.

$$Ca + \ddot{\underset{..}{O}}: \rightarrow Ca^{2+} : \ddot{\underset{..}{O}} :^{2-}$$

Passo 1: Consulte a tabela periódica para determinar o número de elétrons de valência dos átomos que participam da reação.

O cálcio está no grupo 2, tem dois elétrons de valência (mostrados na figura pelos pontos pretos próximos do símbolo do cálcio).

O oxigênio está no grupo 16, tem seis elétrons na camada de valência.

Passo 2: Determine que átomo vai ceder elétrons e que átomo vai receber elétrons.

Os metais possuem poucos elétrons de valência e tendem a perdê-los para formar cátions. Já os ametais (principalmente os elementos dos grupos 16 e 17) tendem a receber elétrons para completar o octeto.

O átomo de cálcio vai ceder elétrons para se transformar no íon Ca^{2+}.

O 2+ mostra que o cálcio cedeu dois elétrons. Como cada elétron tem uma carga de -1, o cálcio perdeu uma carga de -2: permaneceu com 20 prótons no núcleo, mas 18 elétrons na eletrosfera.

Como a carga do átomo neutro do Ca é 0, a carga do íon é +2.

O átomo de oxigênio vai aceitar elétrons para se transformar no íon O^{2-}.

O 2- mostra que o oxigênio aceitou 2 elétrons e ganhou uma carga de -2.

O composto formado pelos átomos de cálcio e oxigênio é CaO, eletricamente neutro, porque as cargas de +2 e -2 se cancelam.

POR EXEMPLO: Mostre como os íons se ligam para formar o composto hidróxido de sódio (NaOH).

1. Consulte a tabela periódica para determinar o número de elétrons de valência do sódio.
Como o sódio (Na) está no grupo 1, tem um elétron na camada de valência.
Já a carga do íon hidróxido (OH) é −1.

2. Determine que átomo vai ceder elétrons e que átomo vai receber elétrons.
O sódio vai ceder um elétron para se transformar no íon Na^+ (quando o índice superior é 1, mostra-se apenas o sinal em vez de 1+ ou 1−).
O hidróxido é formado por um átomo de oxigênio ligado a um átomo de hidrogênio. Essa molécula se estabiliza recebendo um elétron a mais, adquirindo carga −1.

3. O composto formado pelo átomo de sódio e o íon hidróxido é NaOH.

A carga positiva resultante de todos os cátions é sempre igual à carga negativa resultante de todos os ânions. Assim, a carga total de um composto iônico é sempre zero.

Os compostos iônicos:

- Possuem atrações eletrostáticas muito fortes e, portanto, difíceis de romper.
- Têm elevados pontos de fusão e de ebulição.
- São duros e frágeis.
- São sais, ou seja, compostos de metais e ametais. As exceções incluem óxidos (metal + oxigênio), hidretos (metal + hidrogênio) e sais de amônio (NH_4^+ + ametal).

> No dia a dia, chamamos de "sal" o composto iônico $NaCl$ (cloreto de sódio), o sal de cozinha. Mas na Química existem muitos outros sais.

Os compostos iônicos não são moléculas formadas por poucos átomos. Os íons se organizam em uma **ESTRUTURA CRISTALINA**, uma estrutura tridimensional criada quando se forma um sal. Eles tendem a se organizar no espaço de maneira a privilegiar a formação de forças atrativas entre cargas opostas (cátions e ânions) e minimizar a repulsão entre íons de mesma carga. Podem formar redes muito grandes, chegando a um tamanho visível (cristais).

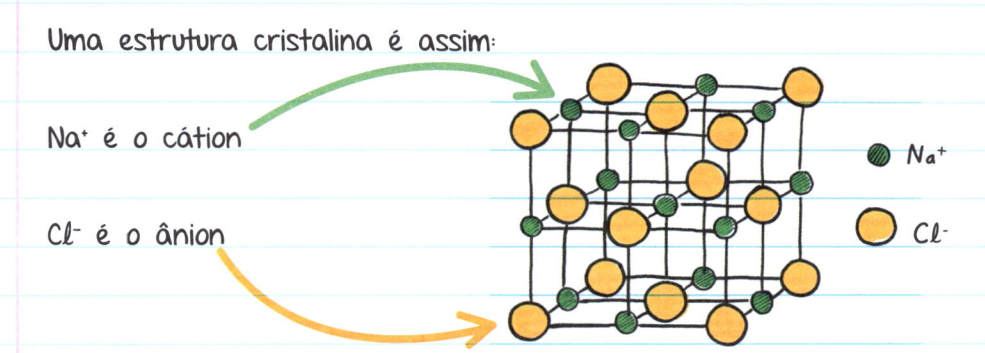

Uma estrutura cristalina é assim:

Na^+ é o cátion

Cl^- é o ânion

Ligações iônicas se formam graças à grande diferença de eletronegatividade entre os íons.

> **ELETRONEGATIVIDADE**
> não é o mesmo que afinidade eletrônica:
>
> **Afinidade eletrônica** é a mudança de energia quando um elétron é aceito por um átomo.
>
> **Eletronegatividade** é a capacidade que um átomo ligado a outro átomo tem de atrair elétrons para si.

É fácil ver a diferença de eletronegatividade quando dois elementos de lados opostos da tabela periódica se ligam.

Por exemplo, o flúor (F) é do grupo 17 e se liga ao lítio (Li), do grupo 1. O lítio se conecta doando um elétron, já o flúor aceita um elétron.

O lítio não é tão eletronegativo quanto o flúor (que é muito eletronegativo), portanto fazem uma ligação iônica forte.

$$Li\cdot \rightarrow \cdot \ddot{\underset{\cdot \cdot}{F}}{:} \rightarrow Li^+ \; {:}\ddot{\underset{\cdot \cdot}{F}}{:}^-$$

As ligações iônicas sempre se formam de tal maneira que a carga total do composto resultante seja neutra, mesmo que para isso mais de um átomo de um mesmo elemento participe da ligação.

> **POR EXEMPLO:** Suponha que o magnésio (Mg) reaja com o cloro (Cl).
>
> Como o Mg está no grupo 2, ele cede dois elétrons para completar seu octeto. Isso significa que o íon é Mg^{2+}.
>
> Como o Cl está no grupo 17, ele recebe um elétron para completar seu octeto. Isso significa que o íon é Cl^-.
>
> Assim, se o íon Mg^{2+} se combinar com o íon Cl^-, vai ficar com uma carga 1+, porque o magnésio quer ceder 2 elétrons, mas o cloro só pode receber um.
>
> ENTRETANTO, se você tem dois íons Cl^-, cada um deles pode receber um elétron.
>
> A equação fica assim:
>
> $Mg^{2+} + 2Cl^- \rightarrow MgCl_2$ (um composto estável)

> $MgCl_2$ é um exemplo de **FÓRMULA MÍNIMA**, que mostra a proporção dos íons na rede cristalina de um composto iônico.

Alguns compostos iônicos são solúveis em água. Quando esse fenômeno acontece, a água destrói a estrutura cristalina e separa os íons positivos dos negativos, em um processo conhecido como **DISSOCIAÇÃO**. A mistura final também consegue conduzir eletricidade.

LIGAÇÕES METÁLICAS

São formadas quando os átomos de um metal compartilham elétrons. Ao contrário do que acontece nas ligações covalentes, os elétrons ligantes estão **DESLOCALIZADOS**, ou seja, não pertencem a um átomo em particular. É comum dizer que os átomos das ligações metálicas compartilham um **MAR DE ELÉTRONS**.

MAR DE ELÉTRONS
O conjunto de elétrons livres, deslocalizados, que envolve os cátions (íons positivos de metais nas ligações metálicas).

Os círculos vermelhos representam os íons positivos do metal. Os pontos azuis representam os elétrons, que circulam livremente entre os íons.

Ligações metálicas são encontradas em metais puros e em ligas metálicas, compostas por metais diferentes. Eis alguns exemplos:

Barras de ouro

Fios de cobre

Papel-alumínio

Vigas de aço

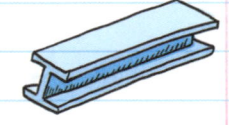

Propriedades das ligações metálicas

As propriedades dos metais estão associadas ao tipo de ligação que os caracteriza. Os metais:

- são bons condutores tanto de eletricidade quanto de calor, uma vez que os elétrons livres podem transportar eletricidade e calor com facilidade.

- geralmente têm pontos de fusão e ebulição elevados, porque as ligações metálicas são na maioria dos casos muito fortes e precisam de muita energia para serem quebradas.

- são muito densos.

- são maleáveis e dúcteis.

A força de uma ligação metálica depende do número de elétrons livres e do tamanho e da carga do cátion.

> **MALEÁVEL**
> Capaz de ser laminado (transformado em placas ou folhas).
>
> **DÚCTIL**
> Capaz de ser trefilado (transformado em fios).

Assim como os compostos iônicos, os átomos metálicos tendem a se organizar em estruturas cristalinas organizadas. Essa organização leva à formação de superfícies mais lisas, o que explica o brilho característico desses materiais.

Propriedades gerais que descrevem a maioria dos compostos formados por ligações covalentes, metálicas e iônicas:

	TIPO DE LIGAÇÃO		
	COVALENTE	**METÁLICA**	**IÔNICA**
CARACTERÍSTICA	Elétrons compartilhados	Mar de elétrons	Transferência de elétrons na camada de valência
OCORRÊNCIA	Entre ametais	Entre metais	Entre metais e ametais
PONTOS DE FUSÃO/EBULIÇÃO	Baixos	Altos	Altos
DUREZA	Não muito alta, com algumas exceções, como o diamante e o dióxido de silício, por exemplo	Alta	Alta
CONDUTIVIDADE ELÉTRICA	Nenhuma, exceto quando sofrem reação química em água	Alta	Apenas em soluções ou no estado líquido

Alguns compostos que contêm ÍONS POLIATÔMICOS podem ter mais de um tipo de ligação. Assim, por exemplo, o carbonato de cálcio ($CaCO_3$) encontrado em ossos e conchas possui ligações covalentes que mantêm unidos os átomos de carbono e oxigênio para formar o íon poliatômico CO_3^{2-}, conhecido como carbonato. Os íons Ca^{2+} formam uma ligação iônica com os íons CO_3^{2-}.

Outros compostos que contêm os dois tipos de ligação são $MgSO_4$, $NaHCO_3$ e $NaOH$.

LIGAÇÕES COVALENTES

Formam-se quando dois ou mais átomos compartilham elétrons. O compartilhamento assegura que todos os átomos do composto tenham um octeto completo.

As ligações covalentes acontecem principalmente entre ametais que estão próximos na tabela periódica. Como esses elementos têm uma eletronegatividade parecida, os dois têm capacidades parecidas de atrair elétrons.

Assim, por exemplo, o carbono (C) tem quatro elétrons de valência. Para formar uma ligação iônica, teria que ganhar ou perder quatro elétrons (o que é muita coisa!). Como ele resolve esse problema? Compartilhando seus elétrons com outros átomos.

EI, ALGUÉM QUER ESSES?

NÃO, OBRIGADO. QUATRO É DEMAIS.

PROPRIEDADES DOS COMPOSTOS COVALENTES

- Em geral têm pontos de fusão e ebulição mais baixos que os compostos iônicos.
- Geralmente não conduzem eletricidade quando estão no estado líquido ou dissolvidos em água.
- Geralmente são pouco solúveis em água.

A maioria das substâncias formadas por ligações covalentes é composta por moléculas, que são grupamentos finitos de átomos, com quantidade conhecida de ligações. Entretanto, essas ligações podem formar também **REDES COVALENTES**. Chamamos assim as substâncias compostas por uma quantidade grande e indefinida de átomos ametais unidos por ligações covalentes. Um exemplo é o diamante (cuja fórmula química é somente C), em que cada átomo de carbono está ligado a outros quatro. Outro exemplo é o dióxido de silício (SiO_2), componente principal da areia.

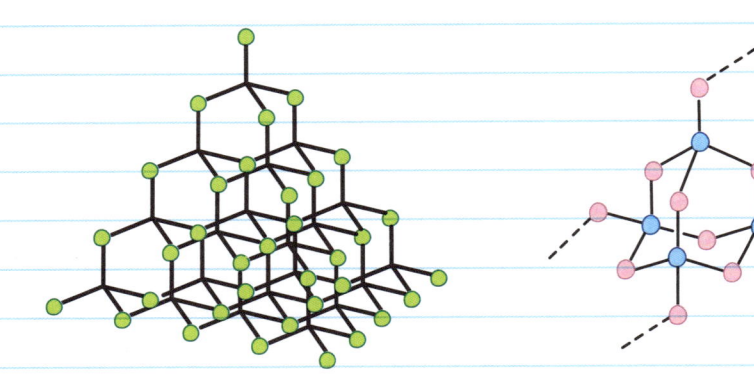

O jeito mais fácil de ver como as ligações covalentes se formam é observar um DIAGRAMA DE LEWIS.

O diagrama de Lewis é conhecido assim por causa de GILBERT NEWTON LEWIS, um físico-químico americano que, em 1916, foi o primeiro a desenhar a imagem de um composto covalente mostrando os elétrons compartilhados e não compartilhados de cada átomo.

O diagrama de Lewis usa uma bolinha "•" ou pequenos "x" como símbolo para cada elétron da camada de valência. Como a maioria dos átomos quer ter oito, os elétrons são apresentados em cada um dos quatro lados do símbolo do elemento, geralmente organizados em pares.

Este é o diagrama de Lewis do neônio (Ne). Ele é um gás nobre com oito elétrons na camada de valência, por isso tem oito bolinhas em torno, agrupadas em pares.

Este é um diagrama de Lewis do fósforo (P). Ele tem cinco elétrons de valência.

Este é um diagrama de Lewis do cloro (Cl). Ele tem sete elétrons de valência.

Quando o fósforo e o cloro se combinam, formam ligações covalentes. Cada átomo de cloro compartilha um elétron, enquanto o fósforo compartilha um elétron com cada um deles para formar o composto tricloreto de fósforo (PCl_3).

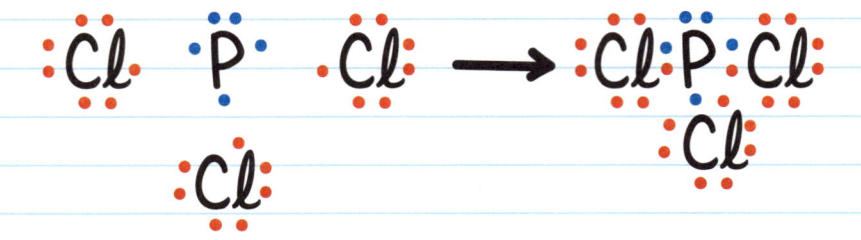

Os elétrons de valência do cloro estão em vermelho.

Os elétrons de valência do fósforo estão em azul.

Como o fósforo só tem cinco elétrons de valência, ele precisa se ligar a três átomos de cloro para receber um elétron de cada.

O compartilhamento de elétrons acontece nos locais em que há elétrons vermelhos e azuis entre o átomo de fósforo e um átomo de cloro. Eles são chamados de **PARES LIGANTES**.

Os pares não compartilhados são chamados de **PARES NÃO LIGANTES**.

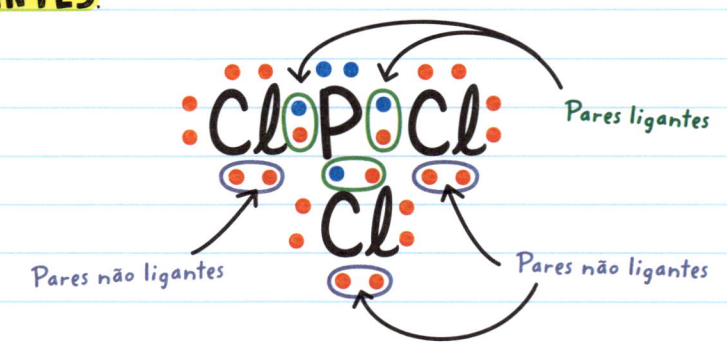

Note que, ao final, todos os átomos possuem 8 elétrons de valência. Um único elétron é contabilizado para formar o octeto tanto de um átomo de cloro quanto de um átomo de fósforo graças ao compartilhamento.

As moléculas são representadas também pela **FÓRMULA MOLECULAR**, que indica quantos átomos estão presentes nelas. O número de átomos fica representado como um número subscrito, à direita de cada elemento.

> Escrito abaixo do alinhamento normal

Essa fórmula é muito útil para cálculos, mas não mostra como os átomos estão ligados.

$$PCl_3$$

COMO DESENHAR UM DIAGRAMA DE LEWIS PARA UM ÚNICO ÁTOMO

1. Escolha um átomo.
2. Veja qual é o grupo desse átomo (elemento) na tabela periódica. O algarismo da unidade desse grupo em geral equivale ao número de elétrons de valência do elemento (por exemplo, o oxigênio é do grupo 16, logo possui 6 elétrons de valência). Os metais de transição são uma exceção a essa regra.
3. Desenhe os elétrons de valência como pares de bolinhas em torno do símbolo.

Moléculas diatômicas homonucleares

Alguns compostos covalentes são formados por átomos iguais e recebem o nome de **MOLÉCULAS HOMONUCLEARES**. As mais comuns são moléculas de apenas dois átomos, conhecidas como **MOLÉCULAS DIATÔMICAS HOMONUCLEARES**.

Eis as principais moléculas diatômicas homonucleares e seus estados físicos à temperatura ambiente:

Nitrogênio	N_2	gás
Oxigênio	O_2	gás
Flúor	F_2	gás
Iodo	I_2	sólido
Bromo	Br_2	líquido
Hidrogênio	H_2	gás
Cloro	Cl_2	gás

é possível indicar uma ligação covalente usando duas bolinhas ou uma linha horizontal entre os dois átomos.

$$:\overset{..}{\underset{..}{Cl}}\!\cdot\!\cdot\!\overset{..}{\underset{..}{Cl}}: \quad \text{ou} \quad :\overset{..}{\underset{..}{Cl}}\!-\!\overset{..}{\underset{..}{Cl}}:$$

LIGAÇÕES COVALENTES DUPLAS E TRIPLAS

Alguns átomos vão formar mais de uma ligação covalente com o mesmo átomo para completar o nível de energia mais externo e se tornarem mais estáveis.

Uma **LIGAÇÃO DUPLA** acontece quando dois átomos compartilham dois pares de elétrons.

Uma **LIGAÇÃO TRIPLA** acontece quando dois átomos compartilham três pares de elétrons.

> Em um diagrama de Lewis, uma ligação dupla é representada por duas linhas, =. E uma ligação tripla é representada por três linhas, ≡.

O oxigênio (O_2) forma uma molécula diatômica com uma ligação dupla.

O oxigênio possui seis elétrons na camada de valência. Quando ele compartilha dois elétrons com outro átomo de oxigênio, completa o octeto. Essa ligação pode ser mostrada de várias formas:

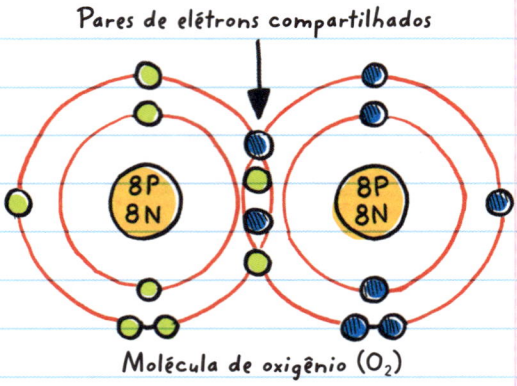

Pares de elétrons compartilhados

Molécula de oxigênio (O_2)

:Ö::Ö: :Ö=Ö:

Nos modelos acima, os pares de elétrons compartilhados são indicados como dois pares de bolinhas entre os dois átomos de oxigênio ou com duas linhas, que indicam uma ligação dupla.

Uma ligação tripla é formada na substância simples nitrogênio (N_2).

O nitrogênio possui cinco elétrons de valência.

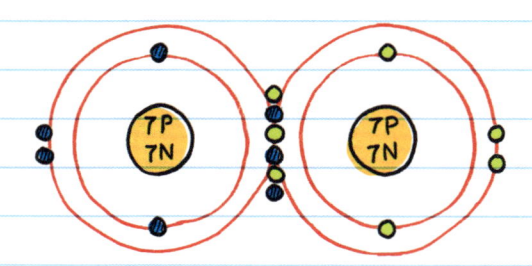

FORMAS DE INDICAR LIGAÇÕES COVALENTES:

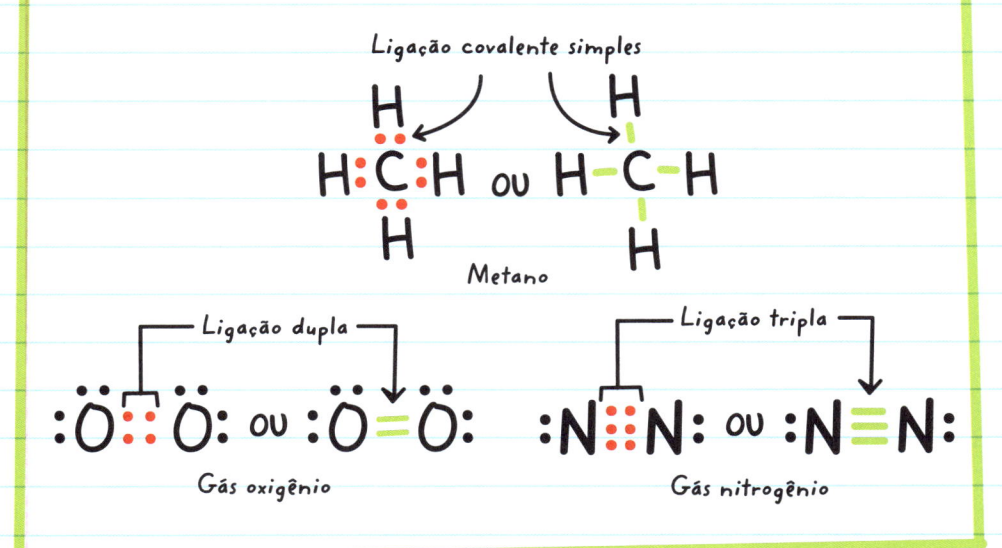

Ligação covalente simples

H:C:H ou H–C–H

Metano

Ligação dupla: :Ö::Ö: ou :Ö=Ö:

Gás oxigênio

Ligação tripla: :N:::N: ou :N≡N:

Gás nitrogênio

EXCEÇÕES À REGRA DO OCTETO

A maioria dos átomos forma ligações de acordo com a regra do octeto, mas existem algumas exceções:

se aplica somente ao hidrogênio e ao hélio

REGRA DO DUETO: Para o hélio e o hidrogênio, a camada de valência completa contém apenas dois elétrons. Um átomo de hidrogênio se liga a outro para formar uma molécula diatômica homonuclear.

No caso do hidrogênio, ficam apenas dois elétrons nas camadas de valência.

$$H\cdot + H\cdot \rightarrow H:H$$

CONTRAÇÃO DO OCTETO: Fenômeno que ocorre em algumas moléculas, em que um ou mais átomos têm menos que oito elétrons. Isso é mais frequente em alguns elementos do segundo período, como o berílio e o boro.

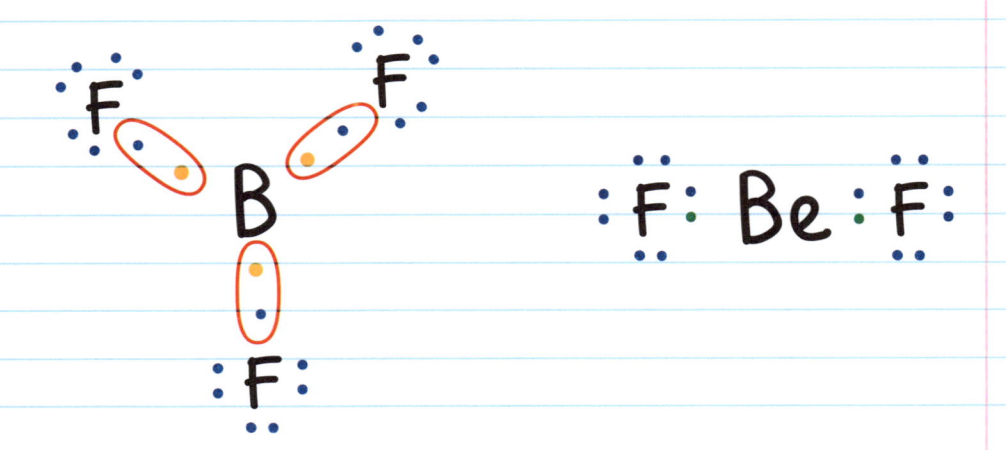

EXPANSÃO DO OCTETO: Ocorre em algumas moléculas, quando elementos se estabilizam com mais de oito elétrons. O fósforo (P) e o enxofre (S) são exemplos de elementos que costumam fazer parte de compostos com essa característica.

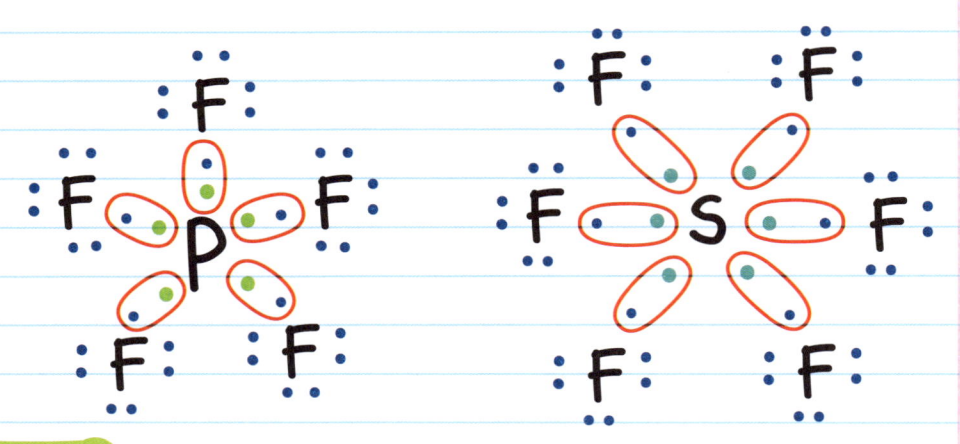

VERIFIQUE SEUS CONHECIMENTOS

1. O que é a regra do octeto? Por que ela é importante?

2. Quais os três tipos principais de ligação química?

3. As ligações iônicas ocorrem entre quais tipos de átomo? E as ligações covalentes?

4. Qual a diferença entre ligações iônicas e covalentes?

5. Cite três propriedades dos compostos covalentes.

6. Qual a diferença entre pares ligantes e pares não ligantes?

7. Defina uma molécula diatômica homonuclear e dê um exemplo.

8. Que tipo de ligação covalente está presente na molécula do N_2? Desenhe o diagrama de Lewis.

9. Quais são os dois elementos cuja camada de valência fica completa com apenas dois elétrons?

10. O que é uma ligação metálica e como ela se forma?

11. Quais são as propriedades que determinam a força de uma ligação metálica?

RESPOSTAS 205

CONFIRA AS RESPOSTAS

1. De acordo com a regra do octeto, os elementos tendem a se combinar de tal modo que cada átomo possua oito elétrons na camada de valência. Essa regra é importante porque permite prever a forma como os átomos podem se combinar para formar substâncias.

2. A ligação iônica, a ligação covalente e a ligação metálica.

3. As ligações iônicas costumam acontecer entre um metal e um ametal. As ligações covalentes costumam acontecer entre dois ametais.

4. As ligações iônicas acontecem quando átomos doam e recebem elétrons. As ligações covalentes acontecem quando átomos compartilham elétrons.

5. Em geral, esses compostos têm pontos de fusão e ebulição mais baixos que os de compostos iônicos, não conduzem eletricidade quando estão no estado líquido ou dissolvidos em água e geralmente são pouco solúveis em água.

6. Pares ligantes de elétrons são compartilhados entre dois átomos. Pares não ligantes pertencem apenas a um átomo.

7. Molécula formada por dois átomos iguais. Alguns exemplos são H_2, Cl_2 e N_2.

8. Trata-se de uma ligação covalente tripla.

$$:\!\overset{\displaystyle \cdot}{\underset{\displaystyle \cdot}{N}}\!\cdot \;+\; \cdot\!\overset{\displaystyle \cdot}{\underset{\displaystyle \cdot}{N}}\!: \;\longrightarrow\; :N::N:$$

$$(:N\equiv N:)$$

9. O hidrogênio (H) e o hélio (He).

10. É uma ligação que acontece entre metais e se forma quando átomos de um metal compartilham elétrons em um "mar de elétrons".

11. O número de elétrons livres, a carga e o tamanho do cátion.

Capítulo 15
TEORIA DA REPULSÃO DOS PARES DE ELÉTRONS DA CAMADA DE VALÊNCIA

REPRESENTAÇÃO DAS MOLÉCULAS

Os diagramas de Lewis funcionam bem para demonstrar a ligação dos átomos por meio de elétrons, mas são modelos bidimensionais (2-D) e não mostram a configuração dos átomos no espaço tridimensional (3-D). Essa configuração 3-D é chamada de **GEOMETRIA MOLECULAR**.

> Geometria molecular é a configuração tridimensional dos átomos de uma molécula.

A **TEORIA DA REPULSÃO DOS PARES DE ELÉTRONS DA CAMADA DE VALÊNCIA** (VSEPR na sigla em inglês, comumente lida como "vésper" em português) permite aos cientistas prever a forma tridimensional de uma molécula com um átomo central. Apesar de o núcleo atômico positivo sentir atração pelos elétrons, como os elétrons se repelem, eles procuram se manter afastados uns dos outros para que a repulsão seja mínima.

A teoria VSEPR usa as seguintes regras:

- Pares de elétrons na camada de valência de um átomo se repelem uns aos outros.

- Pares de elétrons não ligantes são encontrados mais perto do núcleo e se repelem mais do que pares ligantes.

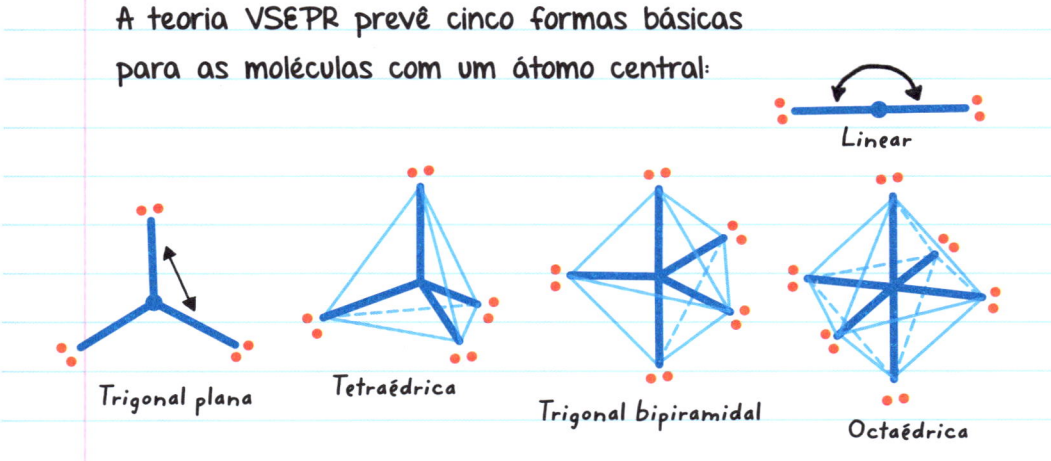

A teoria VSEPR prevê cinco formas básicas para as moléculas com um átomo central:

Linear

Trigonal plana

Tetraédrica

Trigonal bipiramidal

Octaédrica

As ligações covalentes duplas ou triplas são tratadas da mesma forma que as simples nos diagramas VSEPR: representadas por uma barra única.

Como as estruturas são formadas

Os pares de elétrons, ligantes ou não ligantes, se configuram para permanecer o mais longe possível uns dos outros. O fluoreto de berílio (BeF_2), por exemplo, tem duas ligações. Os átomos de flúor (F) querem ficar afastados para diminuir a repulsão entre os elétrons e, por isso, formam uma estrutura linear (F, Be e F em linha reta). Imagine ter que levar para passear dois cachorros que não se toleram. Eles vão querer ficar o mais longe possível um do outro.

Como o BF_3 tem três ligações, é impossível que os íons flúor fiquem em linha reta. Lembre-se das aulas de geometria. Se os átomos de F precisam se distribuir em torno do átomo de boro (B) para maximizar a distância entre eles, vão ocupar posições tais que haja um ângulo de 120 graus entre eles.

ISSO É RIDÍCULO!

À medida que se adicionam mais ligações, os elétrons se repelem para maximizar a distância entre si.

LIGAÇÕES POLARES E APOLARES

As ligações covalentes são classificadas como polares ou apolares. A **POLARIDADE** é uma propriedade física dos compostos e afeta outras propriedades físicas, como ponto de ebulição, ponto de fusão, solubilidade e interações intermoleculares.

As **LIGAÇÕES APOLARES** acontecem entre átomos com valores próximos de eletronegatividade, fazendo com que os elétrons sejam divididos igualmente entre os dois átomos.

As **LIGAÇÕES POLARES** acontecem entre átomos com valores muito diferentes de eletronegatividade e um dos átomos tende a "puxar" mais os elétrons da ligação.

> Todas as ligações iônicas são polares.

Em uma ligação covalente polar, os elétrons são compartilhados, mas são mais facilmente encontrados nas proximidades de um dos átomos. Imagine que é como compartilhar um lençol de modo que uma pessoa fique coberta por mais tempo com dois terços e a outra fique apenas com um terço.

Em uma ligação covalente polar, o lado da molécula mais perto do átomo de maior eletronegatividade é um pouco mais negativo. Isso significa que o lado oposto é um pouco mais positivo. Essa pequena diferença dá origem a um par de cargas opostas chamado de **DIPOLO ELÉTRICO**.

Como as cargas são fracionárias (menores que 1), são representadas como δ+ e δ- e se chamam cargas parciais.

δ (lê-se delta) significa carga parcial

δ+ significa carga parcial positiva

δ- significa carga parcial negativa

$$\overset{\delta+}{H}-\overset{\delta-}{Cl}$$

A notação mostra que o lado do H é ligeiramente positivo e o lado do Cl é ligeiramente negativo, porque o elétron compartilhado tende a passar mais tempo nas proximidades do cloro do que nas proximidades do hidrogênio.

Como podemos saber se uma determinada ligação vai ser polar ou apolar?

Os valores de eletronegatividade podem ser usados para classificar uma ligação como covalente polar, covalente apolar ou iônica. Com a tabela periódica abaixo, você pode comparar a eletronegatividade dos átomos.

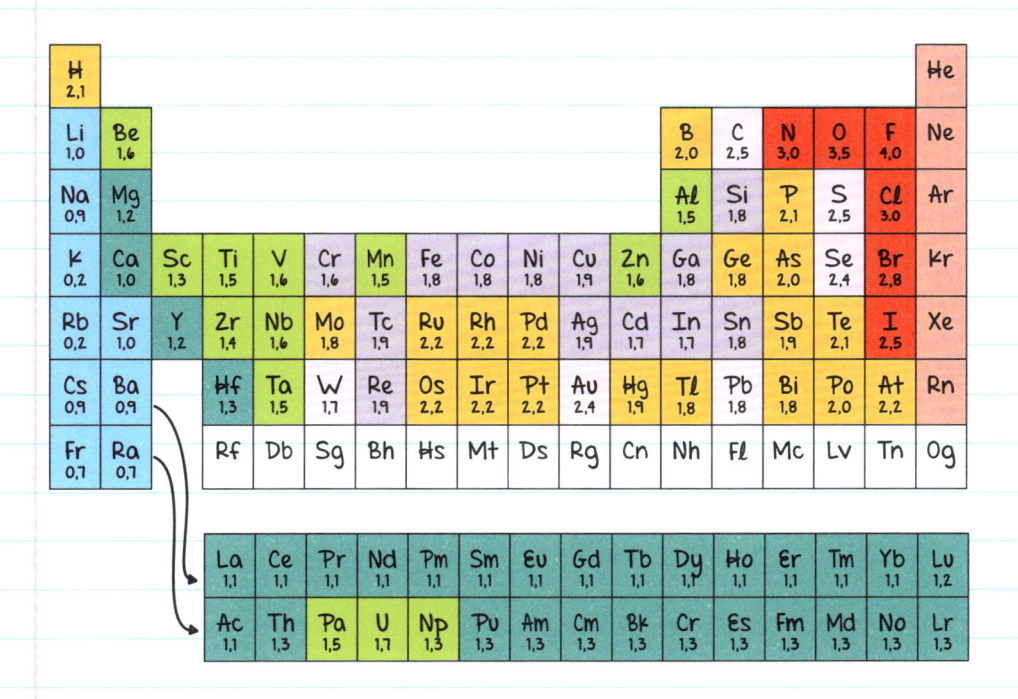

H 2,1																	He
Li 1,0	Be 1,6											B 2,0	C 2,5	N 3,0	O 3,5	F 4,0	Ne
Na 0,9	Mg 1,2											Al 1,5	Si 1,8	P 2,1	S 2,5	Cl 3,0	Ar
K 0,2	Ca 1,0	Sc 1,3	Ti 1,5	V 1,6	Cr 1,6	Mn 1,5	Fe 1,8	Co 1,8	Ni 1,8	Cu 1,9	Zn 1,6	Ga 1,8	Ge 1,8	As 2,0	Se 2,4	Br 2,8	Kr
Rb 0,2	Sr 1,0	Y 1,2	Zr 1,4	Nb 1,6	Mo 1,8	Tc 1,9	Ru 2,2	Rh 2,2	Pd 2,2	Ag 1,9	Cd 1,7	In 1,7	Sn 1,8	Sb 1,9	Te 2,1	I 2,5	Xe
Cs 0,9	Ba 0,9		Hf 1,3	Ta 1,5	W 1,7	Re 1,9	Os 2,2	Ir 2,2	Pt 2,2	Au 2,4	Hg 1,9	Tl 1,8	Pb 1,8	Bi 1,8	Po 2,0	At 2,2	Rn
Fr 0,7	Ra 0,7		Rf	Db	Sg	Bh	Hs	Mt	Ds	Rg	Cn	Nh	Fl	Mc	Lv	Tn	Og

La 1,1	Ce 1,1	Pr 1,1	Nd 1,1	Pm 1,1	Sm 1,1	Eu 1,1	Gd 1,1	Tb 1,1	Dy 1,1	Ho 1,1	Er 1,1	Tm 1,1	Yb 1,1	Lu 1,2
Ac 1,1	Th 1,3	Pa 1,5	U 1,7	Np 1,3	Pu 1,3	Am 1,3	Cm 1,3	Bk 1,3	Cr 1,3	Es 1,3	Fm 1,3	Md 1,3	No 1,3	Lr 1,3

> Os dados de eletronegatividade não estão disponíveis para alguns elementos.

O desenho do cloreto de hidrogênio (HCl) a seguir mostra o **MOMENTO DIPOLAR** da molécula, indicado por uma seta. A seta aponta sempre do elemento que possui carga parcial positiva para o que possui carga parcial negativa. Como possui um momento dipolar resultante, o HCl é considerado uma molécula polar.

A seta sempre aponta para o átomo mais eletronegativo, indicando onde é mais provável que os elétrons possam ser encontrados.

Moléculas diatômicas homonucleares como O_2, H_2 e N_2 não podem ser polares porque os dois átomos têm a mesma eletronegatividade. Elas são apolares, mas os átomos não precisam ser iguais para que a molécula seja apolar.

A eletronegatividade do carbono é 2,5 e a do hidrogênio é 2,1.

2,5 − 2,1 = 0,4

Como a diferença de eletronegatividade é baixa, uma ligação covalente entre carbono e hidrogênio pode ser considerada apolar.

> Ligações covalentes apolares geralmente se formam entre átomos com uma diferença de eletronegatividade abaixo de 0,5.

> Ligações covalentes polares geralmente se formam entre átomos com uma diferença de eletronegatividade entre 0,5 e 1,7.

POLARIDADE DAS LIGAÇÕES COVALENTES E DAS MOLÉCULAS

A polaridade de uma molécula depende da polaridade das ligações covalentes e da forma tridimensional da molécula.

> As ligações covalentes geralmente são polares quando a diferença de eletronegatividade é igual ou maior que 0,5. A molécula como um todo é polar quando a sua forma é assimétrica.

Por exemplo: o diagrama de Lewis do composto CH_4 é este aqui, no qual ele parece ser uma molécula planar. Aplicando a VSEPR, porém, chegamos à conclusão de que ele tem a forma de um tetraedro, no qual os pares de elétrons se mantêm à maior distância possível uns dos outros.

Diagrama de Lewis

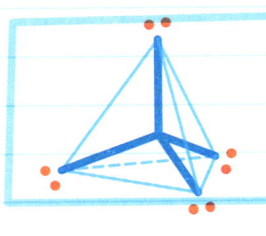

pirâmide triangular

No modelo ao lado, as ligações indicadas por retas estão no plano do desenho. O triângulo tracejado representa um átomo que está mais distante de você que o plano do desenho e o triângulo cheio representa um átomo mais próximo de você que o plano do desenho.

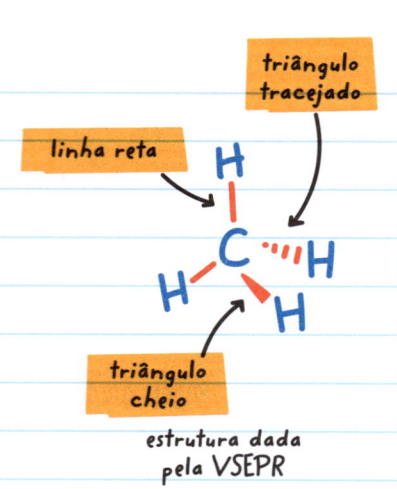

linha reta • *triângulo tracejado* • *triângulo cheio*

estrutura dada pela VSEPR

Por seu formato simétrico, podemos concluir que a molécula do CH_4 é apolar.

Eis alguns exemplos de moléculas apolares:

- Os gases nobres
- As moléculas homonucleares, como H_2 e Cl_2
- Muitos compostos de carbono, como CO_2, CCl_4, CH_4 e C_6H_6

> **Uma molécula pode ser apolar mesmo que as ligações sejam polares?**
>
> SIM

É possível que as ligações de uma molécula sejam polares e a molécula como um todo seja apolar. Isso acontece quando os dipolos elétricos associados às ligações polares se cancelam mutuamente.

No dióxido de carbono (CO_2), por exemplo, o carbono forma ligações covalentes duplas com os átomos de oxigênio. O oxigênio, porém, é muito mais eletronegativo que o carbono e atrai os elétrons da ligação covalente, criando um dipolo.

Isso não significa que se trata de uma molécula polar.

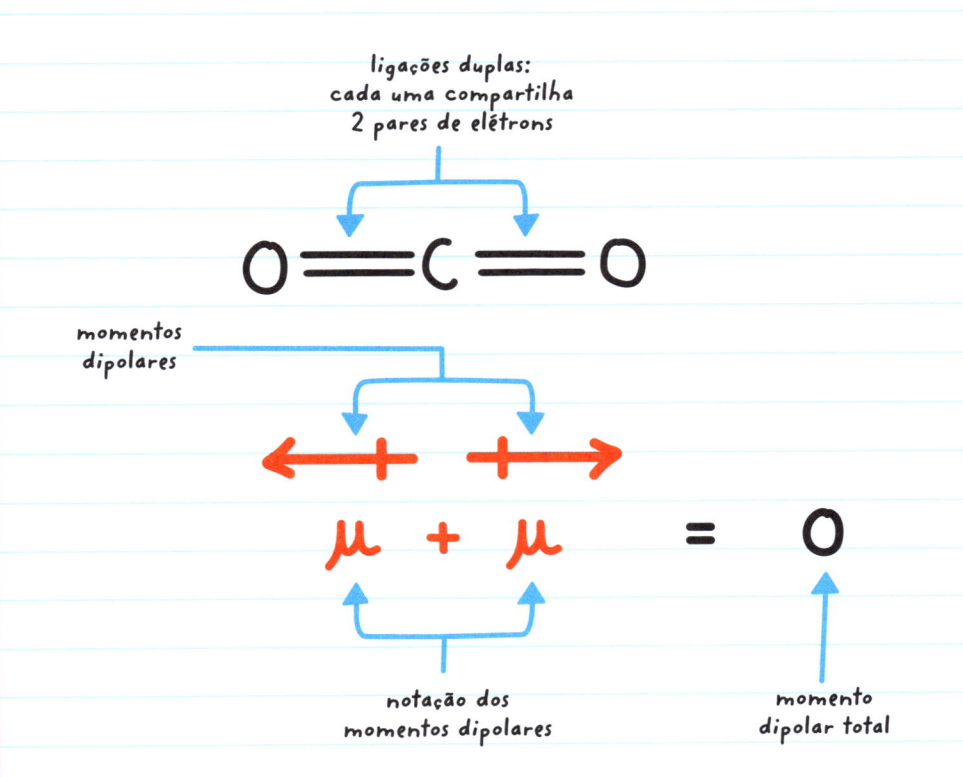

ligações duplas: cada uma compartilha 2 pares de elétrons

$$O = C = O$$

momentos dipolares

$$\mu + \mu = 0$$

notação dos momentos dipolares

momento dipolar total

Como a forma geométrica, que é linear, cancela o momento dipolar, o momento dipolar total da molécula é 0. Trata-se, portanto, de uma molécula apolar.

Comparação das ligações iônicas e covalentes, polares e apolares

	IÔNICA	COVALENTE	
		Polar	Apolar
CONSTITUIÇÃO	Íons (metal + ametal)	(dois ametais com eletronegatividades muito diferentes)	(dois ametais com eletronegatividades semelhantes)
FORMAÇÃO DA LIGAÇÃO	Força eletrostática entre íons	Compartilhamento desigual de elétrons	Compartilhamento igual de elétrons ou simétrico em relação ao átomo central
CARGAS	Cargas iônicas completas	Cargas parciais produzem um momento de dipolo resultante	Momento de dipolo resultante é zero
EXEMPLO	$Na^+ \; :\!\ddot{\underset{..}{Cl}}\!:^-$	H ⟶ Cl	H – H

VERIFIQUE SEUS CONHECIMENTOS

1. O que é geometria molecular e por que ela é importante na Química?

2. Qual a diferença entre o comportamento de pares de elétrons ligantes e não ligantes?

3. De acordo com a VSEPR, quais as cinco formas básicas das moléculas com um átomo central?

4. Desenhe o diagrama de Lewis e o diagrama tridimensional do CH_4.

5. Qual a diferença entre uma ligação polar e uma ligação apolar?

6. Em que circunstâncias uma ligação covalente leva à formação de um dipolo elétrico? Que símbolo é usado para mostrar que um dipolo está presente?

7. De que modo a diferença de eletronegatividade determina a polaridade da ligação?

RESPOSTAS

CONFIRA AS RESPOSTAS

1. Geometria molecular é a estrutura tridimensional dos átomos de uma molécula. Ela ajuda a explicar suas propriedades.

2. Pares de elétrons não ligantes são encontrados mais perto do núcleo e se repelem mais que pares ligantes.

3. As cinco estruturas básicas da VSEPR são linear, trigonal plana, tetraédrica, trigonal piramidal e octaédrica.

4.

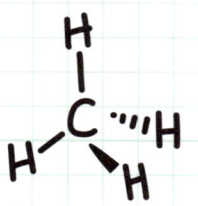

5. Ligações apolares têm um compartilhamento igual de elétrons entre os átomos e ligações polares têm um compartilhamento desigual.

6. Um dipolo elétrico se forma quando as eletronegatividades dos dois átomos que participam da ligação são muito diferentes. Ele é indicado por uma seta que aponta da carga positiva ($\delta+$) para a carga negativa ($\delta-$).

7. Ligações covalentes polares geralmente se formam entre átomos com uma diferença de eletronegatividade entre 0,5 e 1,7. Ligações apolares geralmente se formam entre átomos com uma diferença de eletronegatividade abaixo de 0,5.

Capítulo 16
FORÇAS INTERMOLECULARES

Há dois tipos de força ou atração que descrevem o modo como as moléculas e os átomos interagem.

As **FORÇAS INTRAMOLECULARES** mantêm a unidade da molécula ou do composto. São as LIGAÇÕES QUÍMICAS covalentes, iônicas e metálicas que determinam a maioria das propriedades químicas da substância.

As **FORÇAS INTERMOLECULARES** agem entre as moléculas. Apesar de serem ligeiramente mais fracas que as ligações químicas, influenciam suas propriedades físicas, como o ponto de ebulição e o ponto de fusão.

> **Intra** significa dentro das moléculas e se refere às forças que agem no interior de uma molécula ou entre íons.
>
> **Inter** significa entre as moléculas, como a força que faz com que duas moléculas se atraiam.

Forças intermoleculares, da mais fraca para a mais forte:
- Força de dispersão de London
- Interação dipolo-dipolo
- Ligação de hidrogênio

> As forças intermoleculares também são chamadas de FORÇAS DE VAN DER WAALS, em homenagem ao físico holandês JOHANNES VAN DER WAALS, que as propôs em 1873. Também são conhecidas como LIGAÇÕES INTERMOLECULARES ou INTERAÇÕES INTERMOLECULARES.

Força de dispersão de London

É uma atração muito fraca causada pelo movimento dos elétrons, formando um momento de dipolo instantâneo, também chamado de DIPOLO INDUZIDO, porque o movimento de um elétron provoca um dipolo, que pode atrair outras cargas, induzindo à formação de dipolos em outras moléculas. Por isso, as forças de dispersão de London também são chamadas de ligações dipolo induzido-dipolo induzido, ou simplesmente ligações de London.

- A força de London é temporária, devido ao constante movimento dos elétrons dentro do átomo.
- Está presente tanto nas moléculas polares quanto nas apolares.
- Quanto mais elétrons têm os átomos envolvidos, maior é a força.

A força de London é assim chamada em homenagem ao físico alemão FRITZ LONDON, que a descobriu em 1930.

Interação dipolo-dipolo

A força dipolo-dipolo é a atração entre duas moléculas polares. Elas possuem essa força porque os elétrons são atraídos para a extremidade mais eletronegativa da ligação covalente, o que dá origem a um **MOMENTO DIPOLAR**.

> **MOMENTO DIPOLAR**
> Quando cargas elétricas de mesmo valor absoluto e com sinais opostos estão separadas, formam um dipolo elétrico. O momento dipolar é uma medida dessa separação de cargas.

> A ligação dipolo-dipolo é a atração entre a extremidade positiva de uma molécula polar e a extremidade negativa de outra molécula polar.

O HCl (ácido clorídrico) tem um momento dipolar que é representado assim:

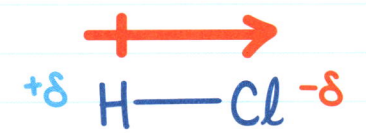

$+\delta$ H—Cl $-\delta$

A forte eletronegatividade do cloro atrai para si os elétrons do hidrogênio na molécula de ácido clorídrico, assim como o oxigênio atrai para si os elétrons dos dois átomos de hidrogênio na água. O momento de dipolo das duas moléculas faz com que a extremidade positiva da água possa ser atraída pela extremidade negativa do ácido clorídrico, assim como a extremidade positiva do ácido clorídrico pode ser atraída pela extremidade negativa da água.

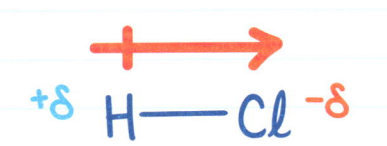

$+\delta$ H—Cl $-\delta$

$H^{\delta+}$ μ $H^{\delta+}$
O $\delta-$

> Apesar de o átomo de oxigênio estar ligado a apenas dois átomos de hidrogênio, a molécula não possui geometria, devido aos elétrons não ligantes, que costumam não ser representados nesse tipo de fórmula.

Quanto maior o momento dipolar, maior é a força atrativa. A força dipolo-dipolo é uma força **ELETROSTÁTICA**, ainda que seja uma interação mais fraca que uma ligação iônica, uma vez que as cargas parciais são mais fracas que uma carga elétrica gerada pela desigualdade da quantidade de prótons e elétrons em um íon.

Ligação de hidrogênio

É a mais forte das interações intermoleculares. Não se trata de uma ligação química; ainda é mais fraca que as ligações iônicas, covalentes e metálicas.

A ligação de hidrogênio é uma força intermolecular que age entre átomos de hidrogênio (H) e átomos de flúor (F), oxigênio (O) ou nitrogênio (N).

Os valores das eletronegatividades desses elementos (que aparecem na tabela de eletronegatividade) são os seguintes:

F = 4,0   O = 3,4   N = 3,0   H = 2,2

Flúor, nitrogênio e oxigênio são muito mais eletronegativos que o hidrogênio. Dessa forma, elétrons em ligações covalentes entre o hidrogênio e esses elementos (H-F, H-N e H-O) são muito mais atraídos por eles do que pelo hidrogênio, o que dá origem a dipolos elétricos muito fortes. Isso acontece entre as moléculas de água, por exemplo, que tem duas ligações H-O.

O mesmo acontece com a amônia (NH_3), que tem ligações H-N. Quando os dipolos de duas moléculas diferentes de amônia se alinham, o átomo de hidrogênio (parcialmente positivo) é atraído pelo par de elétrons não ligantes do nitrogênio (parcialmente negativo) e uma ligação de hidrogênio se forma.

ligação de hidrogênio

A reta vermelha tracejada indica que a ligação de hidrogênio conecta o par de elétrons não ligantes da molécula de nitrogênio da esquerda a um dos átomos de hidrogênio da molécula da direita.

> As ligações de hidrogênio só ocorrem entre um átomo de hidrogênio que está ligado covalentemente a um átomo muito eletronegativo e um outro átomo muito eletronegativo com pelo menos um par de elétrons não ligantes. Os átomos eletronegativos que geralmente formam esse tipo de ligação são flúor, oxigênio ou nitrogênio.

FORÇAS INTERMOLECULARES E ESTADOS FÍSICOS DA MATÉRIA

As forças intermoleculares exercem um papel importante no estado das substâncias moleculares (formadas por moléculas).

Os **SÓLIDOS** têm forças intermoleculares intensas que mantêm as moléculas no mesmo lugar, a não ser por uma vibração em torno da posição de equilíbrio.

Os **LÍQUIDOS** têm forças intermoleculares menos intensas, mas suficientes para manter as partículas próximas, permitindo que mudem de posição, mas com pouca variação em seu volume.

Os **GASES** têm forças intermoleculares pouco intensas, o que permite que as moléculas se desloquem livremente.

Em geral,

Forças menos intensas: pontos de ebulição e de fusão mais baixos

Forças mais intensas: pontos de ebulição e de fusão mais altos

POR EXEMPLO: Coloque as substâncias abaixo na ordem do ponto de fusão, começando pelo maior.

NH₃   Ne   MgO

O óxido de magnésio (MgO) é um composto iônico, porque o magnésio (metal) cede dois de seus elétrons ao oxigênio (ametal) para formar uma ligação iônica.

Existe uma força de atração eletrostática intensa entre os íons de magnésio e oxigênio para formar o óxido de magnésio.

MgO é um composto com um ponto de fusão elevado porque é um composto iônico.

O neônio (Ne) é um gás nobre e só pode apresentar a força de dispersão de London, que é uma das menos intensas. Ela se baseia em dipolos instantâneos, criados pelo movimento dos elétrons.

O neônio é um elemento com um ponto de fusão muito baixo porque a força de interação entre seus átomos é uma das menos intensas. Isso explica por que é um gás à temperatura ambiente.

A amônia é formada por ametais. Então, esses átomos irão compartilhar elétrons entre si, formando ligações covalentes. Para investigar as propriedades da molécula de NH_3, você pode usar a tabela de eletronegatividade.

NH_3: A eletronegatividade do N é 3,0.
A eletronegatividade do H é 2,2.

$3 - 2,2 = 0,8$

Como a diferença é maior que 0,5, a ligação N-H é polar. Por consequência, como as ligações são polares e a geometria assimétrica, a molécula é polar.

Este é o diagrama de Lewis:

Os átomos de nitrogênio têm ligações covalentes com o átomo de nitrogênio, que é muito eletronegativo e tem um par de elétrons livres. Logo, esta estrutura poderá estabelecer ligações de hidrogênio entre suas moléculas.

As moléculas de NH_3 formam <u>ligações de hidrogênio</u>, que têm intensidade maior que as forças de dispersão (como no Ne) e menor que as ligações iônicas (como no MgO).

A ordem é, portanto, $MgO > NH_3 > Ne$.

VERIFIQUE SEUS CONHECIMENTOS

1. Quais são os dois tipos de força que descrevem o modo como os átomos interagem e qual a diferença entre essas forças?

2. Cite três tipos de força intermolecular em ordem crescente de intensidade.

3. Defina uma interação dipolo-dipolo e dê um exemplo de uma molécula que pode fazer essa interação.

4. Uma ligação de hidrogênio pode se formar entre quais átomos?

RESPOSTAS

CONFIRA AS RESPOSTAS

1. As forças *intramoleculares* mantêm a unidade de uma molécula ou um composto e estão associadas a ligações covalentes, iônicas e metálicas. As forças *intermoleculares* são menos intensas, ocorrem entre moléculas e influenciam suas propriedades físicas, como ponto de ebulição e ponto de fusão.

2. Dispersão de London, interações dipolo-dipolo e ligações de hidrogênio.

3. Uma interação dipolo-dipolo é a atração entre a extremidade positiva de uma molécula polar e a extremidade negativa de outra molécula polar. Dois exemplos são HCl e SO_2.

4. As ligações de hidrogênio são forças intermoleculares que ocorrem entre um átomo de hidrogênio que está ligado covalentemente a um átomo muito eletronegativo e um outro átomo muito eletronegativo com pelo menos um par de elétrons não ligantes. Os átomos eletronegativos que geralmente formam esse tipo de ligação são flúor, oxigênio ou nitrogênio.

Unidade 6

Compostos químicos

Capítulo 17
O MOL

Os cientistas usam uma medida do Sistema Internacional de Unidades (SI) chamada **MOL** para representar o número de partículas em uma substância. Imagine só, seria impossível medir cada átomo porque eles são minúsculos.

> **MOL**
> A definição atual de mol, que entrou em vigor no dia 20 de maio de 2019, é a seguinte: "Mol é a unidade do SI da quantidade de uma substância. Um mol contém exatamente $6{,}02214076 \times 10^{23}$ partículas."
> (Ou seja, uma quantidade de partículas igual ao número de Avogadro.)

> **Por que usar um termo pouco específico como "partículas" na definição de mol?**
> Porque, dependendo do contexto, o mol pode ser usado para especificar o número de átomos, íons ou moléculas de uma substância.

Dizer que você tem um mol de alguma coisa (não importa o quê) significa que você tem aproximadamente $6 \cdot 10^{23}$ coisas, ou seja, 602 214 076 000 000 000 000 000!

1 mol de moedas de 10 centavos cobriria a Terra com uma camada de 500 metros de espessura.

Apesar do nome, o **número de Avogadro** não foi descoberto pelo cientista italiano AMEDEO AVOGADRO. Sua contribuição foi a hipótese, proposta em 1811, de que duas amostras de gases diferentes com o mesmo volume e em iguais condições de temperatura e pressão conteriam o mesmo número de moléculas. Foi somente em 1909 que o físico francês JEAN BAPTISTE PERRIN provou, por meio de vários experimentos, que a hipótese de Avogadro estava correta. Perrin deu a esse número o nome de Avogadro para homenagear o cientista italiano por sua contribuição científica. Por muito tempo, o número de Avogadro foi definido como o número de átomos em 12 g de carbono-12. A partir de 2019, ele passou a ser considerado um número fixo, independentemente de atualizações do valor da massa do carbono-12.

MASSA MOLAR E MASSA ATÔMICA

MASSA MOLAR é a massa (em gramas) de 1 mol de unidades de uma substância.

MASSA ATÔMICA é a massa de um átomo expressa em **UNIDADES DE MASSA ATÔMICA**. Ao fazer um cálculo, sempre use o número correto de algarismos significativos, que é o número de algarismos significativos do número menos exato.

> **UNIDADE DE MASSA ATÔMICA (U)**
> Uma unidade de massa atômica (1 u) é exatamente igual a $\frac{1}{12}$ da massa de um átomo de carbono-12, ou seja, $1,660 \cdot 10^{-27}$ kg.

Como você usa essa informação?

Se você conhece a massa atômica (dada na tabela periódica) de um elemento e o número de Avogadro, pode calcular a massa de um átomo do elemento em gramas.

POR EXEMPLO: Qual é a massa de um único átomo de sódio (Na)?

A massa molar do sódio (Na) é 22,99 g/mol, com quatro algarismos significativos.
O número de Avogadro é normalmente expresso como $6,022 \cdot 10^{23}$, ou seja, com quatro algarismos significativos.

$$1 \text{ átomo de Na} \cdot \frac{1 \text{ mol de Na}}{6,022 \cdot 10^{23} \text{ átomos de Na}} \cdot \frac{22,99 \text{ g de Na}}{1 \text{ mol de Na}}$$

$$\frac{22,99 \text{ g}}{6,022 \cdot 10^{23}} = 3,8177 \cdot 10^{-23} \text{ g}$$

Como o expoente está no denominador da fração, ele se torna negativo na resposta.

Arredonde para quatro algarismos significativos: $3,818 \cdot 10^{-23}$ g

A relação da massa molar também pode ser usada como fator de conversão entre mols e o número de átomos em uma substância com estas equações:

$$\frac{1 \text{ mol da substância } Y}{\text{massa molar da substância } Y} \quad \text{ou} \quad \frac{1 \text{ mol de átomos de } Y}{6{,}022 \cdot 10^{23} \text{ átomos de } Y}$$

Calculando a massa molecular

A massa molecular é a soma das massas atômicas dos átomos que fazem parte da molécula e é dada em unidades de massa atômica (u).

Por exemplo: para calcular a massa molecular da água (H_2O), siga os passos a seguir:

> Ao somar as massas, a regra dos números significativos é arredondar para o menor número de casas decimais.

1. Separe cada elemento por número, com base no índice inferior de cada elemento.

H_2O tem dois átomos de hidrogênio (H) e um átomo de oxigênio (O).

2. Obtenha as massas atômicas de cada elemento na tabela periódica.

Massa atômica do H = 1,0078 u
Massa atômica do O = 15,999 u

3. Some as massas de todos os átomos que fazem parte da molécula. Ou seja, multiplique a massa atômica pelo número de átomos respectivos de cada elemento.

$$2 \begin{pmatrix} \text{massa atômica} \\ \text{do H} \end{pmatrix} + 1 \begin{pmatrix} \text{massa atômica} \\ \text{do O} \end{pmatrix} = \text{massa molecular do } H_2O$$

2 (1,01) + 16,00 u

> massa molecular total arredondada para centésimos

2,02 + 16,00 = 18,02 u

POR EXEMPLO: Qual a massa molecular da glicose ($C_6H_{12}O_6$)?

6 (massa atômica do C) + 12 (massa atômica do H) + 6 (massa atômica do O) = massa molecular de $C_6H_{12}O_6$

6 (12,009 u) + 12 (1,0078 u) + 6 (15,999 u) = 180,14 u

A massa molecular de $C_6H_{12}O_6$ é 180,14 u

Calculando o número de mols

VAMOS PRECISAR DE MUITAS CAIXAS...

Você pode calcular o número de mols de uma substância a partir da massa.

Na verdade é impossível desenhar um mol de ovos, mesmo que sejam usadas todas as páginas deste livro.

Uma dúzia de ovos   Um mol de ovos

Existem diferentes estratégias para resolver esse problema:

- Análise dimensional, conforme passo a passo descrito na página 311. A massa molar é aplicada como um fator de conversão.
- Análise das proporções, aplicando regra de três.

Treine as duas alternativas e veja qual estratégia é mais confortável para você. Os dois caminhos devem alcançar o mesmo resultado.

Você pode efetuar o cálculo da proporção pela regra de três:

POR EXEMPLO: Se você tem 15 g de magnésio (Mg) em uma amostra, quantos mols de Mg a amostra contém?

Comece com o que você sabe.
Você precisa converter 15 g em mols.

1. Encontre a massa molar do magnésio na tabela periódica.
1 mol de Mg = 24,305 g

> Verde = números encontrados na tabela periódica
>
> Azul = números oferecidos na questão

2. Escreva o fator de conversão:
$$\frac{1 \text{ mol de Mg}}{24,305 \text{ g}}$$

3. Faça o cálculo cancelando "g de Mg" para que o resultado seja em "mol de Mg":

15 g de Mg • $\frac{1 \text{ mol de Mg}}{24,305 \text{ g de Mg}}$ = 0,62 mol de Mg

O resultado é arredondado para dois números significativos, mesma quantidade do valor inicial do problema.

Calculando as massas

Também é possível calcular a massa de uma amostra a partir do número de mols.

POR EXEMPLO: Quantos gramas de ferro (Fe) existem em 0,850 mol de Fe?

Comece com o que você sabe.
Número dado: 0,850 mol de Fe

Para converter 0,850 mol em gramas, basta usar a relação
1 mol de Fe = 55,845 g (obtida na tabela periódica)

$$0{,}850 \text{ mol de Fe} \cdot \frac{55{,}845 \text{ g}}{1 \text{ mol de Fe}} = 47{,}5 \text{ g de Fe}$$

O resultado é arredondado para três números significativos, mesma quantidade do valor inicial do problema.

Calculando o número de átomos

Às vezes é preciso realizar duas conversões para obter o valor desejado. Isso acontece, por exemplo, quando se calcula o número de átomos a partir da massa da amostra.

POR EXEMPLO: Quantos átomos existem em 6,58 g de carbono?

1 mol de C = 12,009 g

Laranja = Número de Avogadro

Para determinar o número de átomos, converta:

Gramas de C em mols de C, e mols de C em átomos de C

$$6{,}58 \text{ g de C} \cdot \frac{1 \text{ mol de C}}{12{,}009 \text{ g de C}} \cdot \frac{6{,}022 \cdot 10^{23} \text{ átomos}}{1 \text{ mol de C}}$$

$= 3{,}30 \cdot 10^{23}$ átomos de carbono

Calculando átomos de um elemento em uma quantidade de composto

Às vezes, você precisa saber quantos átomos de um elemento estão presentes em uma quantidade de composto. Cada elemento do composto tem um índice inferior.

> A fórmula de um composto mostra APENAS números inteiros, ou seja, 1, 2, 3, 4, 5... Não é comum ter uma fração em uma fórmula química.

O índice inferior indica quantos mols do elemento estão presentes em 1 mol do composto.

1 mol de CO_2 tem 1 mol de átomos de carbono e 2 mols de átomos de oxigênio.

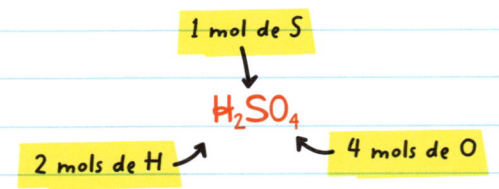

H_2SO_4

1 mol de S
2 mols de H
4 mols de O

Em 1 mol de H_2SO_4 há 2 mols de H, 1 mol de S e 4 mols de O.

Depois de determinar quantos mols de um elemento estão presentes em 1 mol de um composto, é fácil calcular o número de átomos.

POR EXEMPLO: Quantos átomos de nitrogênio (N) estão presentes em 32,68 g de cafeína ($C_8H_{10}N_4O_2$)?

1. A partir das informações, é preciso fazer os seguintes cálculos:

Calcular: 1) a massa molar da cafeína; 2) converter gramas de cafeína em mols de cafeína; 3) calcular quantos mols de nitrogênio existem nessa quantidade de cafeína; 4) calcular quantos átomos de nitrogênio existem na quantidade de mols de nitrogênio calculada.

2. Calcule a massa molar da cafeína usando a tabela periódica:

8 • (massa atômica de C)	8 • 12,009
10 • (massa atômica de H)	10 • 1,0078
4 • (massa atômica de N)	4 • 14,006
+ 2 • (massa atômica de O)	+ 2 • 15,999
	194,172 g/mol de cafeína

3. Determine o número de mols de N em 1 mol de cafeína.

A fórmula da cafeína é $C_8H_{10}N_4O_2$.

O índice inferior indica que existem 4 mols de N em 1 mol de cafeína. Isso significa que existe a seguinte proporção entre mols de nitrogênio e mols de cafeína:
4 mols de N = 1 mol de $C_8H_{10}N_2O_2$.

4. Junte tudo numa equação. As unidades vão se cancelar.

$$32{,}68 \text{ g de } C_8H_{10}N_4O_2 \cdot \frac{1 \text{ mol de } C_8H_{10}N_4O_2}{194{,}172 \text{ g de } C_8H_{10}N_4O_2} \cdot$$

$$\frac{4 \text{ mols de N}}{1 \text{ mol de } C_8H_{10}N_4O_2} \cdot \frac{6{,}022 \cdot 10^{23} \text{ átomos}}{1 \text{ mol de N}}$$

$= 4{,}054 \cdot 10^{23}$ átomos de N em 32,68 g de $C_8H_{10}N_4O_2$

Uso da massa molecular para calcular mols de átomos de um composto a partir da massa

O gás natural é composto principalmente de metano (CH_4). Quantos átomos de carbono existem em 7,52 g de metano?

1. O primeiro passo é calcular a massa molecular de CH_4:

$M(CH_4)$ = 12,009 + 4 • 1,0078 = 16,040 g/mol de CH_4

2. Calcule quantos mols equivalem a 7,52 g de metano.

7,52 g de CH_4 • $\dfrac{1 \text{ mol de } CH_4}{16,040 \text{ g de } CH_4}$ = 0,469 mol de CH_4

3. Use o número de Avogadro para calcular o número de átomos:

0,469 mol de CH_4 • $\dfrac{1 \text{ mol de C}}{1 \text{ mol de } CH_4}$ • $\dfrac{6,022 \cdot 10^{23} \text{ átomos de C}}{1 \text{ mol de C}}$ =

2,82 • 10^{23} átomos de C

VERIFIQUE SEUS CONHECIMENTOS

1. Quantos átomos existem em 1 mol de qualquer elemento?

2. Qual a diferença entre massa molar e massa atômica?

3. Quantos átomos existem em 4,65 mols de cromo (Cr)?

4. Quantos átomos existem em 0,781 g de glicose ($C_6H_{12}O_6$)?

5. Calcule a massa molecular de Mg_3N_2.

6. Quantos mols de etano (C_2H_6) existem em 56,2 g de etano?

RESPOSTAS 243

CONFIRA AS RESPOSTAS

1. Existem 6,022 · 10^{23} átomos, valor equivalente ao número de Avogadro.

2. A massa molar é a massa (em gramas) de 1 mol de uma substância. A massa atômica é a massa de um átomo expressa em unidades de massa atômica.

3. 4,65 mols · 6,022 · $\dfrac{10^{23} \text{ átomos}}{1 \text{ mol}}$ = 2,80 · 10^{24} átomos

4. $\dfrac{0{,}781 \text{ g}}{180{,}18 \text{ g/mol}}$ · 6,022 · $\dfrac{10^{23} \text{ átomos}}{1 \text{ mol}}$ = 2,61 · 10^{21} átomos

5. 3 (24,31 g) + 2 (14,01 g) = 100,95 g/mol

6. $\dfrac{56{,}2 \text{ g}}{30{,}08 \text{ g/mol}}$ = 1,87 mol

Capítulo 18
COMPOSIÇÃO DOS COMPOSTOS

COMPOSIÇÃO EM MASSA

Para determinar a quantidade relativa de todos os elementos presentes nele, os cientistas usam a **COMPOSIÇÃO PERCENTUAL EM MASSA**.

> Para calcular a porcentagem de ovos caipiras, divida o número de ovos caipiras (4) pelo número total de ovos (12) e multiplique por 100.
>
> 4 ÷ 12 = 0,33 • 100 = 33
>
> 33% dos ovos são ovos caipiras.

A fórmula para calcular a porcentagem em massa de cada elemento de um composto é a seguinte:

$$\% \text{ do elemento} = n \cdot \frac{\text{massa atômica do elemento}}{\text{massa molecular do composto}} \cdot 100\%$$

em que n é quantidade, em mols, de átomos do elemento na fórmula.

POR EXEMPLO: O nitrato de amônio (NH_4NO_3) é usado como fertilizante para adicionar nitrogênio ao solo. Calcule a composição percentual em massa de N, H e O no composto.

1. Determine o número de átomos de cada elemento no composto a partir dos índices inferiores:

   N = 2   H = 4   O = 3

2. Calcule a massa molecular do NH_4NO_3 usando informações da tabela periódica:

   $4 \cdot 1{,}008 + 3 \cdot 15{,}999 + 2 \cdot 14{,}006 = 4{,}032 + 47{,}997 + 28{,}012 = 80{,}041$ u, a massa molecular do NH_4NO_3

3. Calcule a porcentagem de cada elemento no composto:

   % de H = $\dfrac{4\,(1{,}008\text{ u})}{80{,}041\text{ u}} \cdot 100\% = 5{,}037\%$ de H

   (número de átomos de H no composto / massa molar do composto)

   % de O = $\dfrac{3\,(15{,}999\text{ u})}{80{,}041\text{ u}} \cdot 100\% = 59{,}966\%$ de O

   % de N = $\dfrac{2\,(14{,}006\text{ u})}{80{,}041\text{ u}} \cdot 100\% = 34{,}997\%$ de N

Esses resultados podem ser representados na fórmula **PERCENTUAL** de um composto. No caso do nitrato de amônio, a representação seria: $H_{5{,}037\%}N_{34{,}997\%}O_{59{,}966\%}$

> **Dica:** Para verificar se os cálculos estão corretos, some as porcentagens de todos os elementos; o total deve ser aproximadamente 100%.

Determinando a porcentagem de um único elemento em um composto

Às vezes, os cientistas precisam conhecer a porcentagem de apenas um elemento no composto.

POR EXEMPLO: Determine a porcentagem de oxigênio na água (H_2O).

1. Calcule a massa molecular do H_2O usando informações da tabela periódica:

O = 15,999 u, H = 1,008 u, H_2O = 18,015 u

2. Calcule a porcentagem do elemento desejado:

$$\% \, O = \frac{\text{massa atômica de O}}{\text{massa molecular de } H_2O} \cdot 100\%$$

$$\frac{15,999 \, u}{18,015 \, u} \cdot 100\% = 88,809\%.$$

A porcentagem de oxigênio na água é 88,809%.

POR EXEMPLO: A fórmula da ferrugem é Fe_2O_3. Quantos gramas de ferro (Fe) existem em 22,8 g de ferrugem?

1. Calcule a porcentagem de ferro (Fe) na ferrugem usando valores de massa atômica que aparecem na tabela periódica:

$$\% \text{ Fe} = \frac{\text{massa atômica de Fe}}{\text{massa molecular de } Fe_2O_3} \cdot 100\%$$

$$\frac{2(55,85 \text{ u Fe})}{159,697 \text{ u } Fe_2O_3} \cdot 100\% = 69,94\%$$

2. Calcule a massa de Fe na amostra com 22,8 g de ferrugem:

Multiplique a massa de ferrugem por 69,94%:

22,8 g • 0,6994 = 15,9 g de Fe em Fe_2O_3

> Não se esqueça de arredondar o resultado para 3 algarismos significativos para respeitar o valor de massa fornecido no enunciado.

O mesmo raciocínio pode ser utilizado para a massa molar:

$$\% \text{ do elemento} = n \cdot \frac{\text{massa molar do elemento}}{\text{massa molar do composto}} \cdot 100\%$$

Como é uma porcentagem, o resultado será o mesmo, pois os valores são iguais e as unidades se anulam.

Mas nunca misture as unidades! Ou você usa massa atômica e massa molecular OU massas molares.

COMO OBTER A FÓRMULA EMPÍRICA

A **FÓRMULA EMPÍRICA** mostra as proporções dos elementos em um composto.

Ela é muito importante para um cientista, pois várias técnicas experimentais informam o teor dos elementos em uma amostra. Pelo cálculo da fórmula empírica, o cientista tem mais pistas para identificar a composição e a estrutura de substâncias desconhecidas.

A fórmula empírica é, algumas vezes, igual à fórmula molecular. Ela pode ser calculada a partir da composição percentual em massa do composto.

POR EXEMPLO: CH_2 é a fórmula empírica do etileno, que tem fórmula molecular C_2H_4. CH_2 é uma proporção equivalente a C_2H_4. A razão dos índices inferiores 2:4 é simplificada para 1:2.

POR EXEMPLO: Qual a fórmula empírica de um composto com as seguintes composições percentuais?

18,4% C, 21,5% N, 60,1% K

1. Suponha que você tem uma amostra de 100 g do composto.

Isso significa que existem 18,4 g de C, 21,5 g de N e 60,1 g de K nessa quantidade de composto.

2. Converta as massas dos elementos para mols usando as massas molares.

$$\frac{18,4 \text{ g}}{12,01 \text{ g/mol}} = 1,53 \text{ mol de C}$$ ← massa molar obtida na tabela periódica

$$\frac{21,5 \text{ g}}{14,01 \text{ g/mol}} = 1,53 \text{ mol de N}$$

$$\frac{60,1 \text{ g}}{39,1 \text{ g/mol}} = 1,54 \text{ mol de K}$$

3. Divida todos os valores encontrados pelo menor valor, no caso, 1,53.

Arredonde para o valor inteiro mais próximo.

$$\frac{1,53}{1,53} = 1$$

$$\frac{1,53}{1,53} = 1$$

$$\frac{1,54}{1,53} = 1,01 \text{, que é arredondado para 1}$$

4. Escreva a fórmula empírica usando números inteiros.

A fórmula empírica final é $K_1C_1N_1$ = KCN.

VERIFIQUE SEUS CONHECIMENTOS

1. O que é a composição percentual em massa de um composto e por que ela é importante?

2. Qual o processo usado para calcular a composição percentual?

3. O que é a fórmula empírica?

4. Que massa de oxigênio está presente em 5,6 g de adrenalina ($C_9H_{13}NO_3$)?

CONFIRA AS RESPOSTAS

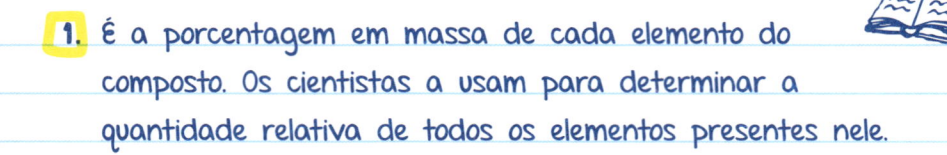

1. É a porcentagem em massa de cada elemento do composto. Os cientistas a usam para determinar a quantidade relativa de todos os elementos presentes nele.

2. % do elemento = $n \cdot \dfrac{\text{massa atômica do elemento}}{\text{massa molecular do composto}} \cdot 100\%$

3. A fórmula empírica fornece a proporção de átomos mais simples em números inteiros para um composto.

4. 3 (15,999) / [9 (12,01) + 13 (1,008) + 14,01 + 3 (15,999)] · 100% = 26,20%

0,2620 · 5,6 g = 1,5 g de oxigênio.

Capítulo 19
PROPRIEDADES DOS ÁCIDOS E DAS BASES

ÁCIDO OU BASE?

O químico suíço SVANTE ARRHENIUS foi o primeiro a definir os **ÁCIDOS** e as **BASES**. Ao examinar as propriedades dos compostos iônicos em solução aquosa, propôs as seguintes definições:

Ácidos são substâncias que, ao se solubilizarem na água, produzem íons hidrogênio (H^+).

Bases são substâncias que, ao se dissociarem na água, produzem íons hidróxido (OH^-).

Svante Arrhenius (1859-1927) ganhou o prêmio Nobel de Química em 1903.

> Os ácidos de Arrhenius são moléculas, ou seja, compostos formados por ligações covalentes. Produzem o íon H⁺ através de uma reação de **IONIZAÇÃO**.
>
> As bases de Arrhenius são compostos iônicos. Liberam íons quando são solubilizados, em um processo chamado **DISSOCIAÇÃO IÔNICA**.

ÁCIDOS E BASES DE BRONSTED-LOWRY

A definição de Arrhenius só explicava ácidos e bases que continham H⁺ e OH⁻. Essa teoria era limitada porque não incluía outros compostos que podem formar íons quando estão em uma solução aquosa. Um exemplo é a amônia (NH_3), uma base que sofre ionização e libera OH⁻ em solução aquosa.

O químico dinamarquês JOHANNES BRONSTED e o físico inglês THOMAS MARTIN LOWRY tornaram mais ampla a definição de Arrhenius.

Eles criaram a TEORIA DE BRONSTED-LOWRY, que definiu ácidos e bases pela sua capacidade de aceitar ou doar prótons.

> O íon **hidrogênio (H^+)** também pode ser chamado de próton, porque o isótopo mais abundante de hidrogênio consiste em apenas um próton e um elétron; o íon H^+ perdeu seu elétron e a única partícula que sobrou foi o próton.

> Um ácido de Bronsted-Lowry é um doador de prótons: doa um íon H^+ para uma base de Bronsted-Lowry.

> Uma base de Bronsted-Lowry é uma receptora de prótons: recebe um íon H^+ de um ácido de Bronsted-Lowry.

$$HCl_{(aq)} + NH_{3(aq)} \rightarrow NH_4^+{}_{(aq)} + Cl^-{}_{(aq)}$$

Significa que a substância está dissolvida em água. Também podemos usar (l) para líquido, (s) para sólido e (g) para gasoso.

Nessa reação, como o HCl doa um íon H^+ para a amônia (NH_3), ele é um ácido. NH_3 é uma base porque recebe o íon H^+ do ácido para se tornar o íon NH_4^+ (amônio).

De acordo com as novas definições, a água pode ser considerada uma base, já que recebe um íon H^+ do ácido clorídrico na reação $HCl_{(aq)} + H_2O_{(l)} \rightarrow H_3O^+{}_{(aq)} + Cl^-{}_{(aq)}$.

hidrônio ou hidroxônio

Entretanto, a água também pode ser considerada um ácido, já que cede um íon H⁺ à amônia na reação
$NH_{3(aq)} + H_2O_{(l)} \rightarrow NH_4^+{}_{(aq)} + OH^-{}_{(aq)}$.

> Para se lembrar dos papéis dos ácidos e das bases de Bronsted-Lowry, use o acrônimo a seguir:
> **B R A D**
> **B**ases **R**ecebem; **Á**cidos **D**oam

PROPRIEDADES DOS ÁCIDOS E DAS BASES

Todos os ácidos e bases solúveis conduzem eletricidade em solução aquosa. Eis os meios de diferenciar um ácido de uma base:

Propriedades dos ácidos

- Têm sabor azedo (jamais prove um produto químico no laboratório!)

> Tira de papel impregnada com um corante (um indicador de pH) que muda de cor de acordo com a solução em que é mergulhada.

- Mudam a cor do papel tornassol azul para vermelho

- Reagem com alguns metais para produzir gás hidrogênio (H_2)

- Reagem com carbonatos e bicarbonatos para produzir dióxido de carbono (CO_2).
  Ácido + carbonato → sal + água + dióxido de carbono
  Ácido + bicarbonato → sal + água + dióxido de carbono

Propriedades das bases
- 🟩 Têm sabor amargo

- 🟩 Mudam a cor do papel tornassol vermelho para azul

- 🟩 Tornam a pele escorregadia ← *Não deixe que produtos químicos de laboratório entrem em contato com a sua pele!*

REAÇÕES DE NEUTRALIZAÇÃO

Quando ácidos e bases reagem, formam sais e água. Um sal é a combinação de um cátion (+) proveniente do ácido com um ânion (−) proveniente da base. Quando os dois se ligam, as cargas se anulam.

> **REAÇÕES DE NEUTRALIZAÇÃO**
> Um ácido e uma base se combinam para formar um sal e água.

Um sal é um composto iônico que possui pelo menos um cátion diferente do íon H^+ e pelo menos um ânion diferente de OH^-.

Por exemplo: na reação

$$KOH_{(aq)} + HCl_{(aq)} \rightarrow KCl_{(aq)} + H_2O_{(l)}$$

KCl é o sal formado.

Em solução, ocorre dissociação da base e ionização do ácido:

$K^+_{(aq)} + OH^-_{(aq)} + H^+_{(aq)} + Cl^-_{(aq)} \rightarrow K^+_{(aq)} + Cl^-_{(aq)} + H_2O_{(l)}$

K e Cl são íons espectadores e podem ser cancelados, sobrando apenas água. Como essa reação ocorre em meio aquoso, eles estão livres em solução tanto antes como depois da neutralização.

> O estômago contém um ácido muito forte que ajuda a decompor a comida, o HCl (ácido clorídrico). Se você sofre de indigestão (dor de estômago), pode tomar um antiácido, porque esse medicamento é feito de hidróxido de magnésio, uma base capaz de neutralizar a acidez excessiva do estômago.

Óxidos

Óxidos são substâncias binárias, ou seja, formadas por dois elementos, sendo um deles o oxigênio. Os óxidos podem ser:

- **Iônicos**, quando o outro elemento é um metal. Exemplos: óxido de sódio (Na_2O), óxido de magnésio (MgO).

- **Moleculares**, quando o outro elemento é um ametal. Exemplos: óxido nitroso (N_2O), monóxido de carbono (CO), dióxido de enxofre (SO_2).

Os óxidos também podem ser classificados como:

- **Ácidos (oxiácidos)**, quando conseguem reagir com bases, produzindo sal e água. Um exemplo é o dióxido de carbono (CO_2):
$CO_{2(g)}$ (óxido) + $2NaOH_{(aq)}$ (base) → $Na_2CO_{3(aq)}$ (sal) + $H_2O_{(l)}$ (água)
Essa é uma reação global, que resume uma sequência de reações químicas, omitindo os produtos intermediários. Se a desmembrarmos, a primeira parte é a reação do dióxido de carbono com a água, produzindo ácido carbônico:

$CO_{2(g)} + H_2O_{(l)} \rightarrow H_2CO_{3(aq)}$
$H_2CO_{3(aq)} + 2NaOH_{(aq)} \rightarrow Na_2CO_{3(aq)} + 2H_2O_{(l)}$

- **Básicos**, quando conseguem reagir com ácidos, produzindo sal e água.
A cal, ou óxido de cálcio (CaO), é frequentemente empregada para suavizar a acidez de solos.

$CaO_{(s)} + H_2O_{(l)} \rightarrow Ca(OH)_{2(s)}$
$Ca(OH)_{2(s)} + 2HCl_{(aq)} \rightarrow CaCl_{2(aq)} + 2H_2O_{(l)}$

Reação global:
$CaO_{(s)}$ (óxido) + $2HCl_{(aq)}$ (ácido) → $CaCl_{2(aq)}$ (sal) + $H_2O_{(l)}$ (água)

- **Neutros**, quando não aparentam nenhuma reatividade com ácido ou base.
Exemplos: monóxido de carbono (CO) e monóxido de dinitrogênio (N_2O).

- **Anfóteros**, quando conseguem reagir tanto com ácido quanto com base.

Um exemplo é o óxido de zinco (ZnO):

$ZnO_{(s)}$ (óxido) + $H_2SO_{4(aq)}$ (ácido) → $ZnSO_{4(aq)}$ (sal) + $H_2O_{(l)}$ (água)

$ZnO_{(s)}$ (óxido) + $2NaOH_{(aq)}$ (base) → $Na_2ZnO_{2(aq)}$ (sal) + $H_2O_{(l)}$ (água)

VERIFIQUE SEUS CONHECIMENTOS

1. O que são os ácidos de Bronsted-Lowry?

2. O que são as bases de Bronsted-Lowry?

3. Em que circunstâncias acontece uma neutralização?

4. Como é possível distinguir um ácido de uma base com um papel tornassol?

5. Que propriedade os ácidos e as bases têm em comum?

6. O que é um sal?

7. Qual a diferença entre as definições de Bronsted e Lowry de ácidos e bases e a definição de Arrhenius?

RESPOSTAS

CONFIRA AS RESPOSTAS

1. Os ácidos são substâncias que se ionizam na água e tendem a doar prótons.

2. As bases são substâncias que se dissociam na água e tendem a aceitar prótons.

3. Quando um ácido e uma base reagem para produzir sal e água.

4. Um ácido faz um papel tornassol azul ficar vermelho e uma base faz um papel tornassol vermelho ficar azul.

5. Eles conduzem eletricidade em uma solução aquosa.

6. É o resultado da reação de um ácido com uma base.

7. Bronsted e Lowry definiram ácidos e bases pela capacidade de doar e receber prótons, enquanto Arrhenius os definiu como substâncias que liberam, respectivamente, íons hidrogênio e hidróxido em solução aquosa.

Capítulo 20
ESCALA E CÁLCULOS DE pH

A concentração de íons hidrogênio e íons hidróxido liberados em uma solução aquosa por um ácido ou uma base indica a força da solução. As concentrações costumam ser tão pequenas que é difícil expressá-las.

A ESCALA DO pH

Em 1909, o bioquímico dinamarquês SØREN SØRENSEN inventou um novo meio de representar a concentração de ácidos ou bases nas soluções: o **pH**. Na Química, o "p" é colocado como um operador matemático, que significa "negativo do logaritmo base 10". A escala do pH foi criada para expressar de forma clara o grau de **ACIDEZ** ou **ALCALINIDADE** (basicidade) de uma solução.

A escala de pH vai de 0 a 14. Uma solução com pH = 7 é considerada neutra, ou seja, não é ácida nem básica.

Substâncias comuns e seus valores de pH

	pH	EXEMPLO
cada vez mais ácido ↑	0	ácido de bateria
	1	ácido gástrico
	2	suco de limão, vinagre
Os ácidos têm pH < 7	3	refrigerante
	4	suco de tomate
	5	banana
	6	leite
neutro	7	água pura
	8	ovo
	9	bicarbonato de sódio
As bases têm pH > 7	10	leite de magnésia
	11	solução de amônia
	12	água com sabão
↓	13	alvejante
cada vez mais alcalino	14	soda cáustica

Um pH 7 é neutro.

O pH é uma medida da acidez ou concentração de íons hidrogênio (H^+) em uma solução (em mols por litro).

CONCENTRAÇÃO é a quantidade de soluto que está dissolvida no solvente. $[H^+]$ é a MOLARIDADE de íons H^+, ou seja, a quantidade de mols de íons H^+ por litro de solução. Eis a equação que define o pH:

$$pH = -\log[H^+]$$

Entre colchetes fica a molaridade.

em que $[H^+]$ é a concentração de íons hidrogênio em mols/litro.

A equação pode ser lida da seguinte forma: "O pH é igual ao negativo do logaritmo base 10 da concentração de íons hidrogênio."

O que é logaritmo?

É uma operação matemática que indica quantas vezes a base deve ser multiplicada por si mesma para que se obtenha o número que vem depois do símbolo log. Quando a base (um índice inferior do símbolo log) não é indicada, é porque se trata da base 10.

POR EXEMPLO: Quantos números "2" devo multiplicar para obter 8? $2 \cdot 2 \cdot 2$ ou $2^3 = 8$. Isso seria escrito como $\log_2(8) = 3$. Lemos isso como "log base 2 de 8 é 3".

base

Os químicos usam logaritmos para o pH porque a concentração de íons de hidrogênio em uma solução pode ser um trilhão (1 000 000 000 000) de vezes maior que em outra solução.

GRAU DE IONIZAÇÃO

O grau de ionização é uma medida da porcentagem de moléculas de ácido que sofrem ionização.

$$\alpha = \frac{\text{número de moléculas ionizadas}}{\text{número de moléculas total}}$$

Um ácido é considerado:
- Ácido forte: $\alpha \geq 50\%$
- Ácido moderado: $5\% \leq \alpha \leq 50\%$
- Ácido fraco: $\alpha < 5\%$

CÁLCULO DO pH E DO pOH DE ÁCIDOS E BASES FORTES

Os cientistas às vezes precisam calcular o pH de uma solução baseados em um experimento que estão fazendo. Para isso, têm que descobrir a molaridade, ou seja, a concentração em mols/litro.

É possível também calcular o negativo do logaritmo base 10 da concentração de íons OH⁻, conhecido como pOH:

$$pOH = -\log[OH^-]$$

Se você conhece o pOH, use a seguinte equação para calcular a concentração de íons OH⁻ em mols/litro:

$$[OH^-] = 10^{-pOH}$$

Se você conhece o pH, use a equação abaixo para calcular a concentração de íons H⁺ em mols/litro:

$$[H^+] = 10^{-pH}$$

A 25°C, a relação entre o pH e o pOH é a seguinte:

pH + pOH = 14,00

Como a soma de pH e pOH varia com a temperatura, 25°C costuma ser usado como temperatura-padrão para a maioria das questões.

> Se você começar com pH = $-\log[H^+]$, multiplique ambos os membros da equação por -1 para obter $-pH = \log[H^+]$. Em seguida, aplique a base 10 nos dois membros da equação e a nova equação será $10^{-pH} = [H^+]$.

POR EXEMPLO: A concentração de uma solução de ácido nítrico (HNO_3) é $2,1 \cdot 10^{-4}$ mols/L. Qual é o pH da solução?

pH = -log [H^+]
pH = -log [$2,1 \cdot 10^{-4}$] = 3,7

O pH da solução é 3,7. Esta solução é ácida.

> O HNO_3 é um ácido forte, o que significa que ele se ioniza totalmente em solução aquosa. Por isso, a concentração de íons de H^+ é considerada igual à concentração inicial de HNO_3. A molaridade da solução é equivalente à de íons H^+.

Calcule o pH da solução de uma base forte.

Se você usa 0,50 g de hidróxido de potássio (KOH) para fazer uma solução aquosa com um volume de 2,5 L, qual será o pH da solução?

1. Escreva a equação de dissociação para determinar a relação entre o reagente e a molaridade do íon OH^-.

$KOH_{(s)} \rightarrow K^+_{(aq)} + OH^-_{(aq)}$

Nesse caso, 1 mol de KOH produz 1 mol de OH^-.

2. Determine a concentração de íons hidróxido [OH^-].

0,50 g de KOH é uma informação da questão.

Converta a massa de KOH para o número de mols de KOH.

Divida o número de mols de KOH pelo volume da solução para obter a molaridade.

$$\frac{0{,}50 \text{ g}}{56{,}11 \text{ g/mol}} = 0{,}0089 \text{ mol de KOH}$$

$$\frac{0{,}0089}{2{,}5} = 0{,}0036 \text{ mol/L}$$

3. Calcule o pOH.
pOH = -log(0,0036) = 2,44

4. Calcule o pH.
pH = 14,00 − 2,44 = 11,56

A concentração de uma solução de hidróxido de sódio (NaOH) é $4{,}56 \cdot 10^{-4}$ mols/L. Calcule o pH da solução.

Como NaOH é uma base, a molaridade fornecida é [OH⁻].

1. Determine o pOH.
pOH = -log [OH⁻] = -log [$4{,}56 \cdot 10^{-4}$] = 3,341

2. Calcule o pH.
pH = 14,00 − pOH = 14,00 − 3,34 = 10,66

VERIFICAÇÃO: O pH é maior que 7? Deve ser, porque NaOH é uma base.

CÁLCULO DO pH E DO pOH DE ÁCIDOS E BASES FRACOS

Para calcular o pH de um ácido moderado ou fraco, deve-se conhecer a concentração de moléculas ionizadas, para então saber a concentração de íons H+ em solução.

A força de uma base é determinada pela solubilidade dela em água. A partir do cálculo da solubilidade, pode-se calcular o pOH final da solução.

POR EXEMPLO: Qual o pH de uma mistura formada por 1 litro de água e 0,1 grama de $Mg(OH)_2$, sabendo que a solubilidade dessa base é 0,9 mg/100 mL de H_2O?

O $Mg(OH)_2$ é considerado uma base fraca, pois é pouquíssimo solúvel. Como a quantidade de sal adicionada é maior que a solubilidade, o sólido não solubilizado será um CORPO DE FUNDO e não contribuirá para o pH da solução.

1. Escreva a equação de dissociação para determinar a relação entre o reagente e a molaridade do íon OH^-.

    $Mg(OH)_{2(s)} \rightarrow Mg^{2+}_{(aq)} + 2OH^-_{(aq)}$

    Nesse caso, 1 mol de $Mg(OH)_2$ produz 2 mols de OH^-.

2. Calcule a massa de $Mg(OH)_2$ que é solubilizada e a converta no número de mols de $Mg(OH)_2$.

Para cada 100 mL de água, 0,9 mg de $Mg(OH)_2$ são solubilizados. Logo, 9,0 mg serão solubilizados em 1 L de água. A massa molar do $Mg(OH)_{2(s)}$ é 58,32 g/mol.

$$\frac{0,009 \text{ g de } Mg(OH)_2}{58,32 \text{ g/mol}} = 0,000154 \text{ mol de } Mg(OH)_2$$

3. Determine a concentração de hidróxido obtida a partir da solubilização da base fraca.

$$1 \text{ mol de } Mg(OH)_2 \longrightarrow 2 \text{ mols de } OH^-$$
$$0,000154 \text{ mol de } Mg(OH)_2 \longrightarrow x$$

$x = 0,000308$ mol de OH^-

4. Calcule o pOH.
pOH = $-\log[0,000308] = 3,51$

5. Calcule o pH.
pH = $14 - 3,51 = 10,49$

A chuva em geral é levemente ácida, com um pH de 5,6. Isso acontece porque o dióxido de carbono reage com a umidade do ar para formar um ácido fraco chamado ácido carbônico:

$CO_2 + H_2O \rightleftharpoons H_2CO_3$

> Usamos este tipo de seta quando a reação é reversível. Veja mais informações no Capítulo 34, sobre equilíbrio químico!

Além disso, o dióxido de enxofre se combina com o oxigênio da atmosfera para criar trióxido de enxofre:

$$2\ SO_2 + O_2 \rightleftharpoons 2\ SO_3,$$

que se combina com a umidade do ar para formar ácido sulfúrico:

$$SO_3 + H_2O \rightleftharpoons H_2SO_4$$

O ácido sulfúrico, por sua vez, se dissocia nas gotas de chuva, com a seguinte reação:

$$H_2SO_4 \rightarrow 2H^+ + SO_4^{2-}$$

Assim ocorre a chuva ácida. Com um pH de 4,2 a 4,4, ela pode afetar a saúde de plantas e animais e danificar estátuas e edifícios.

O pH em nossa vida

Alguns legumes, como o rabanete, a batata-doce e o mirtilo, preferem solos ácidos, com um pH entre 4,0 e 5,5.

Cada tipo de alimento deve ter certo pH para poder ser comercializado; há um controle permanente. O pH é determinado pelo sabor que é desejado. Basta uma pequena mudança de pH para que a comida passe a ficar mais amarga ou azeda.

VERIFIQUE SEUS CONHECIMENTOS

1. O que é o pH?

2. O que o valor do pH nos diz a respeito da acidez ou alcalinidade (basicidade) de uma solução?

3. O que é pOH e qual a sua relação com o pH?

4. Calcule o pOH e o pH de uma solução de NaOH com uma molaridade de 0,076 mol/L.

5. O que se pode concluir do fato de que o pH da solução de NaOH da questão anterior é 12,88?

6. Calcule a concentração de H^+ em uma solução cujo pH é 5,0.

7. Calcule a massa de KOH necessária para preparar 768 mL de uma solução com um pH de 11,0.

RESPOSTAS 273

CONFIRA AS RESPOSTAS

1. Uma medida da acidez em uma solução, isto é, a concentração de íons hidrogênio (H^+).

2. Os ácidos têm um pH < 7 e as bases têm um pH > 7. Uma solução com um pH = 7 é neutra, nem ácida nem básica.

3. O pOH é o log negativo da concentração de íons OH^-. A 25°C, pH + pOH = 14,00.

4. pOH = $-\log [OH^-]$ = $-\log [0,076]$ = 1,12

pH = 14,00 − 1,12 = 12,88

5. Como o pH é maior que 7, pode-se concluir que o hidróxido de sódio é uma base.

6. $[H^+]$ = 10^{-pH} = $10^{-5,0}$ = 0,000010 mol/L (confira os zeros)

7. pOH = 14,0 − pH = 3,0

$[OH^-]$ = 10^{-pOH} = $10^{-3,0}$ mols/L

$10^{-3,0}$ mols/L • 0,768 L = 7,68 • 10^{-4} mol

7,68 • 10^{-4} mols • 56,1 g/mol = 0,043 g

Capítulo 21
OS NOMES DAS SUBSTÂNCIAS

As substâncias químicas recebem nomes de acordo com uma **NOMENCLATURA** criada pelos cientistas.

> **NOMENCLATURA**
> Conjunto de regras para atribuir nomes a compostos químicos.

NOMES DOS COMPOSTOS IÔNICOS

Compostos iônicos são substâncias formadas pelo cátion (+) de um metal e o ânion (-) de um ametal.

Os **ÍONS MONOATÔMICOS** recebem o mesmo nome que o elemento correspondente, podendo sofrer algumas adaptações.

> **ÍON MONOATÔMICO**
> Íon com apenas um elemento químico.

Regras para o nome de íons monoatômicos:

Cátions: Use o nome do elemento precedido da palavra "íon" ou "cátion".

ELEMENTO	NOME DO CÁTION	SÍMBOLO DO ÍON
Sódio (Na)	Íon sódio	Na^+
Potássio (K)	Íon potássio	K^+
Cálcio (Ca)	Íon cálcio	Ca^{2+}
Alumínio (Al)	Íon alumínio	Al^{3+}

Ânions: Troque a terminação do nome do elemento para *eto*, mas com a palavra "íon" ou "ânion" antes. (Existem algumas exceções, como o íon do enxofre, chamado de sulfeto, pois vem do latim *sulfur*.)

ELEMENTO	NOME DO ÂNION	SÍMBOLO DO ÍON
Cloro (Cl)	Íon cloreto	Cl^-
Flúor (F)	Íon fluoreto	F^-
Enxofre (S)	Íon sulfeto	S^{2-}
Fósforo (P)	Íon fosfeto	P^{3-}

Quando um elemento pode ter mais de um íon positivo, com cargas diferentes, a carga pode ser escrita

Os símbolos dos íons sempre são escritos com a carga sobrescrita.

depois do nome com algarismos romanos (I, II, III...) entre parênteses.

Os algarismos romanos indicam a carga do íon.

ELEMENTO	SÍMBOLO DO ÍON	NOME DO ÍON
Cobre (Cu)	Cu^+	Íon cobre (I)
	Cu^{2+}	Íon cobre (II)
Ferro (Fe)	Fe^{2+}	Íon ferro (II)
	Fe^{3+}	Íon ferro (III)
Cobalto (Co)	Co^{2+}	Íon cobalto (II)
	Co^{3+}	Íon cobalto (III)
Chumbo (Pb)	Pb^{2+}	Íon chumbo (II)
	Pb^{4+}	Íon chumbo (IV)
Estanho (Sn)	Sn^{2+}	Íon estanho (II)
	Sn^{4+}	Íon estanho (IV)

Dependendo da quantidade de dois íons positivos, os elementos podem ser escritos com terminações diferentes, que indicam o grau de oxidação do íon. (Dizemos que ocorre oxidação quando há perda de elétrons.) Quanto maior o grau de oxidação, maior o número de cargas positivas.

Terminações que indicam o grau de oxidação:

oso = grau de oxidação menor, ico = grau de oxidação maior

ELEMENTO	SÍMBOLO DO ÍON	NOME DO ÍON	NOME ALTERNATIVO
Cobre (Cu)	Cu^+	Íon cobre (I)	Íon cuproso
Cobre (Cu)	Cu^{2+}	Íon cobre (II)	Íon cúprico
Ferro (Fe)	Fe^{2+}	Íon ferro (II)	Íon ferroso
Ferro (Fe)	Fe^{3+}	Íon ferro (III)	Íon férrico
Estanho (Sn)	Sn^{2+}	Íon estanho (II)	Íon estanoso
Estanho (Sn)	Sn^{4+}	Íon estanho (IV)	Íon estânico

COMPOSTOS BINÁRIOS são criados quando há ligação entre dois elementos.

bi = dois

Quando um cátion de um metal se liga ao ânion monoatômico de um ametal para formar um composto iônico, o nome do composto é obtido da seguinte forma:

- comece com o nome do ametal com a terminação "eto" e acrescente a preposição "de".
- termine com o nome do metal.
- se o ametal for o oxigênio, use o nome "óxido" no lugar do ametal com a terminação "eto".

COMPOSTOS BINÁRIOS

COMPOSTO	METAL	AMETAL	COMPOSTO
NaCl	Sódio	Cloro	Cloreto de sódio
$CaBr_2$	Cálcio	Bromo	Brometo de cálcio
Al_2O_3	Alumínio	Oxigênio	Óxido de alumínio
ZnI_2	Zinco	Iodo	Iodeto de zinco
CuF	Cobre (I)	Flúor	Fluoreto de cobre (I)
CuF_2	Cobre (II)	Flúor	Fluoreto de cobre (II)

> **POR EXEMPLO:** Qual o nome do composto químico Li₃N?
>
> **Metal:** lítio
> **Ametal:** nitrogênio
>
> **1.** Comece com o nome do ametal sem a terminação:
> nitr-
>
> **2.** Adicione "eto" e "de"
> nitreto de
>
> **3.** Termine com o metal
> nitreto de lítio

FÓRMULAS DE COMPOSTOS BINÁRIOS

O que é preciso saber:

- Tipo de íon (é um cátion ou um ânion?)
- Carga do íon

As informações estão na tabela periódica, com base na posição e no número do grupo do elemento.

- Para que a carga total do composto seja nula, o total de carga positiva deve ser igual ao total de carga negativa.
- O índice inferior do cátion deve ser, inicialmente, igual à carga do ânion.

- O índice inferior do ânion deve ser, inicialmente, igual à carga do cátion.

Em alguns casos, a fórmula pode ser simplificada dividindo-se os dois índices inferiores pelo máximo divisor comum entre eles, gerando os menores números inteiros possíveis que indicam a proporção entre os elementos. Essa é a chamada FÓRMULA MÍNIMA.

Use a REGRA DO CRUZAMENTO (ou "regra do tombo"):

O **índice inferior** é o número à direita e abaixo do símbolo do elemento.

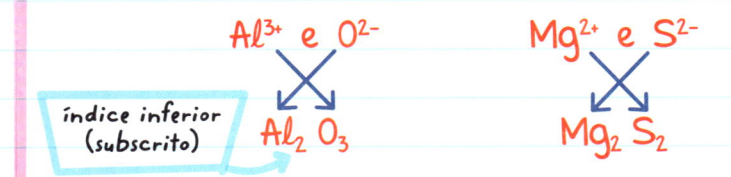

Al^{3+} e O^{2-} → Al_2O_3 (índice inferior / subscrito)

Mg^{2+} e S^{2-} → Mg_2S_2

Divida pelo máximo divisor comum, se for possível.

Fórmula final: Al_2O_3 MgS
(os dois 2 são convertidos em 1)

Nomes: Óxido de alumínio   Sulfeto de magnésio

Al_2O_3 é a fórmula mínima e, nessa substância, significa que os átomos Al e O aparecem na proporção 2:3, ou seja, para cada 2 átomos de alumínio presentes na estrutura, haverá 3 átomos de oxigênio.

COMPOSTOS COM ÍONS POLIATÔMICOS

ÍONS POLIATÔMICOS contêm átomos de mais de um elemento.

poli: "muitos" em grego

Eis alguns exemplos:

Nome	Fórmula
Acetato	$C_2H_3O_2^-$
Amônio	NH_4^+
Hipoclorito	ClO^-
Clorito	ClO_2^-
Perclorato	ClO_4^-
Nitrito	NO_2^-
Nitrato	NO_3^-
Sulfito	SO_3^{2-}
Sulfato	SO_4^{2-}
Fosfito	PO_3^{3-}
Fosfato	PO_4^{3-}
Permanganato	MnO_4^-
Iodato	IO_3^-
Carbonato	CO_3^{2-}
Hidrogenocarbonato ou bicarbonato	HCO_3^-

Regras para o nome de sais contendo ânions poliatômicos:

1. Comece com o nome do ânion poliatômico sem a terminação.

2. Adicione "ato" ou outra terminação (veja mais adiante) e "de"

3. Termine com o nome do cátion, que também pode ser poliatômico.

POR EXEMPLO:

$Ca^{2+} + SO_4^{2-} \rightarrow CaSO_4$
íon cálcio + íon sulfato → sulfato de cálcio

$NH_4^+ + NO_3^- \rightarrow NH_4NO_3$
íon amônio + íon nitrato → nitrato de amônio

$Sn^{2+} + NO_3^- \rightarrow Sn(NO_3)_2$

íon estanho (II) ou + íon nitrato → nitrato estanoso ou
íon estanoso   nitrato de estanho (II)

Sempre mantenha o cátion e o ânion separados, usando parênteses se for necessário.
$Sn(NO_3)_2$, NÃO SnN_2O_6

283

Atenção!

Às vezes os mesmos elementos podem formar mais de um íon poliatômico. O cloro e o oxigênio podem formar quatro íons diferentes:

- ClO_4^- é o íon **per**clor**ato** (**per** significa "acima", por indicar um átomo de oxigênio a mais que o íon clorato).

- ClO_3^- é o íon clor**ato**.

- ClO_2^- é o íon clor**ito** (um átomo de oxigênio menos que o clorato).

- ClO^- é o íon **hipo**clor**ito** (**hipo** significa "abaixo", por indicar um átomo de oxigênio a menos que o clorito).

> Estados de íons poliatômicos, do maior número de átomos para o menor:
> Per...ato > ato > ito > hipo...ito

Os ácidos podem ser classificados em oxiácidos ou hidrácidos.

Os **HIDRÁCIDOS** não são oxigenados, ou seja, não possuem oxigênio em sua composição. A regra geral para sua nomenclatura é:

ÁCIDO + (nome do ânion) ÍDRICO

$HCl_{(aq)}$: ácido clorídrico

$H_2S_{(aq)}$: ácido sulfídrico

$HI_{(aq)}$: ácido iodídrico

$HBr_{(aq)}$: ácido bromídrico

> O símbolo "(aq)" indica que os ácidos estão em meio aquoso. Caso a substância esteja pura, não sofrerá ionização, então valem as regras de nomenclatura para compostos binários.
>
> $HCl_{(g)}$: cloreto de hidrogênio

OXIÁCIDOS são ácidos oxigenados, isto é, que contêm oxigênio em sua composição.

NOMENCLATURA DOS ÁCIDOS

SE O ÂNION ACOMPANHADO DO H⁺ FOR...	O NOME DO ÁCIDO SERÁ...	EXEMPLO
Hipo...ito	Ácido hipo ...oso	$HClO$, ácido hipocloroso
Ito	Ácido ...oso	$HClO_2$, ácido cloroso
ato	Ácido ...ico	$HClO_3$, ácido clórico
Per...ato	Ácido per ...ico	$HClO_4$, ácido perclórico
Eto (hidrácido)	Ácido ...ídrico	HCl, ácido clorídrico

Mnemônico para recordar a nomenclatura de ácidos:

Mosqu**ito** teim**oso**, te c**ato**, te b**ico**,

te m**eto** no v**ídrico**.

— EI, QUERO PASSAR!

— VOCÊ É O ÚLTIMO.

NOMENCLATURA DAS BASES

As bases de Arrhenius (formadas pelo ânion hidróxido, OH^-) seguem a nomenclatura dos compostos iônicos.

Hidróxido de + (nome do cátion)

Exemplo:

$$Ba^{2+} + OH^- \rightarrow Ba(OH)_2$$

Cátion bário e ânion hidróxido formam hidróxido de bário.

$$Fe^{2+} + OH^- \rightarrow Fe(OH)_2$$

Cátion ferro (II) e ânion hidróxido formam hidróxido de ferro (II), também chamado de hidróxido ferroso.

$$Fe^{3+} + OH^- \rightarrow Fe(OH)_3$$

Cátion ferro (III) e ânion hidróxido formam hidróxido de ferro (III), também chamado de hidróxido férrico.

> Seria errado escrever FeO_3H_3, por exemplo. O íon hidróxido precisa ficar entre parênteses, assim as cargas totais positiva e negativa se igualam.

NOMES DE COMPOSTOS MOLECULARES BINÁRIOS

Compostos moleculares são formados por ametais unidos por ligações covalentes. Ametais estão quase todos agrupados no lado direito da tabela periódica.

Regras para o nome de compostos moleculares binários:

1. Coloque os elementos em ordem decrescente de eletronegatividade.

2. Adicione a terminação "eto" ao nome do primeiro elemento.

3. Acrescente a preposição "de".

4. Acrescente o nome do segundo elemento.

5. Se um dos elementos tiver mais de um átomo presente no composto, use um prefixo para indicar esse número.

Mono = 1	Hexa = 6
Di = 2	Hepta = 7
Tri = 3	Octa = 8
Tetra = 4	Nona = 9
Penta = 5	Deca = 10

6. Se existe apenas um átomo do segundo elemento, não é necessário usar o prefixo "mono".

7. Se existem vogais vizinhas iguais, corte uma delas.

POR EXEMPLO: Qual o nome do composto SiI_4?

Regra 1: A eletronegatividade do silício (Si) é menor que a do iodo (I), logo deve vir em segundo lugar no nome.

Regra 2: Adicione a terminação "eto" ao nome "iodo" e corte a vogal "o".

Regra 3: Acrescente a preposição "de".

Regra 4: Acrescente o nome "silício".

Regra 5: Como existem quatro átomos de iodo, adicione o prefixo "tetra" ao nome "iodeto".

Regra 6: Embora exista apenas um átomo de silício na fórmula, não use o prefixo "mono" porque o silício vem em segundo lugar no nome do composto.

Resposta: SiI_4 é chamado de tetraiodeto de silício

> Muitos compostos moleculares são formados por vários átomos de carbono e possuem estruturas mais complexas, necessitando de regras especiais para nomenclatura. Veja mais informações na Unidade 13.

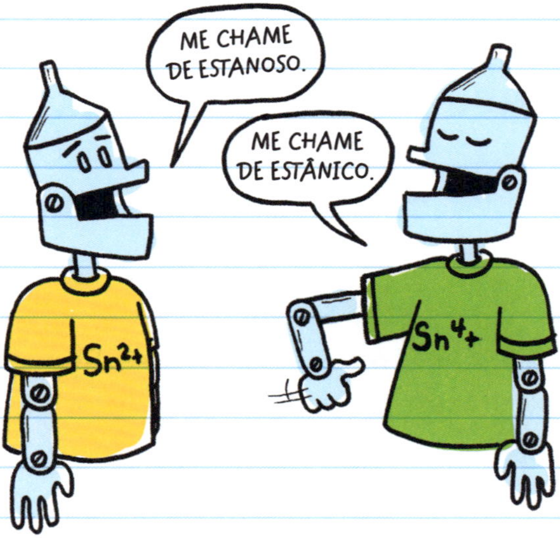
ME CHAME DE ESTANOSO.
ME CHAME DE ESTÂNICO.
Sn^{2+}
Sn^{4+}

VERIFIQUE SEUS CONHECIMENTOS

1. Quais os nomes dos seguintes íons: Fe^{3+}, Pb^{2+}, Sn^{4+} e S^{2-}?

2. Qual a fórmula do ácido permangânico?

3. Qual o nome de BCl_3?

4. Qual o nome de N_2O_4?

5. Qual a fórmula e o nome do composto formado pelos íons Ca^{2+} e I^-?

6. Qual a fórmula do ácido hipocloroso?

7. Qual a fórmula do hidróxido férrico?

RESPOSTAS

CONFIRA AS RESPOSTAS

1. Íon ferro (III) OU íon férrico, íon chumbo (II) OU íon plumboso, íon estanho (IV) OU íon estânico e íon sulfeto.

2. $HMnO_4$. Como o nome é da forma per____ico, trata-se de um ácido (hidrogênio no início) formado pelo íon permanganato, com grau de oxidação máximo (quatro átomos de oxigênio). O "mangan" central revela que o íon contém manganês.

3. Tricloreto de boro.

4. Tetróxido de dinitrogênio.

5. CaI_2, iodeto de cálcio.

6. $HClO$. "Hipo" significa que o ácido contém um íon hipoclorito (ClO^-) associado a um átomo de hidrogênio.

7. $Fe(OH)_3$. "Férrico" se refere a Fe (III) ou Fe^{3+} e "hidróxido", ao íon hidróxido OH^-; são necessários três íons hidróxido para igualar-se à carga +3 do íon Fe^{3+}.

Unidade 7

Reações químicas e cálculos químicos

Capítulo 22
REAÇÕES QUÍMICAS

REAÇÕES QUÍMICAS

Quando substâncias químicas se combinam, temos novas substâncias. Esse processo é conhecido como **REAÇÃO QUÍMICA**. Nela, duas ou mais substâncias chamadas **REAGENTES** interagem. As ligações entre os átomos dessas substâncias são quebradas e novas ligações são criadas, o que resulta na formação de novas substâncias.

> **REAÇÃO QUÍMICA**
> Um processo no qual substâncias são transformadas em uma ou mais novas substâncias.

Existem várias formas de verificar se uma reação química aconteceu. Elas são chamadas de EVIDÊNCIAS DE TRANSFORMAÇÃO. Eis algumas:

- mudança de cor
- formação de um sólido (que é chamado de precipitado)
- liberação de luz
- formação de gás
- mudança de temperatura

Quando há uma reação química, os cientistas perguntam:

- Como as substâncias reagiram?
- Que novas substâncias foram formadas?

Os cientistas usam **EQUAÇÕES QUÍMICAS** para representar as mudanças que ocorrem quando as substâncias reagem.

Nas equações químicas, os SÍMBOLOS (os mesmos da tabela periódica) correspondem aos elementos químicos. Os reagentes e os produtos são representados por fórmulas escritas com esses símbolos.

> A primeira equação química foi escrita por JEAN BEGUIN em 1615.

Em vez do sinal de igualdade "=", as equações químicas usam uma seta (→) chamada SETA DE REAÇÃO, que indica que uma reação acontece (algumas ligações se rompem e outras ligações se formam) e é lida como "para produzir".

As substâncias do lado esquerdo da seta de reação são chamadas de **REAGENTES** e as substâncias do lado direito são chamadas de **PRODUTOS**. O sinal "+" significa "reage com".

> reagente + reagente → produtos

O número antes da fórmula que representa uma substância é chamado de coeficiente e indica a proporção (em quantidade de moléculas) entre os reagentes ou produtos.

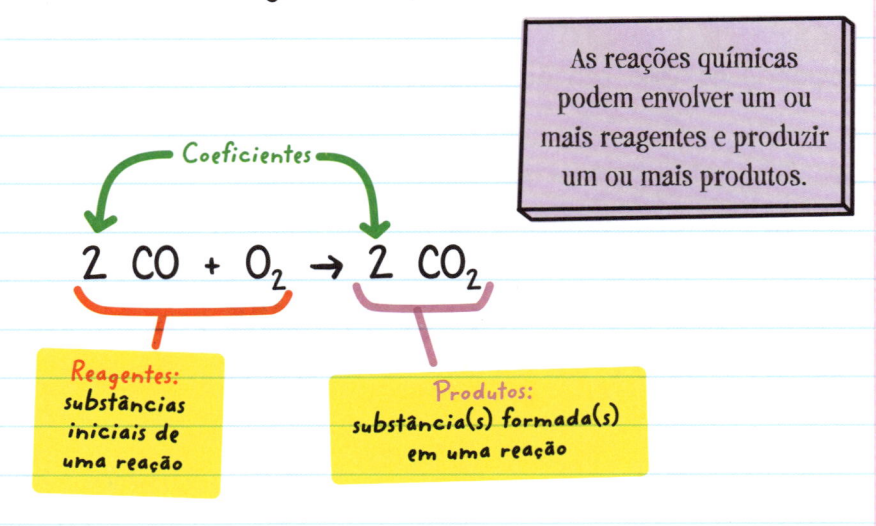

> As reações químicas podem envolver um ou mais reagentes e produzir um ou mais produtos.

Coeficientes

$$2\ CO + O_2 \rightarrow 2\ CO_2$$

Reagentes: substâncias iniciais de uma reação

Produtos: substância(s) formada(s) em uma reação

Essa equação química é lida como **monóxido de carbono (CO) reage com oxigênio (O) para produzir dióxido de carbono (CO_2)**.

Se não houver número precedendo o símbolo da substância, isso significa que há 1 mol ou 1 molécula.

Os coeficientes da equação podem ser lidos tanto como unidades (átomos, moléculas ou íons) quanto como mols. Ou seja, a equação

$2\ CO + O_2 \rightarrow 2\ CO_2$ pode ser lida de duas formas: 2 mols de CO reagem com 1 mol de O_2 para produzir 2 mols de CO_2 OU 2 moléculas de CO reagem com 1 molécula de O_2 para produzir 2 moléculas de CO_2.

As equações químicas obedecem à LEI DA CONSERVAÇÃO DE MASSA.

> **LEI DA CONSERVAÇÃO DE MASSA**
> soma da massa dos produtos gerados =
> soma da massa dos reagentes consumidos

Isso significa que as equações químicas devem ser balanceadas.

> O número de átomos de cada elemento do lado esquerdo da equação deve ser igual ao número de átomos do mesmo elemento do lado direito da equação.

COMO BALANCEAR EQUAÇÕES QUÍMICAS

Uma equação química está balanceada quando o número de átomos de cada elemento no lado dos reagentes é igual ao número de átomos do mesmo elemento no lado dos produtos. Ela deve ter o mesmo número de átomos do mesmo elemento nos dois lados. Balancear equações químicas envolve tentativa e erro.

Passos para balancear equações químicas:

1. Procure múltiplos do coeficiente.

Não é possível alterar a fórmula de uma molécula, apenas o número de moléculas. Isso significa mudar o coeficiente (número à esquerda da fórmula) sem alterar o índice inferior.

Por exemplo: o gás hidrogênio pode reagir com o gás oxigênio para formar água. Como na reação não balanceada existe apenas um átomo de oxigênio do produto, experimente multiplicar por 2 o número de moléculas de hidrogênio no lado esquerdo da reação e o número de moléculas de água no lado direito.

$$H_2 + O_2 \rightarrow H_2O$$

pode ser balanceado como

$$2H_2 + O_2 \rightarrow 2H_2O$$

Encontre coeficientes que resultem em números iguais de cada tipo de átomo nos dois lados da equação.

Os passos seguintes levam ao mesmo resultado de modo mais detalhado.

2. Escreva a equação não balanceada.

Por exemplo: hidrogênio (H_2) reagindo com oxigênio (O_2) produz água (H_2O):

$$H_2 + O_2 \rightarrow H_2O$$

3. Conte o número de átomos de cada elemento nos dois lados da equação:

$$\text{reagentes} \rightarrow \text{produtos}$$

$$H_2 + O_2 \rightarrow H_2O$$

H = 2	H = 2
O = 2	O = 1

4. Pergunte a si mesmo se o número de átomos de cada elemento é o mesmo de cada lado da equação.

O número de átomos de cada lado é igual?

Não → Balanceie a equação: Passo 5

Sim → A equação está balanceada.

2 átomos de H = 2 átomos de H   balanceado
2 átomos de O ≠ 1 átomo de O   não balanceado

A equação não está balanceada.

$$H_2 + O_2 \rightarrow H_2O$$
$$H_2 = H_2$$
$$O_2 \neq O$$

5. Multiplique o elemento ou composto cujo valor é bem pequeno, mas o suficiente para igualar ao número de átomos do outro lado da equação.

- Precisamos de mais moléculas de água para ter dois átomos de oxigênio. Multiplique H_2O por 2.

$$H_2 + O_2 \rightarrow 2H_2O$$

- Mas, com isso, você obtém 2 H do lado esquerdo e 4 H do lado direito e 2 O do lado esquerdo e 2 O do lado direito.

- Multiplique o H_2 do reagente por 2 para obter 4 H nos dois lados da equação.

A equação balanceada é $2H_2 + O_2 \rightarrow 2H_2O$.

$$2H_2 + O_2 \rightarrow 2H_2O$$

$H = 2 \cdot 2 = 4$	$H = 2 \cdot 2 = 4$
$O = 2$	$O = 1 \cdot 2 = 2$

6. Verifique. Conte o número de átomos dos elementos nos dois lados da equação. (Lembre-se de que os coeficientes multiplicam todos os elementos de cada substância.)

$2H_2 + O_2 \rightarrow 2H_2O$

$2H_2O$

4 átomos de H — 2 átomos de O

A equação está balanceada.

A equação não balanceada pode ser representada da seguinte forma:

$H_2 + O_2 \rightarrow H_2O$

A equação balanceada pode ser representada da seguinte forma:

$2H_2 + O_2 \rightarrow 2H_2O$

ACHO QUE VOU TER QUE COMER UM PARA BALANCEAR.

TIPOS DE REAÇÃO QUÍMICA

SÍNTESE: Duas ou mais substâncias se combinam para fazer uma única nova substância.

$$A + B \rightarrow AB$$

POR EXEMPLO: $H_2 + Br_2 \rightarrow 2HBr$

1 mol de hidrogênio reage com 1 mol de bromo para produzir 2 mols de brometo de hidrogênio.

DECOMPOSIÇÃO: Uma única substância se divide em duas ou mais. A decomposição é o *oposto* da reação de síntese.

$$AB \rightarrow A + B$$

POR EXEMPLO: $2HgO \rightarrow 2Hg + O_2$

2 mols de óxido de mercúrio se decompõem em 2 mols de mercúrio e 1 mol de oxigênio.

SIMPLES TROCA: Também chamada de deslocamento ou substituição. Um elemento de um composto é substituído por outro elemento. Os elementos que tendem a formar cátions substituem cátions em um composto e os elementos que tendem a formar ânions substituem ânions.

$$AB + C \rightarrow A + CB$$

POR EXEMPLO: $CuCl_2 + Zn \rightarrow ZnCl_2 + Cu$

1 mol de cloreto de cobre se combina com 1 mol de zinco para produzir 1 mol de cloreto de zinco e 1 mol de cobre.

DUPLA TROCA: Dois compostos reagem em uma solução aquosa e os cátions e ânions dos reagentes "trocam de lugar" para formar duas novas substâncias.

água

$$AB + CD \rightarrow AD + CB$$

POR EXEMPLO: $AgNO_3 + NaCl \rightarrow AgCl + NaNO_3$

Nitrato de prata reage com cloreto de sódio em solução aquosa para produzir cloreto de prata e nitrato de sódio.

REAÇÃO REDOX ou **OXIRREDUÇÃO**: Consiste na transferência de elétrons de uma substância para outra, o que muda o estado de oxidação das substâncias envolvidas. (Veja mais sobre o assunto no Capítulo 37.)

POR EXEMPLO: $Zn + 2H^+ \rightarrow Zn^{2+} + H_2$

Zinco reage com cátions hidrogênio para produzir cátion zinco (II) e gás hidrogênio.

COMBUSTÃO: Reação redox em que o oxigênio é o agente oxidante da reação, formando óxidos. Geralmente são reações empregadas para liberar energia.

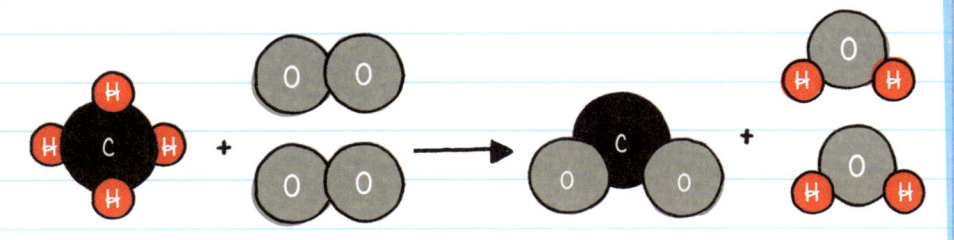

POR EXEMPLO: $CH_4 + 2O_2 \rightarrow CO_2 + 2H_2O$

1 mol de metano reage com 2 mols de gás oxigênio para formar 1 mol de dióxido de carbono e 2 mols de água.

ESTADOS FÍSICOS DE REAGENTES E PRODUTOS

Os reagentes são sólidos? Líquidos? Gasosos? Em que estado está o produto?

Saber o estado físico de uma substância em uma reação química é importante porque muitas reações só acontecem quando os reagentes se encontram em um estado específico.

O estado físico das substâncias em uma reação química é indicado por meio de um símbolo entre parênteses, subscrito, ao lado da fórmula da substância em questão.

(s) = sólido
(l) = líquido
(g) = gás
(aq) = aquoso
    (dissolvido em água)

> O símbolo usado para mostrar o estado físico é diferente daquele usado para indicar o número de átomos, já que é uma letra entre parênteses em vez de um número.

Nesta equação, por exemplo, os reagentes e os produtos estão nos estados gasoso e sólido.

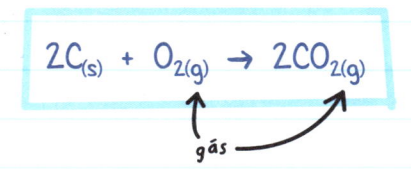

$$2C_{(s)} + O_{2(g)} \rightarrow 2CO_{2(g)}$$

gás

POR EXEMPLO: Brometo de potássio reage melhor com nitrato de prata se as duas substâncias estiverem na forma aquosa (dissolvidas em água).

$$KBr_{(aq)} + AgNO_{3(aq)} \rightarrow KNO_{3(aq)} + AgBr_{(s)}$$

A equação química mostra que:

- os reagentes estão em uma solução aquosa.

- os produtos se encontram em estados diferentes, aquoso e sólido (que é chamado de precipitado).

— ACHO QUE ESTÁ FALTANDO ALGO.

— ERA PARA SER AQUOSO. VOCÊ PRECISA DISTO.

VERIFIQUE SEUS CONHECIMENTOS

1. Por que os cientistas usam equações químicas?

2. O que significa dizer que uma equação química está balanceada?

3. Qual a diferença entre uma reação química e uma equação química?

4. Quais os principais tipos de reação química?

5. Quais os tipos de reação representados pelas equações abaixo?
   A. $CaCl_2 + Na_2CO_3 \rightarrow 2\ NaCl + CaCO_3$
   B. $NH_4NO_2 \rightarrow N_2 + 2H_2O$
   C. $CH_4 + 2O_2 \rightarrow CO_2 + 2H_2O$

6. Balanceie as seguintes equações:
   A. $NaHCO_3 \rightarrow Na_2CO_3 + H_2O + CO_2$
   B. $P_4O_{10} + H_2O \rightarrow H_3PO_4$

7. Por que é importante conhecer o estado físico dos reagentes e dos produtos?

8. O que significa *aquoso*?

CONFIRA AS RESPOSTAS

1. Para representar as mudanças que ocorrem quando substâncias reagem.

2. Uma equação química está balanceada quando a quantidade de átomos de cada elemento do lado esquerdo da equação química é igual à quantidade de átomos do mesmo elemento do lado direito.

3. Uma reação química é um processo no qual reagentes são transformados em produtos. Uma equação química usa símbolos químicos para representar esse processo.

4. Síntese, decomposição, simples troca, combustão, dupla troca e redox.

5. A. Dupla troca
B. Decomposição
C. Combustão

6. A. $2NaHCO_3 \rightarrow Na_2CO_3 + H_2O + CO_2$
B. $P_4O_{10} + 6H_2O \rightarrow 4H_3PO_4$

7. Porque muitas reações só acontecem com os reagentes em um estado específico.

8. *Aquoso* significa que uma substância foi dissolvida em água.

Capítulo 23
ESTEQUIOMETRIA

Os cientistas realizam cálculos químicos conhecendo a proporção entre os reagentes que conseguem interagir entre si e a quantidade de produtos que pode ser formada a partir das quantidades iniciais. Essas relações de proporção são chamadas de **ESTEQUIOMETRIA**. A estequiometria responde às seguintes perguntas:

> **ESTEQUIOMETRIA**
> As relações de proporção entre reagentes e produtos em uma reação química.

- Que quantidade de produtos será formada quando uma quantidade específica de reagentes for combinada?

- Qual a quantidade necessária de cada reagente para que determinada quantidade de um produto seja formada?

Estequiometria por contagem de átomos

Nesse tipo de estequiometria, podemos começar com átomos e terminar com átomos OU começamos com mols e terminamos com mols. Os coeficientes

> **Estequiometria** deriva de duas palavras gregas: *stoicheion* (que significa "elemento") e *metron* (que significa "medida").

de cada substância de uma reação indicam a proporção entre a quantidade de reagentes que irão interagir entre si e a quantidade de cada produto que poderá ser formada. Essa quantidade pode se referir a unidades ou mols.

Isso significa que na equação $N_2 + 3H_2 \rightarrow 2NH_3$ existem duas formas de interpretação:

Pode ser lida como *1 mol de nitrogênio gasoso se combina com 3 mols de hidrogênio gasoso para formar 2 mols de amônia* OU *1 molécula de nitrogênio gasoso se combina com 3 moléculas de hidrogênio gasoso para produzir 2 moléculas de amônia*.

Como é difícil realizar reações químicas com poucas moléculas, vamos focar na utilização do mol para estudar as proporções entre os reagentes e produtos formados. As razões entre os reagentes e os produtos desse exemplo de reação podem ser escritas de várias formas:

$$\frac{1 \text{ mol de } N_2}{3 \text{ mols de } H_2} \text{ OU } \frac{3 \text{ mols de } H_2}{1 \text{ mol de } N_2} \text{ OU } \frac{3 \text{ mols de } H_2}{2 \text{ mols de } NH_3} \text{ OU } \frac{2 \text{ mols de } NH_3}{3 \text{ mols de } H_2}$$

$$\text{OU } \frac{1 \text{ mol de } N_2}{2 \text{ mols de } NH_3} \text{ OU } \frac{2 \text{ mols de } NH_3}{1 \text{ mol de } N_2}$$

Essas razões podem ser usadas nos cálculos com a **ANÁLISE DIMENSIONAL**.

> **ANÁLISE DIMENSIONAL**
> Um método de solução de problemas que envolve o uso das unidades de medida associadas aos números. Nesse método, os cálculos são realizados multiplicando os valores por uma razão específica que, no caso da estequiometria, é obtida com a reação química.

Outra forma de realizar cálculos estequiométricos é através da **ANÁLISE POR PROPORÇÃO**, que utiliza a REGRA DE TRÊS, método matemático muito utilizado em problemas envolvendo proporções entre duas quantidades. A partir de três valores conhecidos, pode-se calcular um quarto valor.

> **ANÁLISE POR PROPORÇÃO**
> Usando a regra de três a partir de dados da equação química balanceada é possível prever as quantidades de reagentes consumidas e as quantidades de produtos formadas.

Suponha que você tenha uma receita para fazer 12 bolinhos, mas precisa de 36 para uma festa.

Esse cálculo pode ser resolvido mentalmente, através de um raciocínio lógico: você pode triplicar a quantidade dos ingredientes (ou repetir a receita três vezes) para obter o número necessário de bolinhos.

Mas, para representar esse cálculo com a regra de três, vamos expressar o problema assim:

12 bolinhos —são preparados com— 2 ovos
36 bolinhos —serão preparados com— x ovos

O que leva a duas frações:

$\frac{12}{36}$ e $\frac{2}{x}$

A regra de três pode ser expressa como uma igualdade em que se deseja calcular x.

$$\frac{12}{36} = \frac{2}{x}$$

Para resolver a equação acima, multiplica-se em cruz. O resultado será uma equação contendo somente uma incógnita a ser resolvida.

$$12x = 2 \cdot 36 \rightarrow x = \frac{2 \cdot 36}{12} = 6 \text{ ovos}$$

A regra de três pode ser aplicada tanto em cálculos de proporção quanto em cálculos de conversão (massa → mol ou mol → massa). Basta utilizar a massa molar como informação conhecida e relacioná-la à incógnita do problema, ou seja, à informação que se quer conhecer.

Note que cada lado da regra de três agrupa dados de uma única variável. No exemplo da receita de bolinhos, a variável "quantidade de bolinhos" é expressa à esquerda, enquanto a variável "quantidade de ovos" está expressa à direita. Lembre-se disso ao montar suas equações com a regra de três.

POR EXEMPLO: Na equação $N_2 + 3H_2 \rightarrow 2NH_3$, quantos mols de NH_3 são produzidos quando 4,0 mols de H_2 reagem completamente com N_2?

Resolva o problema

A através da análise dimensional, multiplicando a informação dada por uma razão obtida a partir da equação química;

B através da análise por proporção, aplicando a regra de três para prever a quantidade de produto formada.

A Mols de NH_3 produzidos:

$$4{,}0 \text{ mols de } H_2 \cdot \frac{2 \text{ mols de } NH_3}{3 \text{ mols de } H_2} = 2{,}7 \text{ mols de } NH_3$$

B Podemos interpretar a equação $N_2 + 3H_2 \rightarrow 2NH_3$, da seguinte maneira:

Para cada 3 mols de H_2 que reagirão com 1 mol de N_2, serão produzidos 2 mols de amônia.

Aplicando a regra de três:

3 mols de H_2 ——— 2 mols de NH_3
4 mols de H_2 ——— x

$x = \dfrac{8}{3} = 2{,}7$ mols de NH_3

Estequiometria envolvendo massa

Nesses cálculos, a quantidade de um dos reagentes ou produtos é dada ou pedida em unidades de massa. Perguntas como a seguinte são feitas:

"Dada uma quantidade x de um dos reagentes em mols, qual a quantidade do produto em gramas que vai se formar?"

Você pode, por exemplo, utilizar a equação $N_2 + 3H_2 \rightarrow 2NH_3$ para calcular a massa de NH_3 produzida a partir de 4 mols de H_2 usando a massa em gramas de 1 mol de NH_3, que pode ser calculada a partir das massas molares de N e H (que aparecem na tabela periódica):

Massa molar do NH_3: 14,01 g de N + 3 (1,008 g de H) = 17,03 g/mol

De acordo com o cálculo do boxe azul da página anterior, 2,7 mols de NH_3 são produzidos. Assim,

(Pela análise dimensional)
2,7 mols de NH_3 • $\dfrac{17,03 \text{ g/mol}}{1 \text{ mol de } NH_3}$ = 46 g de NH_3 produzidos

(Pela análise por proporção)
1 mol de NH_3 ——— 17,03 g de NH_3
2,7 mols de NH_3 ——— x

$\dfrac{1}{2,7} = \dfrac{17,03}{x}$

x = 46 g de NH_3 produzidos

Para resolver problemas de estequiometria envolvendo a massa de um reagente:

1. Escreva uma equação balanceada para a reação química.

2. Comece com a massa do reagente informada na questão. Converta a quantidade de reagente em número de mols.

$$\text{Massa do reagente} \rightarrow \text{Mols do reagente}$$

3. Use o número de mols do reagente na equação balanceada para obter o número de mols do produto.

$$\text{Mols do reagente} \rightarrow \text{Mols do produto}$$

4. Converta, se for necessário, os mols de produto em massa do produto.

$$\text{Mols do produto} \rightarrow \text{Massa do produto}$$

O fluxograma a seguir mostra a sequência de cálculos usada para resolver o problema de forma genérica.

Massa (g) da substância A —(tabela periódica) massa molar→ Mols da substância A

(coeficientes da equação química) / Análise dimensional ou análise por proporção ↓

Massa (g) da substância B ←(tabela periódica) massa molar— Mols da substância B

massa de A → mols de A → mols de B → massa de B

(Um cálculo análogo pode ser executado se for dada a massa de um produto e for pedida a massa dos reagentes.)

POR EXEMPLO: O butano (C_4H_{10}) sofre combustão e produz dióxido de carbono e água.

Quantos gramas de dióxido de carbono são formados a partir da combustão de 236,5 g de butano?

1. Escreva uma equação balanceada.

Como se trata de uma reação de combustão, a substância que reage com o butano é o oxigênio (O_2), e os produtos são dióxido de carbono (CO_2) e água (H_2O).

$$C_4H_{10} + O_2 \rightarrow CO_2 + H_2O$$

Balanceie a equação:

$$2C_4H_{10} + 13O_2 \rightarrow 8CO_2 + 10H_2O$$

2. Para converter a quantidade de butano em mols, calcule primeiro a massa molar do butano.

Massa molar de C_4H_{10} = 4 (12,01 g) C + 10 (1,008 g) H = 58,12 g/mol

$$\frac{236,5 \text{ g de butano}}{58,12 \text{ g/mol de butano}} = 4,069 \text{ mols de butano}$$

3. Calcule o número de mols de CO_2.

De acordo com a equação balanceada, 2 mols de butano produzem 8 mols de dióxido de carbono. Assim,

2 mols de butano ——— 8 mols de dióxido de carbono
4,069 mols de butano ——— x

x = 16,27 mols de CO_2

4. Para converter a quantidade de CO_2 em gramas, calcule primeiro a massa molar do dióxido de carbono:

Massa molar de CO_2 = 1 (12,01 g) C + 2 (15,999) O = 44,01 g/mol

1 mol de CO_2 ——— 44,01 g de CO_2
16,27 mols de CO_2 ——— x

x = 716,0 g de CO_2

Isso significa que 716,0 g de CO_2 são criados a partir de 236,5 g de butano.

POR EXEMPLO: A combustão do gás sulfeto de hidrogênio produz dióxido de enxofre e água. Se 56,2 g de gás oxigênio são consumidos na reação de combustão, quantos gramas de água são produzidos?

Equação balanceada: $2H_2S + 3O_2 \rightarrow 2SO_2 + 2H_2O$

Informações conhecidas:
Existem 56,2 g de O_2 (informação dada)
Massa molar do O_2 = 32,00 g/mol (da tabela periódica)
Massa molar do H_2O = 18,02 g/mol (da tabela periódica)

Fator de conversão:
g de O_2 → mol de O_2 → mol de H_2O → g de H_2O

$$56{,}2 \text{ g de } O_2 \cdot \frac{1 \text{ mol de } O_2}{32{,}00 \text{ g de } O_2} \cdot \frac{2 \text{ mols de } H_2O}{3 \text{ mols de } O_2} \cdot \frac{18{,}02 \text{ g de } H_2O}{1 \text{ mol de } H_2O}$$

= **21,1 g de H_2O produzidos**

A LIMITAÇÃO DOS REAGENTES

Na hora de executar uma reação química, é preciso levar em conta a quantidade disponível de cada reagente. Às vezes, elas não estão presentes de acordo com as proporções que aparecem na reação balanceada e você pode ter uma quantidade insuficiente de certo reagente. O reagente que é consumido totalmente em uma reação química é

> Em uma reação química, não ter a quantidade suficiente de um reagente limita a quantidade do produto.

chamado de **LIMITANTE**, pois limita a quantidade de produto que consegue ser formada.

> **REAGENTES EM EXCESSO**
> Reagentes que sobram quando o reagente limitante é consumido.
>
> **REAGENTE LIMITANTE**
> Reagente que é consumido totalmente na reação.

POR EXEMPLO: Vamos retomar o exemplo dos bolinhos. Lembrando: você tem uma receita para fazer 12 bolinhos, mas precisa de 36 para uma festa.

Se com 2 ovos você pode fazer 12 bolinhos, então seriam necessários 6 para fazer 36. Suponha que você só tenha 5 ovos e não possa comprar mais. Nesse caso, o ovo é o "reagente limitante".

Use equações balanceadas e estequiometria para identificar o reagente limitante.

POR EXEMPLO: Uma reação produz metanol (CH_3OH) a partir de monóxido de carbono e hidrogênio gasoso. Você dispõe de 3 mols de CO e 8 mols de H_2. Qual é o reagente limitante?

1. Escreva a equação balanceada.

$CO + 2H_2 \rightarrow CH_3OH$

2. Usando a quantidade de mols dada para cada reagente, calcule quantos mols de metanol seriam produzidos.

Pela análise dimensional:

3 mols de CO · $\dfrac{1 \text{ mol de } CH_3OH}{1 \text{ mol de } CO}$ = 3 mols de CH_3OH seriam produzidos

8 mols de H_2 · $\dfrac{1 \text{ mol de } CH_3OH}{2 \text{ mols de } H_2}$ = 4 mols de CH_3OH seriam produzidos

Pela regra de três:

1 mol de CO ——— 1 mol de CH_3OH
3 mols de CO ——— 3 mols de CH_3OH seriam produzidos

2 mols de H_2 ——— 1 mol de CH_3OH
8 mols de H_2 ——— 4 mols de CH_3OH seriam produzidos

3. Identifique o reagente limitante.

A quantidade do reagente CO disponível permite a produção de somente 3 mols de metanol, enquanto o reagente H_2 permite a produção de 4. Portanto, CO é o reagente limitante.

Isso faz do H_2 o reagente em excesso.

Rendimento percentual

Uma vez conhecido o reagente limitante, é possível calcular o rendimento do(s) produto(s). Se TODO o reagente limitante for consumido, o rendimento ou a quantidade do produto é chamado(a) de **RENDIMENTO TEÓRICO**.

Nas reações produzidas em um laboratório de verdade, em que podem ocorrer erros experimentais, é normal que alguns reagentes não sejam utilizados por completo. Existe, portanto, a necessidade de determinar o **RENDIMENTO REAL**.

> **Por que o rendimento real** não equivale ao rendimento teórico? Às vezes os reagentes não se misturam completamente, a temperatura não atinge o valor ideal ou parte dos reagentes fica grudada na parede do béquer, por exemplo. Os reagentes também podem possuir impurezas, então a massa de reagente adicionada será menor que a massa prevista. Como algumas reações são reversíveis, os reagentes podem voltar ao estado original enquanto a reação está ocorrendo. **O rendimento real quase sempre é menor que o rendimento teórico.**

Para expressar a eficiência de uma reação em uma escala de 1 a 100, os cientistas usam o **RENDIMENTO PERCENTUAL**.

$$\% \text{ rendimento} = \frac{\text{rendimento real}}{\text{rendimento teórico}} \cdot 100\%$$

Para calcular o rendimento percentual de uma reação:

1. Escreva a equação balanceada.

2. Calcule o rendimento teórico do produto a partir da quantidade dos reagentes.

Se você conhece a quantidade de cada reagente, verifique qual é limitante e use sua quantidade para calcular o rendimento teórico do produto.

> **RENDIMENTO TEÓRICO**
> Quantidade de produto que seria produzida se o reagente limitante reagisse completamente.
>
> **RENDIMENTO REAL**
> Quantidade de produto produzida de fato em uma reação.
>
> **RENDIMENTO PERCENTUAL**
> Razão entre o rendimento real e o rendimento teórico expressa como uma porcentagem.

3. Use o rendimento real dado e o rendimento teórico que você calculou para determinar o rendimento percentual.

POR EXEMPLO: Digamos que 85 g de fluoreto de cálcio (CaF_2) reagiram com 56 g de ácido sulfúrico (H_2SO_4) para produzir uma quantidade de sulfato de cálcio ($CaSO_4$) e 15 g de fluoreto de hidrogênio (HF). Qual o rendimento percentual de fluoreto de hidrogênio?

1. Escreva a equação balanceada.

$CaF_2 + H_2SO_4 \rightarrow CaSO_4 + 2HF$

2. Calcule o reagente limitante em gramas (porque você tem as quantidades dos dois reagentes).

Dados:
56 g de H_2SO_4; 1 mol de H_2SO_4 = 98,08 g (da tabela periódica)
85 g de CaF_2; 1 mol de CaF_2 = 78,08 g (da tabela periódica)
1 mol de HF = 20,01 g (da tabela periódica)

56 g de H_2SO_4 · $\dfrac{1 \text{ mol de } H_2SO_4}{98,08 \text{ g de } H_2SO_4}$ · $\dfrac{2 \text{ mols de HF}}{1 \text{ mol de } H_2SO_4}$ · $\dfrac{20,01 \text{ g de HF}}{1 \text{ mol de HF}}$

= 22,84 g de HF = 23 g de HF (2 algarismos significativos)

85 g de CaF_2 · $\dfrac{1 \text{ mol de } CaF_2}{78,08 \text{ g}}$ · $\dfrac{2 \text{ mols de HF}}{1 \text{ mol de } CaF_2}$ · $\dfrac{20,01 \text{ g de HF}}{1 \text{ mol de HF}}$

= 43,57 g de HF = 44 g de HF (2 algarismos significativos)

O reagente limitante é, portanto, H_2SO_4, e o rendimento teórico é 23 g de HF.

3. Calcule o rendimento percentual. O rendimento real de HF foi dado pelo enunciado.

$\dfrac{15 \text{ g de HF}}{23 \text{ g de HF}}$ · 100% = 65%

A eficiência desta reação é 65%.

VERIFIQUE SEUS CONHECIMENTOS

1. O que é estequiometria?

2. Quantos gramas de oxigênio gasoso são necessários para produzir 87,5 g de água, dada a seguinte reação química não balanceada: $H_2 + O_2 \rightarrow H_2O$?

3. Quantos gramas de dióxido de enxofre gasoso são necessários para reagir totalmente com 2,52 g de O_2 gasoso, dada a seguinte equação: $2SO_{2(g)} + O_{2(g)} \rightarrow 2SO_{3(g)}$?

4. O que é um reagente limitante?

5. Calcule a massa de MgO produzida se 1,80 g de Mg reage com 12,25 g de O_2 gasoso de acordo com a seguinte equação: $2Mg + O_2 \rightarrow 2MgO$. (Dica: Você precisa determinar primeiro qual é o reagente limitante.)

6. 2,75 g de HCl são misturados com 12,00 g de $CaCO_3$, de acordo com a equação balanceada mostrada abaixo. Calcule o rendimento teórico de CO_2.

    $2HCl + CaCO_3 \rightarrow CaCl_2 + H_2O + CO_2$

RESPOSTAS

CONFIRA AS RESPOSTAS

1. São as relações de proporção entre reagentes e produtos em uma reação química, que permitem que os cientistas realizem cálculos químicos.

2. 87,5 g de H_2O · $\dfrac{1 \text{ mol de } H_2O}{18,016 \text{ g de } H_2O}$ · $\dfrac{1 \text{ mol de } O_2}{2 \text{ mols de } H_2O}$ · $\dfrac{32 \text{ g de } O_2}{1 \text{ mol de } O_2}$

= 77,7 g de oxigênio gasoso

3. 2,52 g de O_2 · $\dfrac{1 \text{ mol de } O_2}{32 \text{ g de } O_2}$ · $\dfrac{2 \text{ mols de } SO_2}{1 \text{ mol de } O_2}$ · $\dfrac{64,066 \text{ g de } SO_2}{1 \text{ mol de } SO_2}$

= 10,1 gramas de gás dióxido de enxofre

4. É o primeiro reagente consumido completamente em uma reação química.

5. 1,80 g de Mg · $\dfrac{1 \text{ mol de Mg}}{24,3 \text{ g de Mg}}$ · $\dfrac{2 \text{ mols de MgO}}{2 \text{ mols de Mg}}$ · $\dfrac{40,3 \text{ g de MgO}}{1 \text{ mol de MgO}}$

= 2,99 g de MgO

12,25 g de O_2 · $\dfrac{1 \text{ mol de } O_2}{32 \text{ g de } O_2}$ · $\dfrac{2 \text{ mols de MgO}}{1 \text{ mol de } O_2}$ · $\dfrac{40,3 \text{ g de MgO}}{1 \text{ mol de MgO}}$

= 30,9 g de MgO. Dado que o reagente limitante é Mg, a massa de MgO produzida será 2,99 gramas.

6. 2,75 g de HCl · $\dfrac{1 \text{ mol de HCl}}{36,46 \text{ g de HCl}}$ · $\dfrac{1 \text{ mol de } CO_2}{2 \text{ mols de HCl}}$ · $\dfrac{44,01 \text{ g de } CO_2}{1 \text{ mol de } CO_2}$

= 1,66 g de CO_2

12 g de $CaCO_3$ · $\dfrac{1 \text{ mol de } CaCO_3}{100,09 \text{ g de } CaCO_3}$ · $\dfrac{1 \text{ mol de } CO_2}{1 \text{ mol de } CaCO_3}$ · $\dfrac{44,01 \text{ g de } CO_2}{1 \text{ mol de } CO_2}$

= 5,28 g de CO_2

Como o reagente limitante é HCl, o rendimento teórico do CO_2 é 1,66 g.

Unidade 8

Gases

Capítulo 24

GASES COMUNS

COMO IDENTIFICAR O COMPORTAMENTO DE ALGUNS GASES

Alguns gases respondem de forma característica a certos estímulos.

Hidrogênio: uma pequena chama produz um estalo quando é colocada em um tubo de ensaio com hidrogênio.

Oxigênio: uma lasca de madeira em brasa pega fogo quando é colocada em um tubo de ensaio com oxigênio.

Dióxido de carbono: uma lasca de madeira em brasa colocada em um tubo de ensaio com dióxido de carbono se apaga imediatamente.

Amônia: tem um cheiro pungente e pode fazer os olhos lacrimejarem. Além disso, faz o PAPEL TORNASSOL passar de vermelho para azul (veja mais sobre o assunto na página 256).

Os gases são um dos três estados físicos principais da matéria (sólido, líquido e gasoso). Ao contrário dos sólidos e dos líquidos, as moléculas de um gás ficam bem afastadas umas das outras e se movem de forma independente. (Elas se movem ao acaso em todas as direções.)

Sólido   Líquido   Gás

Quase todos os elementos que formam substâncias simples no estado gasoso estão na extremidade direita da tabela periódica.

TIPOS DE GÁS

Os gases do grupo 18 da tabela periódica, conhecidos como gases nobres, são **MONOATÔMICOS**, constituídos por átomos isolados.

O estado mais estável de elementos como o oxigênio, o hidrogênio e o cloro é na forma de dois átomos ligados entre si. Gases como O_2, H_2, Cl_2, CO e HCl, cujas moléculas possuem dois átomos, são chamados de **DIATÔMICOS**.

Quando o oxigênio monoatômico se combina com uma molécula de oxigênio diatômico (O_2), forma-se o ozônio (O_3).

Algumas moléculas gasosas à temperatura ambiente

H_2 (hidrogênio)	Ar (argônio)
He (hélio)	CO_2 (dióxido de carbono)
CH_4 (metano)	N_2O (óxido nitroso)
NH_3 (amônia)	C_3H_8 (propano)
Ne (neônio)	NO_2 (dióxido de nitrogênio)
HCN (cianeto de hidrogênio)	O_3 (ozônio)
CO (monóxido de carbono)	C_4H_{10} (butano)
N_2 (nitrogênio)	SO_2 (dióxido de enxofre)
NO (óxido nítrico)	BF_3 (trifluoreto de boro)
C_2H_6 (etano)	Cl_2 (cloro)
O_2 (oxigênio)	Kr (criptônio)
PH_3 (fosfina)	CF_2Cl_2 (diclorodifluorometano)
H_2S (sulfeto de hidrogênio)	SF_6 (hexafluoreto de enxofre)
HCl (cloreto de hidrogênio)	Xe (xenônio)
F_2 (flúor)	C_2H_2 (acetileno)

UNIDADES DE MEDIDA DOS GASES

As moléculas de um gás estão em constante movimento. Elas exercem uma força em tudo com que entram em contato, incluindo outros gases.

> As propriedades dos gases podem ser medidas de diferentes maneiras, mas as unidades mais comuns usadas para caracterizá-los são as seguintes:
>
> **Volume:** litro (L)
>
> **Temperatura:** Kelvin (K)
>
> **Quantidade:** mol
>
> **Pressão:** atmosfera (atm)

A **PRESSÃO** é definida como a força exercida pelo gás em uma determinada unidade de área.

Fórmula da pressão:

$$P = \frac{força}{área} = \frac{F}{A}$$

POR EXEMPLO: Se você possui uma bexiga pequena e uma grande e infla as duas com a mesma quantidade de ar, a bexiga pequena terá maior chance de estourar, pois a pressão sobre suas paredes será maior – a área na qual o gás exerce força é menor.

A unidade de pressão no SI é o pascal, que corresponde a uma força de 1 newton exercida sobre uma superfície de 1 metro quadrado. Seguem abaixo as relações entre algumas unidades:

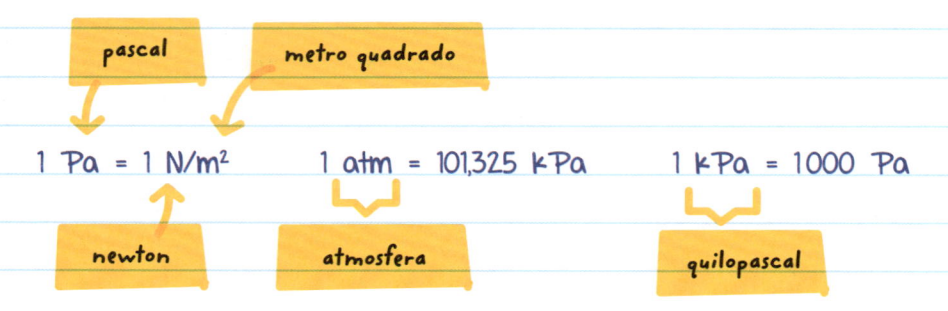

- pascal / metro quadrado
- $1\ Pa = 1\ N/m^2$ (newton)
- $1\ atm = 101{,}325\ kPa$ (atmosfera)
- $1\ kPa = 1000\ Pa$ (quilopascal)

Pressão atmosférica

Todos os gases da Terra sofrem influência da força da gravidade. O ar mais próximo da Terra é mais denso que o ar em altitudes mais elevadas. Na altitude em que os aviões comerciais voam, o ar é tão rarefeito que as pessoas não conseguem respirar.

Os aviões comerciais têm que ser pressurizados no mesmo nível da pressão atmosférica do solo para que os passageiros possam respirar sem precisar de mais oxigênio.

Em caso de despressurização, puxe uma das máscaras, coloque-a sobre o nariz e a boca e respire normalmente.

Quanto mais densa a atmosfera, maior a pressão que ela

exerce. Os cientistas usam como referência a **PRESSÃO ATMOSFÉRICA PADRÃO**, a pressão ao nível do mar.

> **PRESSÃO ATMOSFÉRICA PADRÃO**
> 1,00 atmosfera (atm) é igual a $1{,}013 \cdot 10^5$ Pa **ou** 101 kPa **ou** 760 mmHg **ou** 760 Torr

O BARÔMETRO é o instrumento usado para medir a pressão atmosférica.

EVANGELISTA TORRICELLI (1608-1647) foi o físico e matemático italiano que inventou o barômetro. O nome de uma das unidades de pressão, Torr, foi escolhido em sua homenagem.

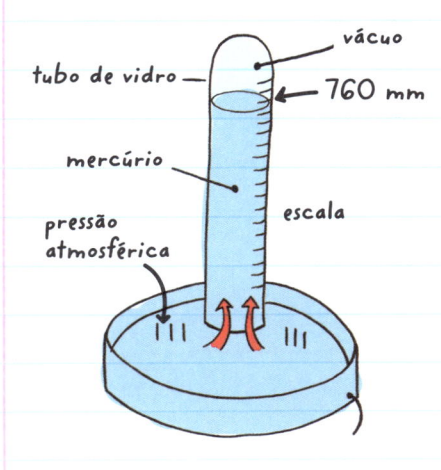

A pressão atmosférica padrão é igual à pressão que sustenta uma coluna de mercúrio (Hg) de exatamente 760 mm de altura a 0°C ao nível do mar.

Às vezes é preciso converter uma unidade de pressão em outra.

POR EXEMPLO: Converta 645 mmHg em atmosferas e em kPa.

milímetros de mercúrio

$$645 \text{ mmHg} \cdot \frac{1 \text{ atm}}{760 \text{ mmHg}} = 0{,}849 \text{ atm}$$

$$645 \text{ mmHg} \cdot \frac{101 \text{ kPa}}{760 \text{ mmHg}} = 85{,}7 \text{ kPa}$$

Conversão de massa em volume

No caso de reagentes ou produtos gasosos, as medidas podem ser dadas em volume em vez de massa.

> Condições Normais de Temperatura e Pressão (CNTP) = zero graus Celsius (0°C) ou 273 Kelvin (K) e 1,00 atmosfera (atm)

O fator de conversão para gases nas CNTP é o seguinte:

1 mol de qualquer gás = 22,4 L (L = litro)

OU

$$\frac{1 \text{ mol de qualquer gás}}{22{,}4 \text{ L}} \quad \text{OU} \quad \frac{22{,}4 \text{ L}}{1 \text{ mol de qualquer gás}}$$

> O volume molar de um gás ideal nas CNTP é 22,4 L por mol à temperatura de 273 K e à pressão de 1,00 atm.

GÁS IDEAL
Um gás teórico que segue as leis dos gases sempre de forma consistente.

Para resolver problemas de conversão de mols em volume:

1. Escreva uma equação química balanceada para a reação.

2. Converta a quantidade de reagente em número de mols.

3. Use a equação balanceada para obter a quantidade (em mols) do produto.

4. Converta os mols do produto em litros usando o fator de conversão para gases nas CNTP.

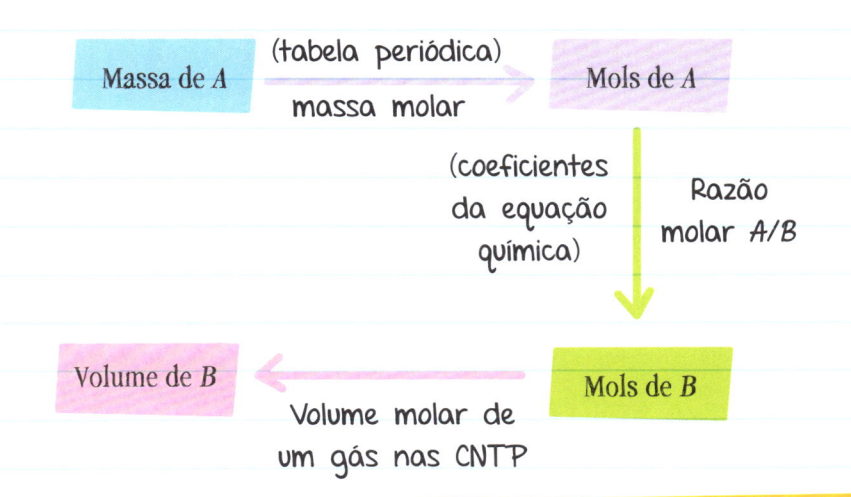

Massa de A → (tabela periódica) / massa molar → Mols de A

↓ (coeficientes da equação química) / Razão molar A/B

Volume de B ← Volume molar de um gás nas CNTP ← Mols de B

O magnésio reage com ácido clorídrico para produzir hidrogênio gasoso e cloreto de magnésio.

Que volume de um gás nas CNTP é produzido nesta reação quando 54,6 g de HCl e uma grande quantidade de Mg estão presentes?

Escreva a equação balanceada:

Equação inicial: $Mg_{(s)} + HCl_{(aq)} \rightarrow MgCl_{2(aq)} + H_{2(g)}$

Equação balanceada: $Mg_{(s)} + 2HCl_{(aq)} \rightarrow MgCl_{2(aq)} + H_{2(g)}$

Massa molar do HCl = 1 (1,008 g) H + 1 (35,45 g) Cl
= 36,46 g de HCl

Volume de H_2 gerado: 54,6 g de HCl · $\dfrac{1 \text{ mol de HCl}}{36,46 \text{ g de HCl}}$

· $\dfrac{1 \text{ mol de } H_2}{2 \text{ mols de HCl}}$ · $\dfrac{22,4 \text{ L de gás}}{1 \text{ mol de } H_2}$ = 16,8 L

POR EXEMPLO: Conversão de volume em massa:

Quando zinco é combinado com ácido sulfúrico, são criados 12,3 L de hidrogênio gasoso. Que quantidade de zinco, em massa, é necessária para essa reação quando ela acontece nas CNTP?

Dados: 12,3 L de hidrogênio gasoso
Massa molar do ácido sulfúrico (H_2SO_4): 98,08 g/mol
Massa molar do zinco (Zn): 65,38 g/mol
Massa molar do hidrogênio gasoso (H_2): 2,01 g/mol
1 mol de gás nas CNTP = 22,4 L/mol

Equação balanceada: $Zn + H_2SO_4 \rightarrow H_2 + ZnSO_4$

Conversão: L de H_2 → mol de H_2 → mol de Zn → g de Zn

12,3 L de H_2 · $\dfrac{1 \text{ mol de } H_2}{22,4 \text{ L}}$ · $\dfrac{1 \text{ mol de Zn}}{1 \text{ mol de } H_2}$ · $\dfrac{65,38 \text{ g de Zn}}{1 \text{ mol de Zn}}$

= 35,9 g de Zn são necessários

Estequiometria usando apenas volumes

Os volumes de todos os gases ideais são iguais nas CNTP. Assim, é possível obter diretamente os volumes relativos a partir da reação balanceada.

POR EXEMPLO: 36,3 L de oxigênio reagem com amônia para produzir nitrogênio gasoso e água nas CNTP. Que volume de nitrogênio (em litros) será produzido?

1. Escreva a equação balanceada.

$3O_2 + 4NH_3 \rightarrow 2N_2 + 6H_2O$

2. Escreva o que é conhecido:

36,3 L de O_2
1 mol de gás = 22,4 L

3. Escreva o fator de conversão.

L de O_2 → mol de O_2 → mol de N_2 → L de N_2

4. Escreva e resolva a equação.

36,3 L de O_2 · $\dfrac{1 \text{ mol de } O_2}{22,4 \text{ L}}$ · $\dfrac{2 \text{ mols de } N_2}{3 \text{ mols de } O_2}$ · $\dfrac{22,4 \text{ L de } N_2}{1 \text{ mol de } N_2}$

= 24,2 L de N_2 são produzidos

Como os gases envolvidos na reação estão nas mesmas condições de temperatura e pressão (no exemplo acima, nas CNTP), a proporção entre os volumes de reagentes e produtos gasosos obedece à proporção entre seus coeficientes das equações. Dessa forma, também poderia ser utilizado o fator de conversão

$$\frac{2 \text{ litros de } N_2}{3 \text{ litros de } O_2}$$

para chegar diretamente ao resultado 24,2 L de N_2

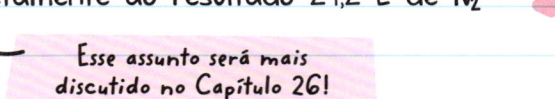

Esse assunto será mais discutido no Capítulo 26!

VERIFIQUE SEUS CONHECIMENTOS

1. Qual a diferença entre um gás e um sólido ou líquido?

2. Se você puser uma lasca de madeira em brasa em um tubo de ensaio e ela apagar, qual dos gases mencionados no início deste capítulo provavelmente estará no tubo de ensaio?

3. Em que parte da tabela periódica está a maioria dos elementos que formam substâncias simples no estado gasoso, em condições-padrão?

4. Qual a diferença entre um gás monoatômico e um gás diatômico?

5. Quais são as quatro principais propriedades de um gás que podem ser medidas e quais as unidades mais usadas para medi-las?

6. Qual é a equação para a pressão em termos de força e área?

7. O que é a pressão atmosférica padrão? Diga duas medidas que podem ser usadas para expressá-la.

8. Converta 98 500 Pa em atmosferas.

RESPOSTAS 339

CONFIRA AS RESPOSTAS

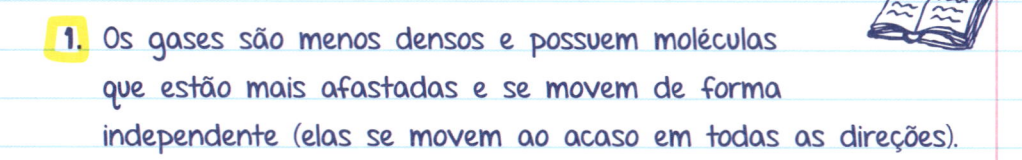

1. Os gases são menos densos e possuem moléculas que estão mais afastadas e se movem de forma independente (elas se movem ao acaso em todas as direções).

2. Dióxido de carbono.

3. Na parte direita.

4. Um gás monoatômico é composto de apenas um átomo. Um gás diatômico é composto de moléculas formadas por dois átomos.

5. Volume em litros (L), temperatura em Kelvin (K), quantidade em mols e pressão em atmosferas (atm).

6. Pressão é a força por unidade de área. P = F/A.

7. A pressão atmosférica padrão é a pressão ao nível do mar a 0°C. Medidas usadas: atmosferas (atm), pascal (Pa), quilopascal (kPa), milímetros de mercúrio (mmHg) e Torr.

8. $98\,500 \text{ Pa} \cdot \dfrac{1 \text{ atm}}{1{,}013 \cdot 10^5 \text{ Pa}} = 0{,}972 \text{ atm}$

Capítulo 25
TEORIA CINÉTICA DOS GASES

COMO OS GASES SE COMPORTAM

A **TEORIA CINÉTICA DOS GASES** explica como os gases ideais se comportam.

> **TEORIA CINÉTICA DOS GASES**
> Teoria de que os gases são formados por moléculas que se movem de forma aleatória.

Princípios em que se baseia a Teoria Cinética dos Gases (gases ideais)

1. Os gases são formados por moléculas que se movem de modo aleatório.

2. As moléculas de um gás não sofrem nenhuma força de atração ou repulsão entre si (forças intermoleculares) e se movem em linha reta até colidirem com outra molécula ou com a parede do recipiente que as contém.

3. As moléculas de um gás são extremamente pequenas (muito menores que o espaço que as separa), portanto um gás é composto principalmente de espaço vazio.

4. A **ENERGIA CINÉTICA** média de um gás depende apenas de sua temperatura.

5. As colisões entre as partículas são **ELÁSTICAS**, ou seja, a energia cinética total é a mesma antes e depois da colisão.

A ideia de gases ideais é um modelo: na realidade, os gases ocupam espaço e suas moléculas interagem entre si. Entretanto, essas forças atrativas são tão pequenas que as considerações acima permitem prever o comportamento dos gases com mais facilidade.

Energia cinética é a energia do movimento.

Quando você está correndo, tem energia cinética.

ENERGIA POTENCIAL é a energia "armazenada" de um objeto dependendo da sua posição relativa a outros corpos ao seu redor.

Se você está sentado em uma cadeira, tem energia potencial. A cadeira o mantém a certa distância do chão. Se você cai da cadeira, a energia potencial se transforma em energia cinética.

As moléculas de um gás estão sempre em movimento, ou seja, possuem energia cinética.

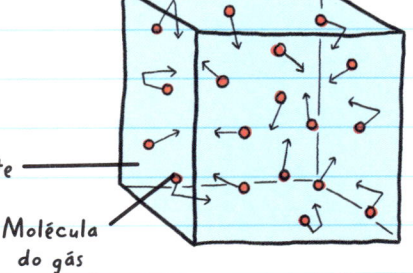

Recipiente
Molécula do gás

Colisão entre as moléculas de um gás
A temperatura afeta diretamente a energia cinética.

Quando a temperatura aumenta, as moléculas de gás se movem mais depressa.
Quando a temperatura diminui, as moléculas de gás se movem mais devagar.

temperatura ⬆ e energia cinética ⬆
temperatura ⬇ e energia cinética ⬇

Quanto maior a energia cinética de um gás, maior será a frequência das colisões entre as moléculas. Se a energia cinética é elevada, as partículas se movem depressa e as colisões são mais frequentes. Quando a energia cinética diminui, a frequência das colisões diminui.

Fórmula para determinar o valor da energia cinética:

$$\varepsilon_c = mv^2/2$$

m é a massa e v é a velocidade das moléculas

Quanto maior o número (n) de moléculas de gás, mais frequentes as colisões.

Olhe como é simples entender. Pense que, se você está em uma piscina com mais duas pessoas, vai ser tranquilo cada um permanecer ali sem ficar esbarrando um no outro, mas, se outras seis pessoas entrarem na piscina, vai ser mais difícil não esbarrar em alguém.

VERIFIQUE SEUS CONHECIMENTOS

1. O que é a teoria cinética dos gases?

2. Verdadeiro ou falso: para a teoria cinética dos gases, a energia cinética média de um gás depende apenas da temperatura.

3. Verdadeiro ou falso: de acordo com a teoria cinética dos gases, as colisões entre as moléculas de um gás são inelásticas, ou seja, a energia cinética total é menor após cada colisão.

4. Qual a diferença entre energia cinética e energia potencial?

5. O que acontece com a frequência das colisões das moléculas de um gás quando a temperatura aumenta?

RESPOSTAS 345

CONFIRA AS RESPOSTAS

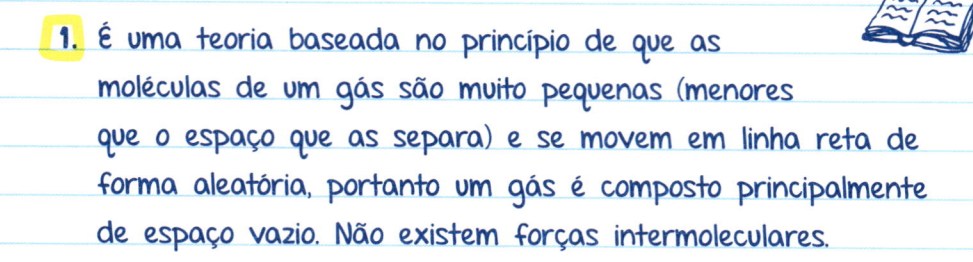

1. É uma teoria baseada no princípio de que as moléculas de um gás são muito pequenas (menores que o espaço que as separa) e se movem em linha reta de forma aleatória, portanto um gás é composto principalmente de espaço vazio. Não existem forças intermoleculares.

2. Verdadeiro.

3. Falso.

4. Energia cinética é a energia do movimento. Energia potencial é a energia "armazenada" de um objeto dependendo da sua posição relativa a outros corpos ao seu redor.

5. A frequência das colisões aumenta.

Capítulo 26
AS LEIS DOS GASES

As **LEIS DOS GASES** são equações matemáticas que descrevem o comportamento dos gases em certas circunstâncias.

LEI DE BOYLE

A lei de Boyle expressa a relação entre pressão e volume.

Ela leva o nome do cientista inglês ROBERT BOYLE, o primeiro a propor, no século XVII, que existe uma relação entre a pressão e o volume de um gás.

Supondo que a temperatura e o número de moléculas do gás não mudem, a pressão de uma quantidade fixa de um gás (P) é inversamente proporcional ao volume do gás (V):

$$P \propto \frac{1}{V}$$

$\propto$ é usado para indicar proporção entre grandezas.

> Quando a pressão do gás ⬆, o volume do gás ⬇.
>
> Quando a pressão do gás ⬇, o volume do gás ⬆.

De acordo com a equação da Lei de Boyle, o produto da pressão inicial (P_1) pelo volume inicial (V_1) de um gás é igual ao produto da pressão final (P_2) pelo volume final (V_2).

$$P_1 V_1 = P_2 V_2$$

Gráfico da Lei de Boyle:

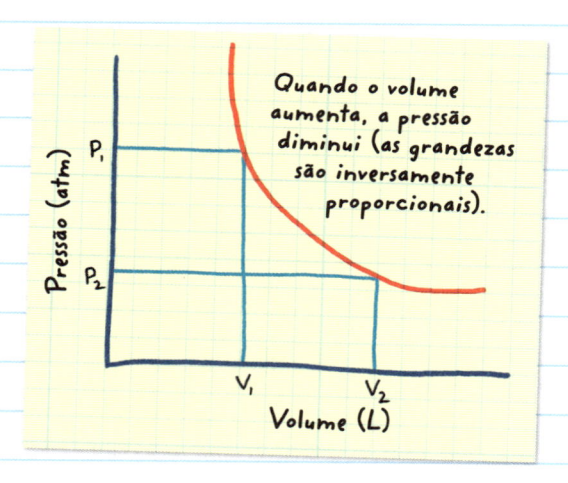

Quando o volume aumenta, a pressão diminui (as grandezas são inversamente proporcionais).

POR EXEMPLO: Uma amostra de gás tem um volume de 15,25 mL à pressão de 4,25 atm. Qual será a pressão se o volume crescer para 22,0 mL sem mudar a temperatura e a quantidade do gás?

4,25 atm
15,25 mL

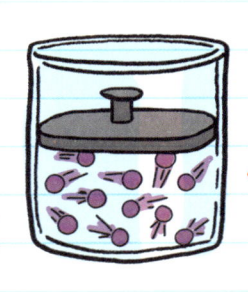

À mesma temperatura

$P_2 = ?$
22,0 mL

$P_2 = \dfrac{P_1 V_1}{V_2} = 4,25 \text{ atm} \cdot \dfrac{15,25 \text{ mL}}{22 \text{ mL}} = 2,95 \text{ atm}$

Nova pressão (P_2) = 2,95 atm

VERIFICAÇÃO: Como o volume aumentou, a pressão deve diminuir.

LEI DE CHARLES

O físico francês JACQUES CHARLES foi o primeiro a estudar, no século XVIII, o efeito da temperatura sobre o volume de um gás. Por meio de experimentos, ele determinou que o volume e a temperatura são diretamente proporcionais.

> **Lei de Charles:** O volume de uma quantidade fixa de gás a pressão constante é diretamente proporcional à temperatura absoluta do gás.

$V \propto T$, supondo que a pressão e a quantidade de gás sejam mantidas constantes.

> Quando a temperatura de um gás ⬆, o volume do gás ⬆.
> Quando a temperatura de um gás ⬇, o volume do gás ⬇.

De acordo com a Lei de Charles, a razão entre o volume inicial (V_1) e a temperatura inicial (T_1) de um gás é igual à razão entre o volume final (V_2) e a temperatura final (T_2):

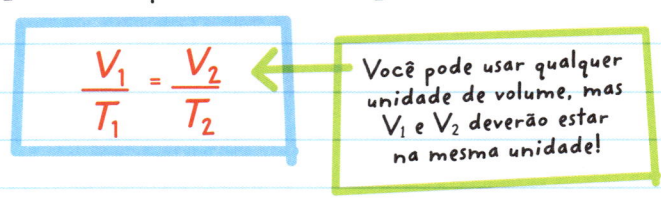

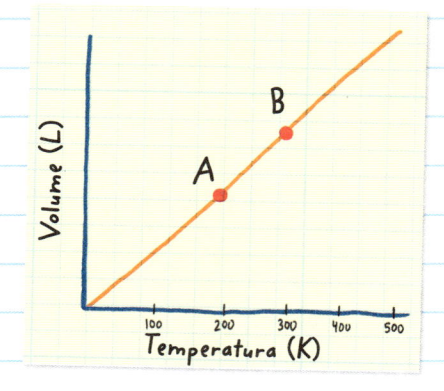

$$\frac{V_1}{T_1} = \frac{V_2}{T_2}$$

Você pode usar qualquer unidade de volume, mas V_1 e V_2 deverão estar na mesma unidade!

Gráfico da Lei de Charles

Quando a temperatura aumenta, o volume aumenta.

A = 200 K, 400 L
B = 300 K, 600 L

A temperatura que aparece na Lei de Charles é a temperatura absoluta, medida em Kelvin (K), que não tem valores negativos. Para converter uma temperatura de graus Celsius para Kelvin, basta usar a relação **K = °C + 273**.

> **POR EXEMPLO:** Uma amostra de hélio em um balão tem um volume de 12,5 mL e está a uma temperatura de 75°C. Determine o volume de hélio se a temperatura cair para 45°C e a quantidade de gás e a pressão forem mantidas constantes.
>
> **Dados:** V_1 = 12,5 mL $\qquad T_1$ = 75°C + 273 = 348 K
>
> $\qquad\quad V_2$ = ? $\qquad\qquad T_2$ = 45°C + 273 = 318 K
>
> Explicitando V_2 na Lei de Charles, obtemos:
>
> $$V_2 = \frac{V_1 T_2}{T_1} = \frac{(12{,}5 \text{ mL})(318 \text{ K})}{348 \text{ K}} = 11{,}4 \text{ mL}$$
>
> **VERIFICAÇÃO:** Como a temperatura diminuiu, o volume deve diminuir.

LEI DE GAY-LUSSAC

O físico francês JOSEPH GAY-LUSSAC foi o primeiro a estudar, no século XVIII, o efeito da temperatura sobre a pressão de um gás. Por meio de experimentos, ele determinou que a pressão e a temperatura são diretamente proporcionais.

> **Lei de Gay-Lussac:** A pressão de uma quantidade fixa de um gás com volume constante é diretamente proporcional à temperatura absoluta do gás.

$P \propto T$, supondo que o volume e a quantidade de gás permanecem constantes.

> Quando a temperatura do gás ⬆, a pressão do gás ⬆.
> Quando a temperatura do gás ⬇, a pressão do gás ⬇.

De acordo com a **Lei de Gay-Lussac**, a razão entre a pressão inicial (P_1) e a temperatura inicial (T_1) de um gás é igual à razão entre a pressão final (P_2) e a temperatura final (T_2).

$$\frac{P_1}{T_1} = \frac{P_2}{T_2}$$

Você pode usar qualquer unidade de pressão, mas P_1 e P_2 deverão estar na mesma unidade!

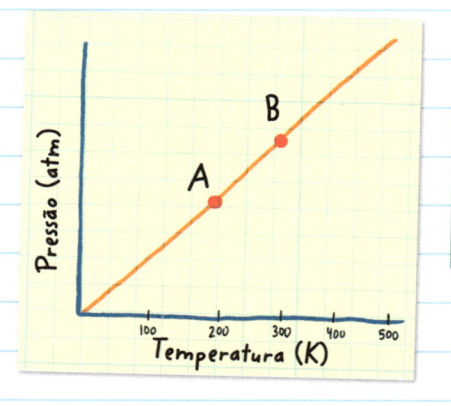

Gráfico da Lei de Gay-Lussac

Quando a temperatura aumenta, a pressão aumenta.

POR EXEMPLO: 33 L de um gás são mantidos em um recipiente rígido a uma pressão de 2,15 atm e uma temperatura de 35°C. Qual será a pressão do gás se a temperatura for aumentada para 50°C?

Dados: P_1 = 2,15 atm $\quad\quad T_1$ = 35°C + 273 = 308 K

$\quad\quad\quad P_2$ = ? $\quad\quad\quad\quad T_2$ = 50°C + 273 = 323 K

Explicitando P_2 na Lei de Gay-Lussac, obtemos:

$$P_2: \frac{P_1 T_2}{T_1} = \frac{(2{,}15\ atm)(323\ K)}{308\ K} = 2{,}25\ atm$$

VERIFICAÇÃO: Como a temperatura aumentou, a pressão deve aumentar.

LEI GERAL DOS GASES

A Lei Geral dos Gases é uma combinação das leis de Boyle, de Charles e de Gay-Lussac, e é usada quando a temperatura, a pressão e o volume variam.

> **LEI GERAL DOS GASES**
> Boyle + Charles + Gay-Lussac

A Lei Geral dos Gases só pode ser usada se a quantidade do gás (número de mols) for mantida constante.

A fórmula da Lei Geral dos Gases é a seguinte:

$$\frac{P_1 V_1}{T_1} = \frac{P_2 V_2}{T_2}$$

POR EXEMPLO: 3,25 L de um gás a 40°C e 0,781 atm são convertidos nas Condições Normais de Temperatura e Pressão (CNTP).

Qual o novo volume do gás?

1. Faça uma lista das informações recebidas e converta a temperatura em Kelvin.

V_1 = 3,25 L
T_1 = 40°C + 273 = 313 K
P_1 = 0,781 atm
T_2 = 273 K
P_2 = 1,00 atm
V_2 = ?

> As CNTP são 1,00 atm e 0°C (ou 273 K)

2. Explicitando V_2 na Lei Geral dos Gases, obtemos:

$$V_2 = \frac{T_2 P_1 V_1}{T_1 P_2} = \frac{(273 \text{ K})(0{,}781 \text{ atm}) \, 3{,}25 \text{ L}}{(313 \text{ K})(1{,}00 \text{ atm})} = 2{,}21 \text{ L}$$

VERIFICAÇÃO: Como a temperatura diminuiu e a pressão aumentou, o volume deve diminuir.

POR EXEMPLO: O volume de um recipiente que contém um gás cresce de 50 para 625 mL e ao mesmo tempo o gás é aquecido, o que faz a pressão subir de 700 para 1250 mmHg. Se a temperatura inicial era 65°C, qual é a temperatura final do gás?

Dados:

V_1 = 50 mL / 1000 = 0,05 L

P_1 = 700 mmHg / 760 mmHg = 0,92 atm

T_1 = 65°C + 273 = 338 K

V_2 = 625 mL / 1000 = 0,625 L

P_2 = 1250 mmHg / 760 mmHg = 1,64 atm

T_2 = ?

Explicitando T_2 na Lei Geral dos Gases, obtemos:

$$T_2 = \frac{T_1 P_2 V_2}{V_1 P_1} = \frac{(338 \text{ K})(1,64 \text{ atm}) \, 0,625 \text{ L}}{(0,050 \text{ L})(0,92 \text{ atm})} = 7531 \text{ K} = 7500 \text{ K}$$

(com 2 algarismos significativos)

LEI DE AVOGADRO

O advogado e físico italiano AMEDEO AVOGADRO foi o primeiro a propor, no início do século XIX, que, nas mesmas condições de temperatura e pressão, o número de mols de um gás é diretamente proporcional ao seu volume.

$n \propto V$, supondo que a temperatura e a pressão do gás permanecem constantes.

> Quando o número de mols do gás ⬆, o volume do gás ⬆.
> Quando o número de mols do gás ⬇, o volume do gás ⬇.

De acordo com a Lei de Avogadro, a razão entre o volume inicial (V_1) e o número de mols inicial (n_1) do gás é igual à razão entre o volume final (V_2) e o número de mols final (n_2).

$$\frac{V_1}{n_1} = \frac{V_2}{n_2} \quad \text{OU} \quad V_1 n_2 = V_2 n_1$$

POR EXEMPLO: 6,00 L de um gás contêm 0,847 mol. Qual será o número de mols do gás se o volume for reduzido para 3,80 L, supondo que a pressão e a temperatura não mudem?

Dados: V_1 = 6,00 L
V_2 = 3,80 L
n_1 = 0,847 mol
n_2 = ?

Explicitando n_2 na Lei de Avogadro, obtemos:

$$n_2 = \frac{V_2 \, n_1}{V_1} = \frac{(3{,}80 \text{ L})(0{,}847 \text{ mol})}{6{,}00 \text{ L}} = 0{,}536 \text{ mol de gás}$$

LEI DOS GASES IDEAIS

A LEI DOS GASES IDEAIS é a combinação da Lei de Boyle, da Lei de Charles, da Lei de Gay-Lussac e da Lei de Avogadro.

LEI DOS GASES IDEAIS
Boyle + Charles + Gay-Lussac + Avogadro

A Lei dos Gases Ideais descreve a relação entre a pressão, o volume, a temperatura e o número de mols de um gás. Ela explica o que aconteceria a um gás ideal com base na Teoria Cinética dos Gases.

Lei dos gases ideais: $PV = nRT$

P = pressão
V = volume
n = quantidade do gás em mols
R = constante dos gases ideais
T = temperatura em Kelvin

A Lei dos Gases Ideais permite prever com certa precisão o comportamento de gases reais nas condições de temperatura e pressão mais comuns. No caso de altas pressões e baixas temperaturas, resultados mais precisos serão mais bem estudados em modelos matemáticos mais complexos.

> R é uma constante que iguala matematicamente os valores de cada lado da lei. Existem diferentes valores de R que podem ser utilizados, dependendo da unidade das variáveis P e V.

Explicitando R na equação dos gases ideais e supondo que se trata de 1 mol de gás nas CNTP, que ocupa um volume de 22,4 L (veja o Capítulo 24), o valor de R passa a depender apenas das unidades usadas para a pressão e o volume.

Cálculo com atmosferas e litros:

$$R = \frac{PV}{nT} = \frac{(1\text{ atm})(22,4\text{ L})}{(1\text{ mol})(273\text{ K})} = 0,0821 \text{ atm} \cdot \text{L}/\text{mol} \cdot \text{K}$$

← a unidade mais usada

Seguem os valores de R em outras unidades:

$R = 8,3145$ J/mol · K (em unidades do SI)
$R = 8,2057$ atm · m³/mol · K
$R = 2,3637$ Torr · L/mol · K ou mmHg · L/mol · K

POR EXEMPLO: Certa quantidade de nitrogênio gasoso é mantida em um recipiente com um volume de 3,3 L a uma temperatura de 34 °C. Se a pressão no interior do recipiente for 5,6 atm, qual a quantidade de gás em mols?

1. Verifique quais são as informações.

$V = 3{,}3$ L
$T = 34°C + 273 = 307$ K
$P = 5{,}6$ atm
Usando unidades da questão:
$R = 0{,}0821$ atm · L / mol · K

2. Encontre a quantidade de gás n:

$$n = \frac{PV}{RT} = \frac{(5{,}6 \text{ atm})(3{,}3 \text{ L})}{(0{,}0821)(307 \text{ K})} = 0{,}73 \text{ mol}$$

USANDO A LEI DOS GASES IDEAIS PARA CALCULAR A DENSIDADE E A MASSA MOLAR

Também é possível usar a Lei dos Gases Ideais para calcular a densidade ou a massa molar, se os valores das outras grandezas envolvidas forem conhecidos.

$$PV = nRT$$

n, o número de mols de um gás, é a razão entre a massa m do gás e a massa molar M:

$$n = \frac{m}{M}$$

Substituindo n por esse valor na equação dos gases ideais, temos:

$$PV = \left(\frac{m}{M}\right) \cdot RT$$

Como a densidade d é dada pela equação $d = \frac{m}{V}$, você pode rearranjar a equação acima para encontrar a seguinte igualdade:

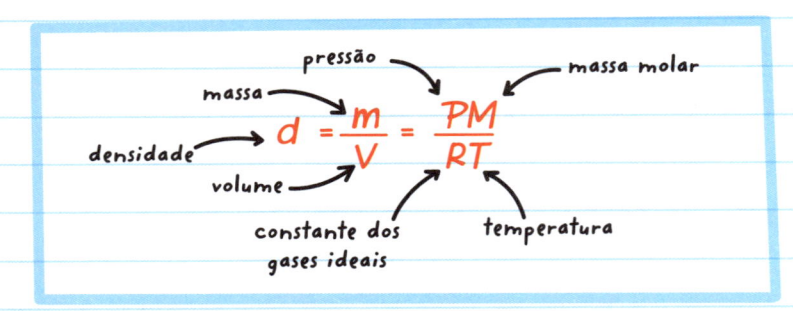

$$d = \frac{m}{V} = \frac{PM}{RT}$$

- pressão
- massa molar
- massa
- densidade
- volume
- constante dos gases ideais
- temperatura

POR EXEMPLO: Calcule a densidade do monóxido de carbono, em gramas por litro, a 0,89 atm e 62°C.

1. Dados:

P = 0,89 atm
T = 62°C + 273 = 335 K
R = 0,0821 atm · L / mol · K
M = 12,01 g/mol + 16 g/mol = 28,01 g/mol (da tabela periódica)

2. Encontre d:

$$d = \frac{PM}{RT} = \frac{0{,}89 \cdot 28{,}01}{0{,}0821 \cdot 335} = 0{,}91 \text{ g/L}$$

LEI DE DALTON DAS PRESSÕES PARCIAIS

JOHN DALTON foi um cientista inglês pioneiro da teoria atômica moderna. Para determinar a pressão de uma mistura de gases, podemos usar uma lei baseada no trabalho experimental de Dalton.

Se você tem uma mistura de dois gases A e B, a pressão total é igual à soma das pressões individuais dos gases. A pressão exercida por cada gás é chamada de PRESSÃO PARCIAL e seu valor corresponde à pressão que seria medida no mesmo recipiente se cada gás estivesse sozinho.

$$P_{total} = P_A + P_B$$

POR EXEMPLO: Um cilindro de gás natural comprimido tem um volume de 38 L e contém 12,13 g de metano (CH_4) e 2,38 g de etano (C_2H_6). A temperatura é 28°C. Determine a pressão parcial de cada gás e a pressão total no interior do cilindro.

1. Calcule o número de mols de cada gás usando a tabela periódica.

Massa molar do CH_4: 12,01 + 4(1,01) = 16,05 g/mol

Número de mols de CH_4: 12,13 g / 16,05 g/mol = 75,58 mols

Massa molar do C_2H_6: 2(12,01) + 6(1,01) = 30,08 g/mol

Número de mols de C_2H_6: 238 g / 30,03 g/mol = 7,93 mols

2. Determine a pressão individual de cada gás usando a lei dos gases ideais.

$$P_{metano} = \frac{nRT}{V} = 75,58 \cdot \frac{0,0821 (28 + 273)}{38 \text{ L}} = 49,2 \text{ atm}$$

$$P_{etano} = 7,93 \cdot 0,0821 \cdot \frac{301}{38 \text{ L}} = 5,16 \text{ atm}$$

3. Some as pressões dos dois gases.

$$P_{total} = P_{metano} + P_{etano} = 49,2 \text{ atm} + 5,16 \text{ atm} = 54,4 \text{ atm}$$

> O AR É UMA MISTURA DE GASES: 78% DE NITROGÊNIO, 21% DE OXIGÊNIO E 1% DE OUTROS GASES.

VERIFIQUE SEUS CONHECIMENTOS

1. O que descrevem as leis dos gases?

2. Quais as leis dos gases que mostram a relação entre o volume e a temperatura para uma quantidade fixa de mols e uma pressão constante?

3. O que é a Lei dos Gases Ideais e por que é importante? Escreva a equação.

4. Em que circunstância é aplicada a Lei das Pressões Parciais de Dalton?

5. 7,15 L de um gás estão a uma pressão de 1,86 atm. Qual é a pressão do gás quando o volume cresce para 12,3 L sem mudar a temperatura?

RESPOSTAS 363

CONFIRA AS RESPOSTAS

1. As leis dos gases descrevem o comportamento deles em diferentes condições.

2. A Lei de Charles.

3. Ela descreve a relação entre a pressão, o volume, a temperatura e o número de mols de um gás. É importante porque permite prever com certa precisão o comportamento de gases reais nas condições de temperatura e pressão mais comuns. A equação é $PV = nRT$.

4. Ela é usada para calcular a pressão total de uma mistura de gases.

5. $(7,15)(1,86)/(12,3) = 1,08$ atm

Unidade 9

Soluções e solubilidade

Capítulo 27
SOLUBILIDADE

SUBSTÂNCIAS SOLÚVEIS E INSOLÚVEIS

Uma mistura é uma porção de matéria formada por pelo menos duas substâncias diferentes que mantêm suas identidades químicas. Existem dois tipos de mistura: **HOMOGÊNEA** e **HETEROGÊNEA**.

> Homo significa "igual" em grego.

As misturas homogêneas são uniformes (totalmente misturadas), com os componentes distribuídos por igual em toda a matéria. Como as substâncias podem ser recuperadas por processos de separação, considera-se que a mistura é um processo físico, e não químico (formação de novas substâncias).

Também são chamadas de **SOLUÇÕES**.

Exemplos: água do mar, ar não poluído, bronze, latão.

> **Hetero significa "diferente" em grego.**

As **misturas heterogêneas** são compostas de substâncias que não estão distribuídas de maneira uniforme.

Exemplos: uma mistura de óleo e água, ar poluído (pequenas partículas de fuligem são visíveis), sangue (no microscópio, são perceptíveis as células), granito (cada pontinho colorido da rocha é um mineral diferente).

↑ mistura homogênea   ↑ mistura heterogênea

As substâncias misturadas podem ser **SOLÚVEIS** ou **INSOLÚVEIS**. Substâncias solúveis formam uma mistura homogênea e substâncias insolúveis formam uma mistura heterogênea.

SOLUBILIDADE é a facilidade de um soluto se dissolver em um solvente. O **SOLUTO** é a substância que se dissolve em uma solução; o **SOLVENTE** é a substância na qual o soluto se dissolve e está em maior quantidade na solução.

Por exemplo: Se você adiciona uma colher de açúcar (sacarose, $C_{12}H_{22}O_{11}$) a um copo de água e mexe a mistura:

A água é o **solvente**.

A sacarose é o **soluto**.

A água com açúcar é a **solução**.

Essa solução não produz um precipitado, porque o açúcar é bastante solúvel na água.

Para saber mais!

Solução aquosa: uma solução em que o solvente é a água.

Precipitado: uma substância insolúvel que se separa da solução.

Reação de precipitação: uma reação que resulta na formação de um precipitado.

POR EXEMPLO: Quando você adiciona nitrato de prata (AgNO₃) a sal de cozinha (NaCl) que já está dissolvido na água, um precipitado branco se forma.

Isso acontece porque um dos produtos da reação, o cloreto de prata (AgCl), é *insolúvel* em água.

$AgNO_{3(aq)} + NaCl_{(aq)} \rightarrow AgCl_{(s)} + NaNO_{3(aq)}$

SOLUBILIDADE EM NÍVEL MOLECULAR

A água é um líquido incolor. Se você pudesse examiná-la em nível molecular, veria moléculas se movendo. Elas se atraem mutuamente, mas não com força suficiente para formarem um sólido.

Se você adicionar açúcar de mesa (sacarose, $C_{12}H_{22}O_{11}$) à água, as moléculas de sacarose vão se movimentar entre as moléculas de água.

O açúcar é o **soluto**.

A água é o **solvente**.

As moléculas de água cercam as moléculas de açúcar.

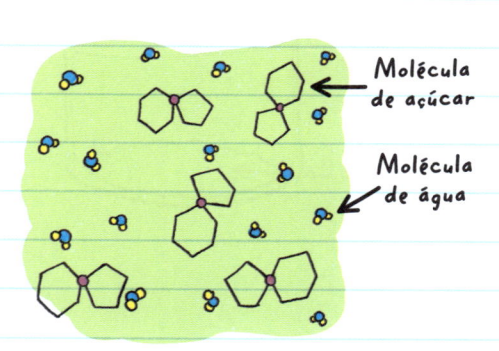

369

Quando são colocadas na água, as moléculas da sacarose sólida começam a se movimentar e se separam. Esse processo é chamado de **MOVIMENTO MOLECULAR ALEATÓRIO**, que as afasta cada vez mais umas das outras, acelerando o processo de dissolução na água. Isso ocorre porque há forças intermoleculares atrativas entre as moléculas de água e as moléculas de sacarose.

Quanto mais depressa as moléculas de sacarose se separam, mais rápida é a dissolução.

> **MOVIMENTO MOLECULAR ALEATÓRIO**
> O movimento imprevisível de moléculas ou átomos em uma solução.

O processo vai ter a seguinte aparência:

- Água
- Açúcar
- Solução de açúcar em água

TIPOS DE SOLUÇÃO

Em uma solução, o soluto e o solvente não estão quimicamente ligados, mas há forças intermoleculares entre eles.

As soluções podem ser uma mistura de:
- gás com gás
- líquido com líquido
- sólido com sólido
- sólido com líquido
- gás com líquido

POR EXEMPLO: O sal de cozinha (NaCl) está misturado com água (H_2O) nos oceanos. Identifique o soluto, o solvente e o tipo de solução.

Resposta: Como a concentração da água no oceano é muito maior que a de sal, NaCl é o soluto. A água é o solvente e a água salgada é uma mistura sólido-líquido.

POR EXEMPLO: O dióxido de carbono (CO_2) está presente em muitos refrigerantes. Identifique o soluto, o solvente e o tipo de solução.

Resposta: Como existe mais refrigerante que dióxido de carbono, CO_2 é o soluto, o refrigerante é o solvente e o refrigerante carbonatado é uma solução líquido-gás.

As soluções são classificadas em três tipos principais:
- **SATURADA**
- **INSATURADA**
- **SUPERSATURADA**

Uma solução saturada contém a quantidade máxima possível de soluto. Se você adicionar mais, ele se deposita no fundo do recipiente porque não pode se dissolver.

Uma solução insaturada contém menos que a quantidade máxima possível de soluto. Se você acrescentar mais, ele vai se dissolver.

Uma solução supersaturada contém mais soluto do que seria normalmente possível. Isso acontece quando uma solução é aquecida e uma quantidade maior de soluto é adicionada para saturar a solução quente (alguns solutos têm um grande aumento de solubilidade quando a temperatura é elevada). A solução é então resfriada lentamente e a parte do soluto que seria excesso na solução fria continua dissolvida. Entretanto, essas soluções costumam ser instáveis: um peteleco na vidraria já pode ser suficiente para desestabilizar a organização do soluto e fazê-lo se precipitar.

COLOIDES

Um **COLOIDE** é um tipo de mistura heterogênea em que as partículas do soluto têm um tamanho muito maior que o usual de moléculas ou íons. Essas partículas podem ter alguns nanômetros de tamanho ou chegar a até micrômetros.

> **COLOIDE**
> Combinação de duas substâncias em que as partículas de uma delas são muito maiores que as da outra, mas, ainda assim, as partículas maiores permanecem indefinidamente em dispersão.

O leite é um coloide. Ele é composto de cerca de 87% de água e 13% de outras moléculas de gorduras, proteínas, lactose e minerais, algumas das quais são muito maiores que as moléculas de água, porém são pequenas o suficiente para ainda se manterem suspensas e dispersas, e interagem muito bem com a água do leite para evitar precipitação.

Os coloides são formados por uma fase dispersa (as partículas que estão espalhadas) e uma fase dispersante (substância que está em maior quantidade).

Existem diferentes tipos de coloide:

SOL é a (dispersão) de um sólido em um líquido ou em outro sólido.

> mistura na qual as partículas sólidas são muito maiores que as do soluto, mas suficientemente pequenas para que não se depositem por ação da gravidade

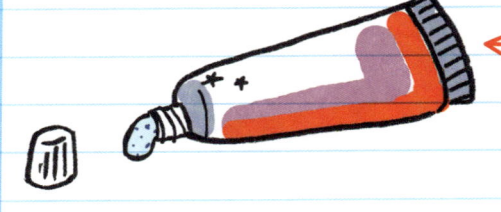

Creme dental: Possui partículas de sais e substâncias saborizantes dispersas em meio aquoso.

EMULSÃO é a dispersão de um líquido em outro líquido ou em um sólido.

Maionese

GEL é a dispersão de um líquido em um sólido. O aspecto de um gel é semelhante a um sólido. O aspecto de uma emulsão é mais próximo de um líquido.

Gelatina

ESPUMA é a dispersão de um gás em um sólido ou líquido.

Espuma de sabão

AEROSSOL é a dispersão de um sólido ou líquido em um gás.

Spray

SUSPENSÃO é um coloide formado por partículas sólidas maiores, dispersas em um líquido. Elas são mais instáveis que um sol e precisam de uma força externa para se misturarem, como mexer ou bater. Quando uma suspensão é deixada em repouso, as duas substâncias voltam a se separar. Entretanto, esse processo pode demorar segundos ou muitos anos para acontecer.

Uma das suspensões mais comuns é a de azeite e vinagre (molho de salada). Outras conhecidas são areia na água e poeira no ar.

Molho de salada: As partículas grandes são do azeite e as pequenas são do vinagre. Quando as duas substâncias se separam, o óleo fica no topo, porque é menos denso (mais leve).

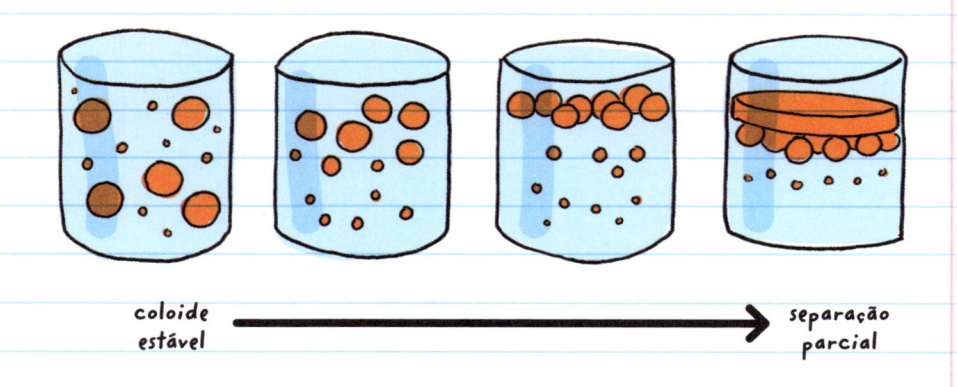

coloide estável → separação parcial

VERIFIQUE SEUS CONHECIMENTOS

1. Qual a diferença entre uma substância solúvel e uma substância insolúvel?

2. Como é chamada uma solução que contém uma quantidade de soluto menor que a máxima quantidade possível?

3. Um líquido é aquecido, um soluto é adicionado até que se forme uma solução saturada e, em seguida, a solução é resfriada rapidamente sem que se forme um precipitado. Que nome recebe esse tipo de solução?

4. O que é um coloide?

5. Qual a diferença entre a espuma e o aerossol?

6. Defina o termo *suspensão* e cite um exemplo.

CONFIRA AS RESPOSTAS

1. Uma substância solúvel se dissolve em outra, o que não acontece com uma substância insolúvel.

2. Solução insaturada.

3. Solução supersaturada.

4. Combinação de duas substâncias em que as moléculas de uma delas são muito maiores que as da outra, mas, ainda assim, as partículas maiores permanecem indefinidamente em dispersão.

5. A espuma é a dispersão de um gás em um sólido ou líquido; o aerossol é a dispersão de um sólido ou líquido em um gás.

6. Suspensão é um coloide formado por partículas sólidas maiores, dispersas em um líquido, mais instáveis que um sol, e que precisam de uma força externa para se misturarem. Exemplo: azeite e vinagre.

Capítulo 28
REGRAS E CONDIÇÕES DE SOLUBILIDADE

SOLUBILIDADE E COMPOSTOS IÔNICOS

Os solventes aquosos são excelentes para dissolver compostos iônicos porque a água faz os íons positivos e negativos dos cristais iônicos se separarem. Esse processo é chamado de **DISSOCIAÇÃO DOS ÍONS**. As cargas parciais positivas e negativas da molécula de água exercem uma forte atração sobre os íons do composto iônico, separando-os.

A equação a seguir descreve uma reação de dissociação (mostra o que acontece quando o sal de cozinha (NaCℓ) se dissocia em uma solução aquosa):

Cloreto de sódio → NaCℓ$_{(s)}$

$$NaCℓ_{(s)} \xrightarrow{H_2O} Na^+_{(aq)} + Cℓ^-_{(aq)}$$

Íon cloreto → Cℓ$^-_{(aq)}$
Íon sódio → Na$^+_{(aq)}$

As REAÇÕES DE PRECIPITAÇÃO são um dos tipos mais comuns de reação química que ocorrem em uma solução aquosa. Elas envolvem a formação de um sólido insolúvel, o precipitado.

Às vezes, alguns íons não participam da formação do precipitado. São os **ÍONS ESPECTADORES**. Ao escrever a equação da reação, inclua apenas os íons que realmente participam, deixando de fora os espectadores. Esse tipo de equação é chamada de **IÔNICA SIMPLIFICADA**.

> Uma **equação iônica simplificada** não inclui os íons espectadores; mostra apenas aqueles que participam da reação.

Regras para escrever equações iônicas simplificadas:

1. Escreva uma equação balanceada para a reação.

2. Providencie uma tabela de solubilidade para saber se haverá precipitado (há uma resumida na página 382). Rotule os reagentes e os produtos com (aq) se forem solúveis e com (s) se forem insolúveis, de acordo com as regras de solubilidade.

3. Dissocie todos os reagentes e produtos com o rótulo (aq). Não dissocie os produtos com o rótulo (s).

4. Identifique e cancele os íons espectadores.

5. Reescreva a equação final como uma equação iônica simplificada, ou seja, sem os íons espectadores.

Certifique-se de que a carga iônica total de um lado da reação seja igual à do outro lado.

Por exemplo:

$AgNO_{3(aq)} + NaCl_{(aq)} \rightarrow AgCl_{(s)} + NaNO_{3(aq)}$

$Ag^+_{(aq)} + \cancel{NO^-_{3(aq)}} + \cancel{Na^+_{(aq)}} + Cl^-_{(aq)} \rightarrow AgCl_{(s)} + \cancel{Na^+_{(aq)}} + \cancel{NO^-_{3(aq)}}$

cancele os íons espectadores

A equação iônica simplificada é:

$Ag^+_{(aq)} + Cl^-_{(aq)} \rightarrow AgCl_{(s)}$

Os íons espectadores nitrato e sódio não participam da reação.

> **Íons espectadores** são os que aparecem dissociados antes e depois da reação, não sendo alterados pela reação. A equação iônica simplificada não os inclui.

REGRAS DE SOLUBILIDADE

Ajudam a determinar se uma substância é solúvel ou insolúvel.

REGRA DE SOLUBILIDADE	EXCEÇÕES
1. Todos os sais de metais alcalinos e de amônio são solúveis.	Nenhuma
2. Todos os nitratos, acetatos, cloratos e percloratos são solúveis.	$KClO_4$, $Hg(C_2H_3O_2)$ e $Ag(C_2H_3O_2)$ são pouco solúveis
3. Todos os sais de prata, de chumbo (II) e de mercúrio (II) são insolúveis.	$AgNO_3$ e $Ag(C_2H_3O_2)$ são sais de prata pouco solúveis.
4. Todos os cloretos, brometos e iodetos são solúveis.	Exceto quando combinados com Ag^+, Pb^{2+} e Hg^{2+}.
5. Todos os carbonatos, óxidos, sulfetos, hidróxidos, fosfatos, cromatos e sulfitos são insolúveis.	O sulfeto de cálcio, o sulfeto de estrôncio e o hidróxido de bário são solúveis, além dos sais de metais alcalinos e amônio.
6. Todos os sulfatos são solúveis.	Os sulfatos de cálcio, bário, chumbo, prata e estrôncio são insolúveis.

POR EXEMPLO: Tanto o nitrato de ferro (III) - $Fe(NO_3)_3$ - como o hidróxido de sódio - $NaOH$ - se dissociam totalmente na água. Qual a equação iônica simplificada entre o nitrato de ferro (III) e o hidróxido de sódio em solução aquosa?

1. Escreva a equação balanceada.

$Fe(NO_3)_3 + 3NaOH \rightarrow Fe(OH)_3 + 3NaNO_3$

2. De acordo com a tabela de solubilidade, o $Fe(OH)_3$, um hidróxido, vai se precipitar e o nitrato de sódio vai permanecer dissociado.

3. Escreva a equação iônica.

$Fe^{3+}_{(aq)} + 3NO^{-}_{3(aq)} + 3Na^{+}_{(aq)} + 3OH^{-}_{(aq)} \rightarrow Fe(OH)_{3(s)} + 3NO^{-}_{3(aq)} + 3Na^{+}_{(aq)}$

4. Identifique e cancele os íons espectadores.

$Fe^{3+}_{(aq)} + \cancel{3NO^{-}_{3(aq)}} + \cancel{3Na^{+}_{(aq)}} + 3OH^{-}_{(aq)} \rightarrow Fe(OH)_{3(s)} + \cancel{3NO^{-}_{3(aq)}} + \cancel{3Na^{+}_{(aq)}}$

5. Escreva a equação iônica simplificada.

$Fe^{3+}_{(aq)} + 3OH^{-}_{(aq)} \rightarrow Fe(OH)_{3(s)}$

PROPRIEDADES ELETROLÍTICAS

Solutos em uma solução aquosa são classificados como **ELETRÓLITOS** ou **NÃO ELETRÓLITOS**.

Um eletrólito é uma substância que conduz eletricidade quando está dissolvida em água.

Um não eletrólito é uma substância que não conduz eletricidade quando está dissolvida em água.

Você pode usar uma LÂMPADA para verificar se uma substância é um eletrólito ou um não eletrólito.

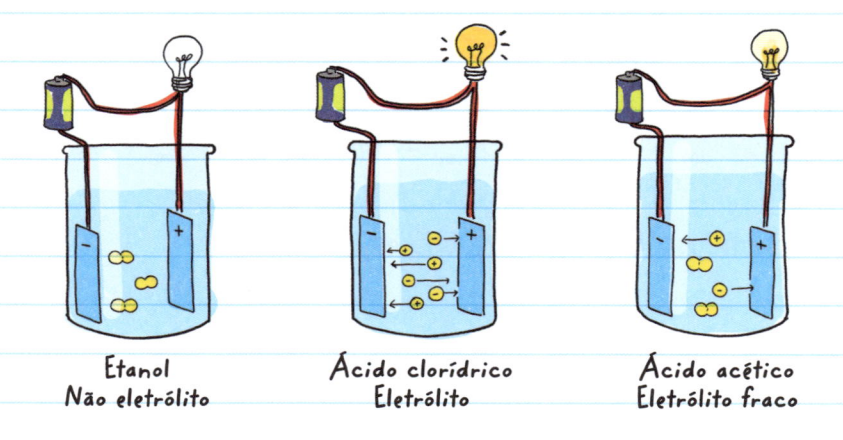

Etanol
Não eletrólito

Ácido clorídrico
Eletrólito

Ácido acético
Eletrólito fraco

Cada um dos béqueres acima contém uma solução e duas placas metálicas. Elas estão ligadas em série por uma bateria elétrica e uma lâmpada. Assim que a carga corre, os íons positivos são atraídos para a placa negativa, e os íons negativos, para a placa positiva. Se a solução conduz eletricidade, a lâmpada acende.

A lâmpada da esquerda não acende, o que significa que a substância no béquer da esquerda (etanol) é um NÃO ELETRÓLITO, ou seja, nenhuma carga se move.

A lâmpada do meio acende, o que significa que a substância no béquer do meio (ácido clorídrico) é um ELETRÓLITO.

A lâmpada da direita acende uma luz fraca, o que significa que a substância no béquer da direita é um ELETRÓLITO FRACO.

FATORES QUE AFETAM A SOLUBILIDADE

A **temperatura** afeta a solubilidade nos sólidos. A temperatura pode afetar a velocidade das moléculas, mas também o grau de dissociação de alguns íons (para mais ou para menos, dependendo do soluto).

Quando a temperatura aumenta, o gás também se move mais depressa, mas escapa do líquido e deixa a solução (a solubilidade diminui). Quando a temperatura diminui, a solubilidade aumenta.

⬆ Temperatura ⬇ Solubilidade dos gases nos líquidos

⬇ Temperatura ⬆ Solubilidade dos gases nos líquidos

A **pressão** afeta os gases dissolvidos em líquidos. Quando a pressão diminui, a solubilidade do gás diminui; quando a pressão aumenta, a solubilidade do gás aumenta.

Os gases também podem ser dissolvidos em líquidos!

⬆ Pressão ⬆ Solubilidade dos gases nos líquidos

⬇ Pressão ⬇ Solubilidade dos gases nos líquidos

Os refrigerantes são criados quando se aumenta a pressão das moléculas de gás de dióxido de carbono para que se dissolvam no líquido. À pressão normal, as partículas de CO_2 se convertem em gás e saem do refrigerante, fazendo-o ficar choco.

VERIFIQUE SEUS CONHECIMENTOS

1. O que é dissociação de compostos iônicos?

2. Por que a água é um bom solvente de compostos iônicos?

3. A maioria dos sulfatos é solúvel em água. Cite três exceções a essa regra.

4. Verdadeiro ou falso: sais que contêm íons do grupo 1 são solúveis em água.

5. Classifique as substâncias abaixo como uma mistura homogênea ou um coloide.
   A. Ar atmosférico sem poluição
   B. Leite
   C. Água do mar
   D. Ar poluído com fuligem

6. Escreva a equação iônica simplificada da seguinte reação: $ZnCl_2 + Na_2S \rightarrow ZnS + 2NaCl$.

7. Qual a diferença entre um eletrólito e um não eletrólito?

8. De que modo a pressão e a temperatura afetam a solubilidade de um gás?

RESPOSTAS

CONFIRA AS RESPOSTAS

1. Separação de íons em um composto por meio da água.

2. Porque as moléculas de água têm cargas parciais positivas e negativas em sua estrutura, exercendo uma forte atração sobre os íons do composto iônico e separando-os.

3. Os sulfatos insolúveis na água são $CaSO_4$, $BaSO_4$, $PbSO_4$, Ag_2SO_4 e $SrSO_4$.

4. Verdadeiro.

5. **A.** O ar é uma mistura homogênea.
B. O leite é um coloide.
C. A água do mar é uma mistura homogênea.
D. Ar poluído é um coloide.

6. $Zn^{2+}_{(aq)} + S^{2-}_{(aq)} \rightarrow ZnS_{(s)}$

7. Um eletrólito é uma substância que conduz eletricidade quando está dissolvida em água. Já um não eletrólito não faz o mesmo.

8. Um gás dissolvido em um líquido é mais solúvel a temperaturas MENORES e pressões MAIORES. Quanto maior a temperatura e menor a pressão, mais depressa as moléculas do gás escapam do líquido, como acontece com uma garrafa de refrigerante deixada aberta em um dia quente de verão.

EI, ELES NÃO VÃO SE JUNTAR A NÓS?

NÃO, SÃO APENAS ESPECTADORES.

Capítulo 29
AS CONCENTRAÇÕES DAS SOLUÇÕES

COMO PREPARAR SOLUÇÕES

Para preparar uma solução, é preciso conhecer:

1. a quantidade total de solução que se pretende preparar.

2. a **CONCENTRAÇÃO** da solução, ou seja, a quantidade de soluto que está dissolvida no solvente.

A concentração pode ser expressa de várias formas. Uma das mais usadas é a **MOLARIDADE**:

MOLARIDADE
$$M = \frac{n}{V}$$

$$M = \frac{\text{quantidade de soluto (em mols)}}{\text{volume de solução (em litros)}} = \text{mols/L}$$

Essa medida de concentração é usada com mais frequência para preparar soluções nas quais o volume total é conhecido.

Para calcular o número de mols a partir da massa do soluto, use a massa molar do elemento ou composto para fazer a conversão de gramas em mols.

POR EXEMPLO: Qual é a molaridade de uma solução preparada a partir de 45,6 g de $NaNO_3$, com 250 mL de volume final?

1. Converta a massa de $NaNO_3$ para mols de $NaNO_3$.

$$\frac{45,6 \text{ g}}{85,01 \text{ g/mol}} = 0,536 \text{ mol}$$

2. Converta de mililitros para litros.

$$\frac{250 \text{ mL}}{1000} = 0,250 \text{ L}$$

3. Calcule a molaridade (M).

$$M = \frac{0,536 \text{ mol}}{0,250 \text{ L}} = 2,14 \text{ mols/L}$$

Outra forma de expressar a concentração do soluto é a MOLALIDADE (W):

$$W = \frac{\text{quantidade de soluto (em mols)}}{\text{massa do solvente (em quilos)}} = \text{mols/kg}$$

> **MOLARIDADE E MOLALIDADE**
> **Molaridade** é o número de mols de um soluto por volume de uma solução.
> **Molalidade** é o número de mols de um soluto por massa de um solvente.

A molalidade é usada quando a MASSA do SOLVENTE (e não o volume) precisa ser conhecida para determinado cálculo.

Propriedades coligativas

Propriedades físicas de uma solução que dependem apenas da sua concentração, não da natureza do soluto.

Quando um soluto (sorvete) é adicionado ao solvente (refrigerante), o ponto de solidificação do solvente diminui.

O sal aumenta o ponto de ebulição da água. A água salgada leva mais tempo para ferver.

Exemplos de propriedades coligativas:
- diminuição do ponto de solidificação
- aumento do ponto de ebulição
- diminuição da **PRESSÃO DE VAPOR**

PRESSÃO DE VAPOR
Pressão exercida por um vapor liberado por um líquido devido à evaporação. Essa propriedade depende da natureza do líquido e da temperatura.

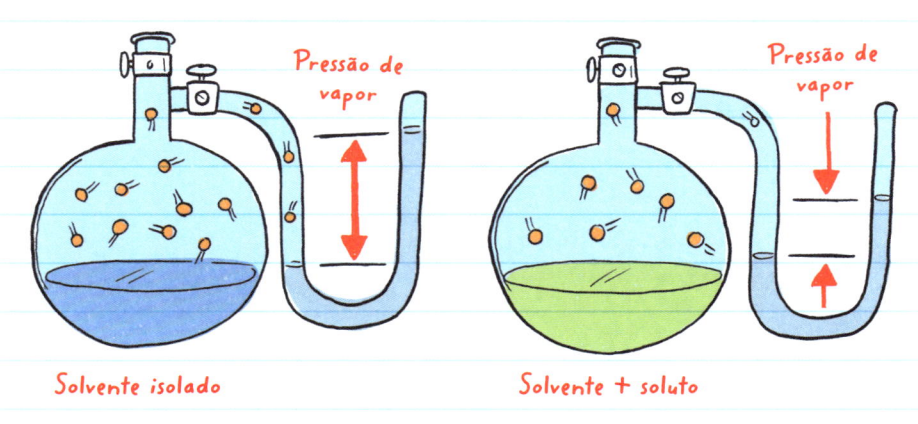

Pressão de vapor

Pressão de vapor

Solvente isolado

Solvente + soluto

Quando um soluto é **adicionado** ao solvente, a **pressão de vapor** do solvente diminui.

POR EXEMPLO: Calcule a molalidade (W) de uma solução de 35,4 g de hidróxido de cálcio em 278 g de água.

1. Converta a massa de hidróxido de cálcio em mols.

$$\frac{35{,}4 \text{ g}}{74{,}09 \text{ g/mol}} = 0{,}478 \text{ mol de } Ca(OH)_2$$

2. Converta gramas de água para quilogramas.

$$\frac{278\ g}{1000} = 0{,}278\ kg$$

3. Calcule a molalidade.

$$W = \frac{0{,}478\ mol\ de\ Ca(OH)_2}{0{,}278\ kg\ de\ água} = 1{,}72\ mol/kg$$

Título ou porcentagem em massa

Para chegar a essa composição, basta seguir a fórmula abaixo:

Usar a mesma unidade de massa para soluto e solvente.

$$\frac{massa\ do\ soluto}{massa\ da\ solução} \cdot 100\%$$

POR EXEMPLO: Determine o título de uma solução de 157 g que contém 32,0 g de KCl.

$$\frac{32{,}0}{157} \cdot 100\% = 20{,}3\%\ de\ KCl$$

Partes por milhão

Essa medida de concentração é usada com mais frequência em soluções muito diluídas. Segue a fórmula abaixo:

$$\frac{\text{unidades do soluto}}{\text{1 milhão de unidades da solução}}$$

Geralmente essas unidades (as partes) são contabilizadas em massa (mg) para o soluto e volume (L) para as soluções aquosas. Como 1 litro de água possui massa de aproximadamente 1000 g, a unidade mg seria um milhão de vezes menor.

POR EXEMPLO: Se uma amostra de água contém 150 ppm de carbonato de cálcio ($CaCO_3$), isso significa que para cada 1 litro de água existem 150 mg de carbonato de cálcio.

Solubilidade

Concentração (molaridade) máxima de um soluto que normalmente pode ser dissolvida em uma solução.

$$\text{solubilidade em gramas por litro (g/L)} = \frac{\text{massa do soluto (em gramas)}}{\text{volume do solvente (em litros)}}$$

DILUIÇÃO

Quando os químicos precisam diluir uma solução (reduzir a concentração do soluto), adicionam mais solvente sem mudar a quantidade de soluto. Após a diluição, a solução deve ser agitada para que o solvente adicionado se espalhe uniformemente.

Um **BALÃO VOLUMÉTRICO** é usado para diluições precisas e para a preparação de soluções-padrão. Esses frascos possuem uma linha de medição que aponta até onde a pessoa deve encher para obter o volume indicado neles.

> Quando seu valor de concentração possui alta exatidão.

Para determinar qual a quantidade de solvente a ser adicionada, basta usar a fórmula de diluição:

$$M_1 V_1 = M_2 V_2$$

em que

M_1 é a molaridade da solução original
V_1 é o volume da solução original
M_2 é a molaridade da solução diluída
V_2 é o volume da solução diluída

POR EXEMPLO: Quantos mililitros de uma solução 6,0 mols/L de hidróxido de sódio são necessários para preparar 2,0 L de uma solução 1,0 mol/L?

1. Faça uma lista das informações.

$M_1 V_1 = M_2 V_2$

$M_1 = 6,0$ mols/L

$M_2 = 1,0$ mol/L

$V_2 = 2,0$ L

$V_1 = ?$ L

2. Use a fórmula da diluição para calcular o volume da solução original.

$$V_1 = \frac{M_2 V_2}{M_1} = \frac{1,0 \cdot 2,0}{6,0} = 0,33 \text{ L} = 330 \text{ mL}$$

ESTEQUIOMETRIA DE SOLUÇÕES

No caso de cálculos estequiométricos que envolvam soluções, use volumes medidos a partir da molaridade da solução e NÃO a relação 1 mol = 22,4 L, que só vale para gases nas CNTP.

POR EXEMPLO: Um químico dissolveu 8,84 g de NaCl, fazendo uma solução de 350 mL. Qual a concentração da solução em mols por litro?

Converta a massa de NaCl (soluto) em mols.

$$\frac{8,84 \text{ g}}{58,45 \text{ g/mol}} = 0,151 \text{ mol de NaC}\ell$$

Divida o número de mols de NaCℓ pelo volume da solução.

$$\frac{0,151 \text{ mol de NaC}\ell}{0,350 \text{ L}} = 0,429 \text{ mol/L}$$

A concentração da solução é, portanto, 0,429 mol/L.

POR EXEMPLO: Quantos gramas de hidróxido de potássio (KOH) estão contidos em 32,0 mL de uma solução cuja concentração é 2,56 mols/L?

Use as fórmulas que relacionam a molaridade a volume e a massa molar.

$$0,032 \text{ L} \cdot \frac{2,56 \text{ mols}}{1 \text{ L}} = 0,082 \text{ mol}$$

$$0,082 \text{ mol} \cdot 56,11 \text{ g/mol} = 4,60 \text{ g de KOH}$$

VERIFIQUE SEUS CONHECIMENTOS

1. O que significa concentração?

2. Qual a medida de concentração de soluções mais usada na prática? Em que unidades ela é expressa?

3. O que é molalidade e em que circunstâncias ela é usada?

4. Defina o termo propriedade coligativa e dê dois exemplos.

5. Um químico dissolveu 12,95 g de $MgSO_4$, fazendo 750 mL de solução. Qual é a concentração da solução em mols?

6. Determine a massa de $CaCl_2$ em 45,5 mL de uma solução com uma concentração de 3,32 mols/L.

RESPOSTAS 399

CONFIRA AS RESPOSTAS

1. Quantidade do soluto que está dissolvida no solvente.

2. A molaridade, que é normalmente expressa em mols por litro (mols/L).

3. É o número de mols de um soluto por unidade de massa do solvente. Ela é usada quando há interesse nas propriedades coligativas da solução.

4. Propriedade física de uma solução que depende apenas da concentração do soluto e não da natureza do soluto. Entre as propriedades coligativas estão a diminuição do ponto de solidificação, o aumento do ponto de ebulição e a diminuição da pressão de vapor.

5. A massa molar de $MgSO_4$ é a soma das massas molares dos seus elementos, portanto:

$1 \cdot 24{,}305 + 1 \cdot 32{,}065 + 4 \cdot 15{,}999 = 120{,}37$ g/mol

Quantidade de $MgSO_4$ em mols: $\dfrac{12{,}95}{120{,}37} = 0{,}1078$

Converter o volume da solução: 750 mL = 0,75 L

Concentração da solução: $\dfrac{0{,}1078 \text{ mol}}{0{,}750 \text{ L}} = 0{,}1434$ mol/L

6. A massa de $CaCl_2$ é 16,8 g.

$M = \dfrac{n_{CaCl_2}}{V} = \dfrac{n_{CaCl_2}}{0{,}0455 \text{ L}} = 3{,}32$ mols/L

Logo, $n_{CaCl_2} = 0{,}151$ mol

Massa molar de $CaCl_2$:

$40{,}08 + 2 \cdot 35{,}45 = 110{,}98$ g/mol

$0{,}151 \text{ mol} \cdot 110{,}98 \text{ g/mol} = 16{,}8$ g

Capítulo 30

TITULAÇÕES

A MEDIDA DA CONCENTRAÇÃO DE SOLUÇÕES

A medida da concentração de uma solução é chamada de **TITULAÇÃO**. Durante esse processo, o **TITULANTE**, ou reagente (uma solução com uma concentração conhecida), é lentamente adicionado a uma solução cuja concentração é desconhecida (**TITULADO**) até que a reação seja finalizada. Uma mudança de cor revela o fim desse processo. Se você conhece a concentração de uma das soluções, pode calcular a da outra.

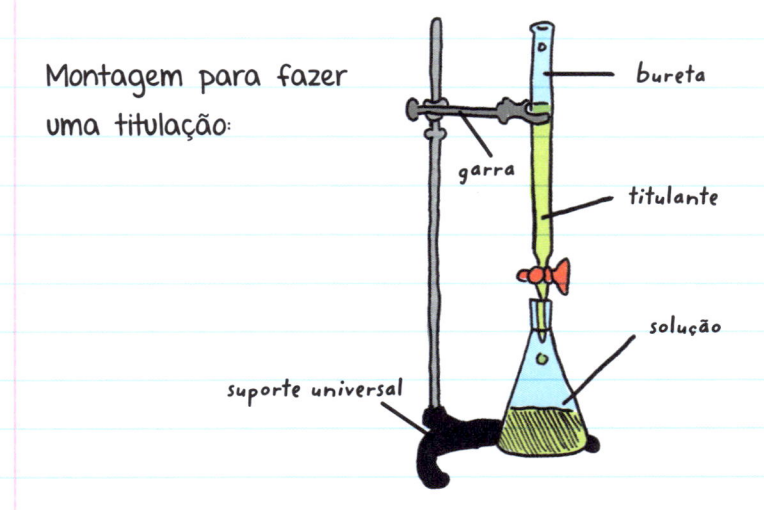

Montagem para fazer uma titulação:

- bureta
- garra
- titulante
- solução
- suporte universal

A bureta contém uma solução cuja concentração é conhecida. A concentração da solução que está no frasco é desconhecida. Um **INDICADOR** é adicionado à solução que está no frasco e mostra ao químico em que momento a titulação deve ser interrompida, pois reage com o titulante e provoca uma mudança de cor assim que a reação de neutralização ocorre totalmente. Podemos considerar a solução estudada como uma **SOLUÇÃO PADRONIZADA** porque, após a titulação, sua molaridade é conhecida com exatidão.

> **INDICADOR**
> Substância que muda de cor quando adiciona-se titulante suficiente para reagir com todo o titulado. No caso de titulações ácido-base, o **INDICADOR DE pH** muda de cor quando o pH atinge certo valor. O mais utilizado é a fenolftaleína, que muda de incolor para rosa quando o pH atinge o valor de 8,1.

Durante uma titulação, o reagente é adicionado lentamente para que seja possível observar o instante exato em que o indicador muda de cor. Às vezes, isso significa adicionar apenas uma gota de titulante de cada vez, para que seja adicionada a menor quantidade possível além da necessária para reagir com o titulado.

CÁLCULOS DE TITULAÇÃO

POR EXEMPLO: Um volume de 45,00 mL de uma solução 0,20 mol/L de hidróxido de sódio (NaOH) é necessário para neutralizar uma solução de 25,00 mL de ácido clorídrico (HCl). Qual a concentração molar da solução de HCl?

1. Escreva uma equação química balanceada para a reação de neutralização.

Um ácido e uma base vão se combinar para formar um sal. O sal formado será o cloreto de sódio, NaCl.

O objetivo é identificar quantos mols de ácido deveriam estar presentes na solução para reagir com a quantidade de base adicionada.

Escreva a equação iônica simplificada:
NaOH + HCl → NaCl + H$_2$O

> Lembre-se da fórmula de molaridade:
> $$C = \frac{n}{V}$$

2. Calcule o número de mols de NaOH que são consumidos na reação.
0,0450 L de NaOH · $\frac{0{,}20 \text{ mol}}{1 \text{ L de NaOH}}$ = 0,0090 mol de NaOH

3. Determine o número de mols de HCl.

A estequiometria da equação balanceada nos diz que 1 mol de NaOH reage com 1 mol de HCl. Isso significa que o número de mols de HCl é igual ao número de mols de NaOH: 0,0090 mol.

4. Calcule a molaridade do HCl.
$\frac{0{,}0090 \text{ mol de HCl}}{0{,}02500 \text{ L de HCl}}$ = 0,36 mol/L de HCl

> A estequiometria da titulação pode ser resumida como
>
> $$M_a V_a = M_b V_b$$
>
> somente se o ácido e a base reagem em uma relação de 1 para 1.
>
> M_a = molaridade do ácido   (HCl = x)
> V_a = volume do ácido   (HCl = 25 mL)
> M_b = molaridade da base   (NaOH = 0,20)
> V_b = volume da base   (NaOH = 45 mL)

Os cálculos deste exemplo podem ser resumidos da seguinte forma:

$25x = 0{,}2 \cdot 45 = 9$

$x = \dfrac{9}{25}$

$x = 0{,}36$ mol/L

Nota: No cálculo acima, os volumes não foram convertidos de mililitros para litros, mas isso não afetou o resultado final, porque as duas medidas estavam expressas em mililitros.

VERIFIQUE SEUS CONHECIMENTOS

1. Qual o propósito de realizar uma titulação?

2. Descreva a montagem de um experimento de titulação.

3. O que é um indicador e por que é importante?

4. Por que é preciso acrescentar o titulante aos poucos durante uma titulação?

5. Qual das duas soluções é conhecida como solução titulante?

6. A equação $M_a V_a = M_b V_b$ pode ser utilizada para calcular rapidamente a concentração de uma solução de H_2SO_4 que foi titulada com uma solução de NaOH?

7. Uma amostra de 50,0 mL de HCl é titulada com 25,00 mL de uma solução de 0,50 mol/L de NaOH. Qual é a concentração do HCl?

RESPOSTAS

CONFIRA AS RESPOSTAS

1. A titulação é uma forma de medir a concentração de uma solução.

2. Através de uma bureta, uma solução de concentração conhecida é lentamente adicionada a uma solução de concentração desconhecida até que um indicador identifica o ponto onde ocorreu reação total do titulado. Conhecendo o volume e a concentração do titulante, pode-se calcular a concentração do titulado.

3. Um indicador é uma substância que muda de cor para mostrar que a reação terminou, permitindo identificar o volume de titulante necessário para reagir totalmente com o titulado.

4. Porque, se você continuar a acrescentar titulante depois que o indicador mudou de cor, terá que repetir o processo, porque não saberá o volume real de titulante que reagiu somente com o titulado.

5. A solução cuja concentração é conhecida de antemão.

6. Não. A equação química que descreve essa reação é:

$H_2SO_4 + 2NaOH \rightarrow Na_2SO_4 + 2H_2O$

O ácido e a base reagem em uma relação de 1 mol de H_2SO_4 para 2 mols de NaOH. Essa equação só é aplicada quando os reagentes reagem em relação de 1 para 1. Portanto, nesse caso, deve-se calcular primeiro o número de mols de NaOH que foram consumidos na reação, identificar o número de mols de H_2SO_4 consumidos e depois calcular sua molaridade.

7. $M_a V_a = M_b V_b$

$50x = 0{,}5 \cdot 25$
$x = 0{,}25$ mol/L de HCl

Unidade 10

Termodinâmica

Capítulo 31
A PRIMEIRA LEI DA TERMODINÂMICA

CONSERVAÇÃO DA ENERGIA

Toda reação química obedece à LEI DA CONSERVAÇÃO DE MASSA e à LEI DA CONSERVAÇÃO DE ENERGIA. De acordo com essa última, a energia total de um sistema isolado é constante.

Isso significa que ela pode ser convertida, mas não criada ou destruída.

Trata-se do fundamento da **PRIMEIRA LEI DA TERMODINÂMICA**.

> **A PRIMEIRA LEI DA TERMODINÂMICA**
> A energia interna de um sistema aumenta se ele receber calor e diminui se ele realizar trabalho.

ENERGIA é a capacidade de realizar trabalho. Na Química, trabalho é definido como o fenômeno de conversão de energia causado por uma reação química.

Exemplos de energia

ENERGIA RADIANTE é a energia das ondas eletromagnéticas. O calor e a luz do Sol são exemplos.

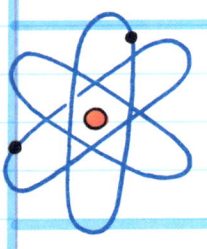

ENERGIA TÉRMICA é a energia associada ao movimento aleatório de átomos e moléculas.

ENERGIA QUÍMICA é a energia associada às ligações das substâncias químicas.

ENERGIA POTENCIAL é a energia "armazenada" de um objeto dependendo da sua posição relativa a outros corpos ao seu redor.

ENERGIA CINÉTICA é a energia associada ao movimento de um objeto.

Quase todas as reações químicas absorvem ou liberam energia, geralmente na forma de calor.

Calor é a energia térmica transferida de um corpo para outro.

- Quando dois objetos são colocados em contato, o calor passa do corpo mais quente para o mais frio.

- Quando um objeto absorve calor, sua temperatura aumenta.

- Quando um objeto cede calor, sua temperatura diminui.

TERMOQUÍMICA é o estudo da energia associada à quebra e formação de ligações químicas, a mudanças de fase e a transferências de calor em uma reação química. É parte de um campo de estudo mais amplo, a **TERMODINÂMICA**, que estuda a relação entre o calor e outras formas de energia e transferências de calor entre sistemas.

Para saber mais!

Energia térmica e calor NÃO SÃO a mesma coisa.

Energia térmica é a energia cinética associada ao movimento aleatório dos átomos e moléculas de uma substância. **Calor** é a energia térmica transferida de uma substância para outra.

Temperatura é a medida da energia cinética média dos átomos ou moléculas de um sistema.

CALORIMETRIA, CALOR ESPECÍFICO E CAPACIDADE TÉRMICA

Para medir energia envolvida em transformações físicas e químicas, os cientistas usam a **CALORIMETRIA**, o processo de medir a quantidade de calor liberada ou absorvida em uma reação. Para isso, costuma-se utilizar um recipiente especial, termicamente isolado, conhecido como **CALORÍMETRO**. Com ele, é possível determinar por meio de experimentos se uma reação é exotérmica ou endotérmica.

O tipo mais comum é o de pressão constante. Uma versão simplificada desse aparelho pode ser construída com copos de café.

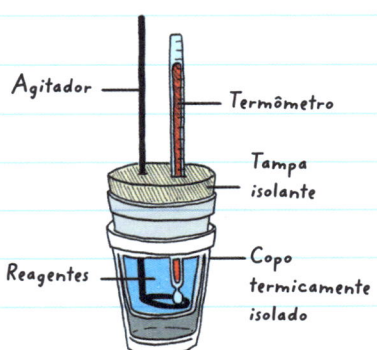

- Agitador
- Termômetro
- Tampa isolante
- Reagentes
- Copo termicamente isolado

Para calcular a troca de calor, é preciso conhecer o calor específico da substância.

CALOR ESPECÍFICO (C) é a quantidade de calor necessária para que 1 kg de uma substância sofra um aumento de temperatura de 1 K. A unidade de calor específico do SI é o joule por quilograma Kelvin (J / kg • K), mas pode ser expressa também em calorias por grama graus Celsius (cal / g • °C).

A quantidade q de calor absorvida ou liberada por um objeto é dada pela seguinte equação:

$$1 \text{ cal} = 4{,}184 \text{ J}$$

$$q = mc\Delta T$$

em que m é a massa do objeto, c é o calor específico e ΔT é a variação de temperatura.

CURVAS DE AQUECIMENTO

É possível mostrar o que acontece durante uma mudança de fase usando uma curva de aquecimento ou resfriamento. O gráfico abaixo mostra uma curva de aquecimento, que indica como a temperatura da substância aumenta à medida que o calor é absorvido, exibindo as mudanças de fase.

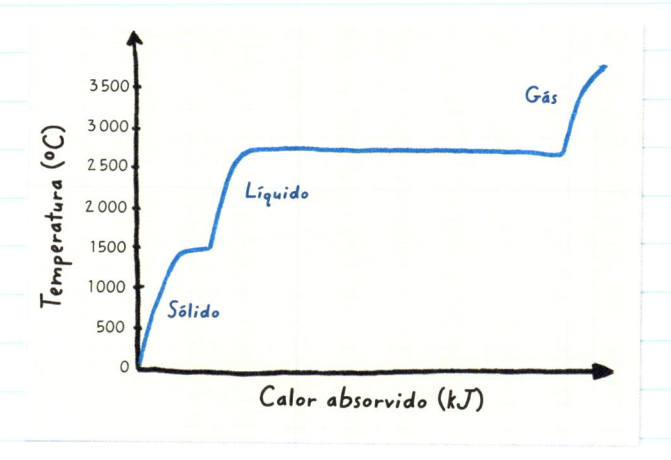

- 🟩 O estado sólido aparece no canto esquerdo do gráfico: baixa temperatura e muito pouco calor absorvido.
- 🟩 Quando a substância atinge certa temperatura, passa para o estado líquido.
- 🟩 Se a substância continua a absorver calor, a temperatura aumenta até que ela passe para o estado gasoso.

A curva permanece em um patamar durante as mudanças de fase porque, enquanto ela não é completada, todo o calor absorvido é usado para superar as forças de atração em vez de aumentar a temperatura.

O gráfico abaixo mostra as mudanças de fase de 1 kg de água quando ela passa de gelo a -50°C para vapor em temperaturas acima de 100°C.

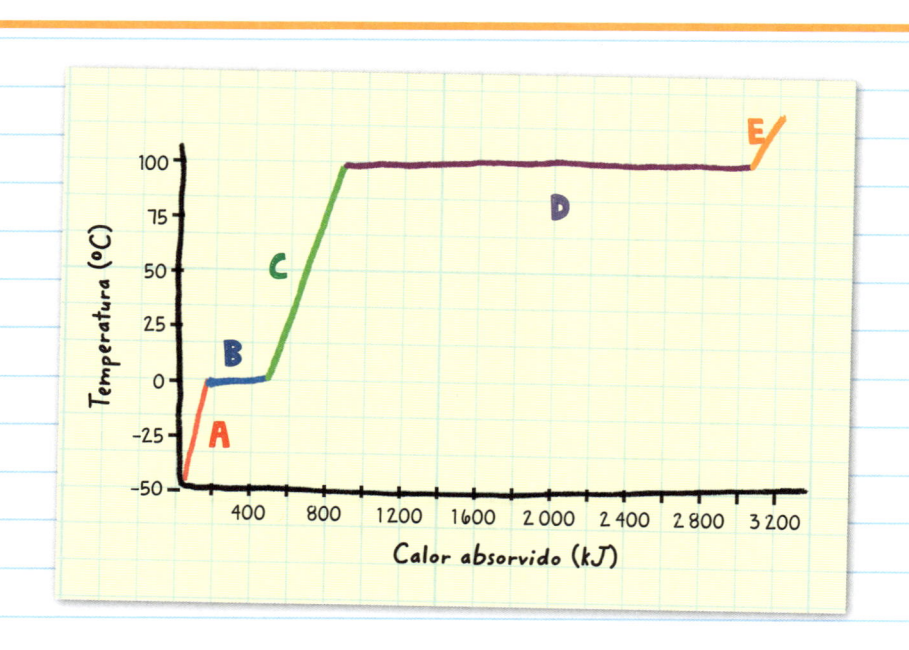

Trechos da curva:

A Aumento de temperatura quando o gelo absorve calor.
B Absorção de calor de fusão para transformar o gelo em água.
C Aumento de temperatura quando a água absorve calor.
D Absorção de calor de vaporização para transformar a água em vapor.
E Aumento de temperatura quando o vapor absorve calor.

CÁLCULO DO CALOR ESPECÍFICO

Uma esfera de cobre com uma massa de 52,4 g é colocada em um calorímetro de pressão constante. A temperatura inicial do cobre é 122°C. O volume de água no calorímetro é 125 mL. A temperatura da água aumenta de 25,0°C para 28,6°C. Qual é o calor específico do cobre?

(O calor específico da água é 4,184 J / g • °C.)

1. Calcule o valor de $q_{água}$.

Como o calorímetro é um sistema isolado,

calor liberado pela esfera de cobre

$q_{Cu} + q_{água} = 0$ OU $-q_{Cu} = q_{água}$

calor absorvido pela água

Use a densidade da água, 1 g/mL, para converter 125 mL em 125 g.

$q_{água} = mc\Delta T = (125\ g)(4{,}184\ J/g \cdot °C)(28{,}6°C - 25{,}0°C) = 1882{,}8\ J$

2. Calcule o valor do calor específico do cobre (Cu).

$q_{Cu} = m_{Cu} c_{Cu} \Delta T = (52{,}4\ g)\ c_{Cu}\ (28{,}6°C - 122°C) = -4894{,}16\ c_{Cu}$

O calor absorvido pela água é igual ao calor perdido pelo cobre. Logo, o cobre é exotérmico.

$-4894{,}16\ c_{Cu} = -1882{,}8$

$c_{Cu} = \dfrac{1882{,}8\ J}{4894{,}16\ g \cdot °C} = 0{,}385\ J/g \cdot °C$

O calor específico do cobre é, portanto, 0,385 J / g • °C.

ENTALPIA

A energia térmica de um sistema é medida por uma grandeza conhecida como **ENTALPIA**, representada pelo símbolo H.

A entalpia é a soma da energia interna de um sistema com o produto da pressão pelo volume do sistema.

$$H = E + PV$$

A variação de entalpia (ΔH) é igual ao calor recebido ou perdido pelo sistema.

$$\Delta H = \Delta E + \Delta(PV)$$

Nos casos em que a pressão é constante, podemos escrever:

$$\Delta H = \Delta E + P\Delta V$$

Como a pressão é constante, o símbolo Δ, que indica variação, se aplica apenas ao volume.

Entalpia das reações

$(\Delta H) = \Sigma H \text{(produtos)} - \Sigma H \text{(reagentes)}$
para uma reação química normal que vai de reagentes → produtos.

Significa "somatório"

$\Delta H > 0$: processo endotérmico (o sistema absorve energia)

$\Delta H < 0$: processo exotérmico (o sistema libera energia)

$\Delta H = 0$: processo isotérmico (o sistema nem absorve nem libera energia)

Outra forma de encarar a entalpia:

Se você tem 100 reais na carteira e compra dois ingressos de cinema por 40 no total, quanto sobra? Sessenta reais. O problema, escrito como uma equação de entalpia, ficaria assim: $\Delta H = 60 - 100 = -40$. A resposta é negativa porque você consumiu 40 reais.

Em muitas reações, a variação de entalpia é representada por kJ/mol. Ou seja, é a energia referente à transformação ou produção de 1 mol de determinada substância.

Os cálculos estequiométricos estudados para reagentes e produtos também valem para variação de entalpia.

POR EXEMPLO: Calcule a quantidade de calor liberada quando 13,56 g de oxigênio (O_2) são usados para queimar fósforo branco (P_4), sabendo que a variação de entalpia da reação é ΔH = -3 013 kJ/mol e a pressão é constante.

1. Escreva a reação balanceada.

$$P_{4(s)} + 5O_{2(g)} \rightarrow P_4O_{10(s)}$$

2. A variação de entalpia refere-se à queima de 1 mol de P_4. Então, uma relação pode ser escrita para resolução por análise dimensional:

$$\frac{-3013 \text{ kJ/mol}}{5 \text{ mols de } O_2}$$

3. Calcule o calor liberado.

[1 mol de O_2 = 32 g]

$$\Delta H = 13{,}56 \text{ g de } O_2 \cdot \frac{1 \text{ mol de } O_2}{32 \text{ g de } O_2} \cdot \frac{-3013 \text{ kJ/mol}}{5 \text{ mols de } O_2}$$

$$= -255{,}4 \text{ kJ de calor}$$

Outra forma de resolução:

1 mol de P_4 —reage com— 5 mols de O_2
A combustão de 1 mol de P_4 —libera— 3 013 kJ

Logo: O consumo de 5 mols de O_2 libera 3 013 kJ

Se 5 mols de O_2 = 160 g, então, pela regra de três:

O consumo de 160 g de O_2 —— libera —— 3 013 kJ
O consumo de 13,56 g de O_2 —— libera —— x

$$\frac{160 \text{ g}}{13,56 \text{ g}} = \frac{3\,013 \text{ kJ}}{x}$$

$$x = \frac{(3\,013 \cdot 13,56)}{160} = 255,4 \text{ kJ}$$

$\Delta H = -255,4$ kJ

Regras para escrever equações termoquímicas

1. Sempre especifique o estado físico da substância, porque diferentes estados da substância podem ter entalpias diferentes. Por exemplo, a entalpia do vapor d'água a 100 °C é 44,0 kJ/mol maior que a entalpia da água líquida à mesma temperatura.

2. Se você multiplicar os dois lados de uma equação termoquímica por um número n, deve multiplicar a entalpia pelo mesmo número. Assim, por exemplo, se 2 mols de água líquida são convertidos em 2 mols de vapor d'água, a variação de entalpia é 88,0 kJ/mol.

3. Quando a equação é invertida, o valor de H apenas troca de sinal. Não é preciso refazer o cálculo, porque a reação é essencialmente a mesma. Assim, por exemplo, se os 2 mols de vapor d'água do exemplo anterior são convertidos em 2 mols de água líquida, a variação de entalpia é -88,0 kJ/mol.

Para trabalhar com equações termoquímicas, é preciso conhecer a ENTALPIA DE FORMAÇÃO PADRÃO (ΔH_f^o) de cada substância.

A variação de entalpia (ΔH) é igual ao calor recebido ou perdido pelo sistema.

> A entalpia de uma reação é calculada usando-se a seguinte fórmula:
> $$\Delta H_{reação} = (H \text{ dos produtos}) - (H \text{ dos reagentes})$$

Calcule a entalpia da seguinte equação:

$C_2H_{4(g)} + 3O_{2(g)} \rightarrow 2CO_{2(g)} + 2H_2O_{(g)}$

1. Obtenha as entalpias de formação dos produtos.

ΔH_f^o do CO_2 = -393,5 kJ/mol

ΔH_f^o do H_2O = -241,8 kJ/mol

Essa é a ΔH de formação (ΔH_f^o) de 1 mol de cada substância. É preciso multiplicar esse número pelo número de mols da substância na equação.

ΔH_f^o do CO_2 = -393,5 kJ/mol • 2 = -787,0 kJ/mol

ΔH_f^o do H_2O = -241,8 kJ/mol • 2 = -483,6 kJ/mol

2. Estas são as entalpias de formação dos reagentes.

ΔH_f^o do O_2 = 0,00 kJ/mol (a entalpia de todas as substâncias simples no estado-padrão é 0).

ΔH_f^o do C_2H_4 = -61,05 kJ/mol

3. Calcule a entalpia da reação usando a equação a seguir:

$\Delta H^o = \Delta H_f^o$ (produtos) - ΔH_f^o (reagentes)

[(-787,0 + (-483,6)] - [-61,05] = -1209,55 kJ

A reação é exotérmica porque a variação de entalpia é negativa, indicando que a reação libera calor.

> **POR EXEMPLO:** Calcule $\Delta H°$ para a combustão do metano.
>
> **1.** Escreva a equação balanceada.
>
> $CH_{4(g)} + 2O_{2(g)} \rightarrow CO_{2(g)} + 2H_2O_{(g)}$
>
> **2.** Obtenha a entalpia de cada substância.
>
> $\Delta H_f°$ do CO_2 = -393,5 kJ/mol
> $\Delta H_f°$ do H_2O = -241,8 kJ/mol • 2 = -483,6 kJ/mol
> $\Delta H_f°$ do CH_4 = -74,5 kJ/mol
> $\Delta H_f°$ do O_2 = 0, porque é uma substância simples
>
> **3.** Calcule o valor de $\Delta H°$.
>
> = [-393,5 kJ + 2 • (-241,8 kJ)] - [-74,5 kJ + 2 • (0 kJ)]
> = -802,6 kJ

LEI DE HESS

O químico suíço GERMAIN HESS encontrou uma solução para os cientistas que não podiam realizar uma reação química para determinar a entalpia de formação padrão ($\Delta H_f°$) de uma substância.

Ele propôs uma regra, que veio a ser chamada de LEI DE HESS, para calcular a variação de entalpia de uma reação mesmo que ela não possa ser medida diretamente. É como usar uma rota alternativa quando há alguma limitação e a reação estudada não pode ter sua variação de entalpia medida diretamente.

> De acordo com a Lei de Hess, se os reagentes são considerados produtos de outras reações, a variação total de entalpia é a mesma, independentemente do número de passos necessários para chegar ao mesmo produto final.

Lei de Hess: Se você subir quatro degraus ou apenas um, o gasto de energia será o mesmo.

POR EXEMPLO: Calcule a variação de entalpia da reação

$N_{2(g)} + 2O_{2(g)} \rightarrow 2NO_{2(g)}$, sabendo que

(1) $N_{2(g)} + O_{2(g)} \rightarrow 2NO_{(g)}$; $\Delta H° = +180$ kJ e
(2) $2NO_{2(g)} \rightarrow 2NO_{(g)} + O_{2(g)}$; $\Delta H° = +112$ kJ

1. Inverta a equação (2) para obter a equação (3), que tem o mesmo produto da equação original.

(3) $2NO_{(g)} + O_{2(g)} \rightarrow 2NO_{2(g)}$ $\Delta H = -112$ kJ

Quando a equação é invertida, ΔH troca de sinal.

2. Some as equações (1) e (3) e cancele os termos iguais. Também some as entalpias.

A soma de duas equações químicas assemelha-se à soma de duas equações matemáticas. Represente todos os reagentes somados de um lado e todos os produtos somados do outro lado da seta. Some os termos iguais e subtraia as substâncias que aparecem dos dois lados da seta.

Ao final, você terá a reação global, que apresenta os reagentes iniciais e produtos finais do processo e omite os intermediários (produtos que foram produzidos e posteriormente consumidos).

(1) $N_{2(g)} + O_{2(g)} \rightarrow 2NO_{(g)}$ $H° = +180$ kJ e
(3) $2NO_{(g)} + O_{2(g)} \rightarrow 2NO_{2(g)}$ $H° = -112$ kJ

$N_{2(g)} + O_{2(g)} + \cancel{2NO_{(g)}} + O_{2(g)} \rightarrow \cancel{2NO_{(g)}} + 2NO_{2(g)}$

Reação global: $N_{2(g)} + 2O_{2(g)} \rightarrow 2NO_{2(g)}$

$\Delta H° = (+180) + (-112) = +68$ kJ

VERIFIQUE SEUS CONHECIMENTOS

1. O que dizem a Lei da Conservação de Energia e a Primeira Lei da Termodinâmica? Como elas estão relacionadas?

2. Nomeie e descreva três tipos de energia.

3. Qual a diferença entre energia térmica e calor?

4. O calor é absorvido ou liberado nas reações endotérmicas?

5. O que é entalpia e o que uma mudança nela diz em relação ao sistema?

6. Explique o que acontece quando a variação de entalpia (ΔH) é > 0, < 0 e = 0.

7. O que é a entalpia de formação padrão (ΔH_f^o)?

8. Se não for possível realizar uma reação química para determinar a entalpia de formação padrão de uma substância, a que lei você pode recorrer? O que diz essa lei?

RESPOSTAS

CONFIRA AS RESPOSTAS

1. De acordo com a Lei da Conservação de Energia, a energia total de um sistema isolado é constante, pode ser convertida, mas não criada ou destruída. Trata-se do fundamento da Primeira Lei da Termodinâmica, segundo a qual a energia interna de um sistema aumenta se ele receber calor e diminui se ele realizar trabalho.

2. Energia radiante é a energia das ondas eletromagnéticas; energia térmica é a energia associada ao movimento aleatório de átomos e moléculas; energia química é a energia associada às ligações de substâncias químicas; energia potencial é a energia associada à posição de um objeto; e energia cinética é a energia associada ao movimento de um objeto.

3. Energia térmica é a energia cinética associada ao movimento aleatório dos átomos e moléculas de uma substância; calor é a energia térmica transferida de uma substância para outra.

4. É absorvido ($\Delta H > 0$).

5. A entalpia é a soma da energia interna de um sistema com o produto da pressão pelo volume do sistema. A variação de entalpia (ΔH) em uma reação química revela se a reação é endotérmica, exotérmica ou isotérmica.

6. Se $\Delta H > 0$, a reação é endotérmica (o sistema absorve calor); se $\Delta H < 0$, a reação é exotérmica (o sistema libera calor); se $\Delta H = 0$, a reação é isotérmica (o sistema não absorve nem libera calor).

7. É a variação de entalpia quando 1 mol de substância no estado-padrão (1 atm e 298,15 K) é formado a partir de substâncias simples. O valor da entalpia de formação padrão das substâncias simples é zero.

8. À Lei de Hess. De acordo com ela, se os reagentes são considerados produtos de outras reações, a variação total de entalpia é a mesma, independentemente do número de passos necessários para chegar ao mesmo produto final.

Capítulo 32
A SEGUNDA LEI DA TERMODINÂMICA

ENTROPIA

Para determinar se uma reação ocorre espontaneamente, os cientistas também consideram uma função termodinâmica chamada **ENTROPIA**, representada pelo símbolo S. Ela é medida em joules por kelvin (J/K).

> **ENTROPIA (S)**
> Uma função termodinâmica que mede o grau de estados ou arranjos disponíveis que um sistema pode adquirir (incerteza ou aleatoriedade). É popularmente chamada de "grau de desordem".
> No universo como um todo, a entropia está aumentando, tendendo a um estado de desordem.

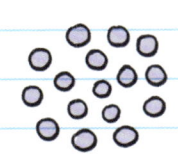

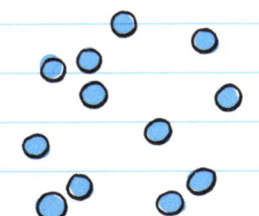

ordem ⟶ desordem

SEGUNDA LEI DA TERMODINÂMICA

Uma reação química pode levar ao maior ordenamento ou desordenamento de um sistema. Entretanto, quando pensamos somente na entropia, a desordem é mais favorável de ocorrer espontaneamente, como explica a **SEGUNDA LEI DA TERMODINÂMICA**.

> **SEGUNDA LEI DA TERMODINÂMICA**
> A entropia de um sistema isolado nunca diminui, sempre aumenta.

Por isso, a desordem é muito mais provável de ocorrer espontaneamente que a ordem (isso também se aplica às reações químicas).

Durante uma reação, a mudança de entropia é representada pelo símbolo $\Delta S_{sistema}$.

Se $\Delta S_{sistema} > 0$, a reação faz a desordem do sistema aumentar.

Se $\Delta S_{sistema} < 0$, a reação faz a desordem do sistema diminuir.

Para saber mais!

- Os sólidos são mais ordenados que os líquidos, que, por sua vez, são mais ordenados que os gases. Assim, em termos de entropia, temos:

$$S_{sólidos} < S_{líquidos} < S_{gases}$$

- Qualquer reação química que aumenta o número de partículas aumenta o grau de desordem.

mais partículas → maior desordem

ENTROPIA É TUDO!

> **POR EXEMPLO:** Determine se as reações abaixo estão associadas a um aumento ou a uma diminuição da entropia:
>
> (a) $2CO_{(g)} + O_{2(g)} \rightleftharpoons 2CO_{2(g)}$
> (b) $H_2O_{(l)} \rightleftharpoons H_2O_{(g)}$
> (c) $Na_2CO_{3(s)} \rightarrow Na_2O_{(s)} + CO_{2(g)}$
>
> *Seta de equilíbrio químico que indica reações reversíveis! Entenda melhor no Capítulo 34.*
>
> (a) A entropia diminui, porque existem menos moléculas de gás nos produtos que nos reagentes (3 moléculas no lado esquerdo; 2 moléculas no lado direito). Um produto é criado a partir de dois reagentes (reação de síntese).
>
> (b) A entropia aumenta, porque a reação é uma mudança da fase líquida para a fase gasosa.
>
> (c) A entropia aumenta, porque existem mais partículas no lado direito da reação e, além disso, o reagente é um sólido e um dos produtos é um gás.

A variação de entropia associada a uma reação é igual à entropia total dos produtos menos a entropia total dos reagentes.

ΔS significa variação de entropia.

$\Delta S = \Sigma$ entropia dos produtos $- \Sigma$ entropia dos reagentes

POR EXEMPLO: Calcule a variação de entropia-padrão associada à seguinte reação:

$2CO_{(g)} + O_{2(g)} \rightarrow 2CO_{2(g)}$

1. Escreva a equação de $\Delta S°$ (use a mesma equação da página anterior e entropias-padrão dos reagentes e produtos).

Entropia molar padrão em J/mol K (joules por mol Kelvin)

$\Delta S = [S°_{CO_2} \cdot 2 \text{ mols}] - [S°_{CO} \cdot 2 \text{ mols} + S°_{O_2} \cdot 1 \text{ mol}]$

produtos − reagentes

2. Calcule a entropia total, dado que

$S°_{CO_2}$ = 213,64 J/mol K $S°_{CO}$ = 197,91 J/mol K
$S°_{O_2}$ = 205,3 J/mol K

S_{total} = (213,64 J/mol K · 2 mols) − ((197,91 J/mol K · 2 mols) + 205,3 J/mol K) = −173,84 J/K

Os "mols" se cancelam. S_{total} é expressa em joules/Kelvin.

A entropia total negativa indica uma redução da desordem. Mesmo sem executar o cálculo, poderíamos afirmar que a entropia provavelmente diminuiria, porque o número de moléculas do produto é menor que o número de moléculas dos reagentes.

ESPONTÂNEA OU NÃO?

A função ENERGIA LIVRE DE GIBBS, também chamada somente de energia livre, representada pelo símbolo G, envolve a entropia e a entalpia de uma reação.

ENERGIA LIVRE DE GIBBS
A energia de uma reação química que pode ser usada para realizar trabalho.

Algumas reações acontecem espontaneamente porque estão associadas a um aumento da desordem ($\Delta S > 0$), mas outras acontecem espontaneamente porque liberam energia na forma de calor (são exotérmicas).

ESPONTÂNEA significa "sim, a reação vai acontecer".

NÃO ESPONTÂNEA significa "não, a reação não vai acontecer".

Neste contexto, espontânea não tem relação com a velocidade com a qual uma reação vai acontecer. Às vezes, a expressão TERMODINAMICAMENTE FAVORÁVEL é usada, o que significa que, em termos de calor e desordem, a reação acontece.

$$\Delta G = \Delta H - T\Delta S$$
para qualquer reação.

O sinal ΔG indica se a reação vai acontecer espontaneamente.

$$G = H - TS$$

- G é a energia livre de Gibbs
- H é a entalpia
- T é a temperatura
- S é a entropia

Para indicar que se trata de valores para o estado-padrão ($T = 298K$), escrevemos

$$\Delta G° = \Delta H° - T\Delta S°$$

Para saber mais!

- Se $\Delta G° < 0$, a reação é espontânea.

- Se $\Delta G° > 0$, a reação não é espontânea.

- Se $\Delta G° = 0$, os reagentes e produtos estão em equilíbrio.

As reações que ocorrem na natureza tendem a ser exotérmicas ($\Delta H < 0$) e a aumentar a desordem ($\Delta S > 0$), o que significa que a energia livre é negativa.

VERIFIQUE SEUS CONHECIMENTOS

1. Para determinar se uma reação ocorre espontaneamente, os químicos usam uma função termodinâmica chamada _____ _____ __ _____.

2. Coloque em ordem crescente (da mais ordenada para a menos ordenada) as fases de uma substância.

3. No universo, a ordem está aumentando ou diminuindo? A entropia está aumentando ou diminuindo?

4. Qual o sinal da variação de entropia para as reações a seguir?
   A. $U_{(s)} + 3F_{2(g)} \rightarrow UF_{6(g)}$
   B. $PCl_{3(l)} + Cl_{2(g)} \rightarrow PCl_{5(s)}$

5. Qual a expressão da energia livre de Gibbs? Por que ela é importante?

6. O que significa dizer que uma reação é termodinamicamente favorável?

CONFIRA AS RESPOSTAS

1. Energia livre de Gibbs.

2. Sólida, líquida, gasosa.

3. No universo, a ordem está diminuindo e a entropia está aumentando ($\Delta S > 0$).

4. **A.** Negativo, porque o número de partículas de gás diminui.
B. Negativo, porque o número total de partículas diminui.

5. A expressão da energia livre de Gibbs é $G = H - TS$, em que H é a entalpia, T é a temperatura e S é a entropia. Ela é importante porque pode ser usada para determinar se uma reação ocorre espontaneamente.

6. Significa que a reação acontece espontaneamente.

Capítulo 33
VELOCIDADE DA REAÇÃO

Os químicos estão interessados em saber se uma reação vai levar muito ou pouco tempo para terminar. Para isso, calculam a **VELOCIDADE DA REAÇÃO**, dada pela variação da concentração dos reagentes ou dos produtos por unidade de tempo. A velocidade da reação é medida em mols/litro/segundo (mols/L/s).

> A **termodinâmica** pode ser usada para determinar se uma reação ocorre espontaneamente, mas não fornece nenhuma informação a respeito de sua velocidade. A **cinética** é o ramo da química que trata da *velocidade das reações químicas*.

TERMODINÂMICA   CINÉTICA

Reações comuns e suas velocidades:

A fotossíntese (conversão de luz solar em energia pelas plantas) é relativamente rápida.

O carvão se transforma em diamante sob grande pressão e muito lentamente (o processo leva cerca de 1 bilhão de anos). É uma reação termodinamicamente favorável, embora não pareça, devido à sua lentidão.

A cura do cimento acontece devagar (pode levar até 28 dias).

CIMENTO FRESCO

Na equação A → B, A representa os reagentes e B representa os produtos.

À medida que a reação avança, a concentração dos reagentes (A) diminui e a dos produtos (B) aumenta.

A VELOCIDADE MÉDIA DA REAÇÃO é determinada pelo cálculo da variação da concentração de um reagente ou produto por unidade de tempo.

A fórmula da velocidade média da reação A → B é a seguinte:

$$\text{Velocidade} = \frac{-\Delta[A]}{\Delta t} \quad \text{OU} \quad \text{Velocidade} = \frac{\Delta[B]}{\Delta t}$$

em que Δt é um intervalo de tempo.
(A variação dos reagentes é um número negativo porque os reagentes estão sendo consumidos.)

[A] e [B] são dados em molaridade (mols/L) e t pode ser medido em segundos, minutos, dias ou a unidade de tempo que for mais apropriada para a escala da reação.

A velocidade de uma reação pode ser determinada a partir de um gráfico da concentração dos reagentes e produtos em função do tempo, como o que aparece na figura.

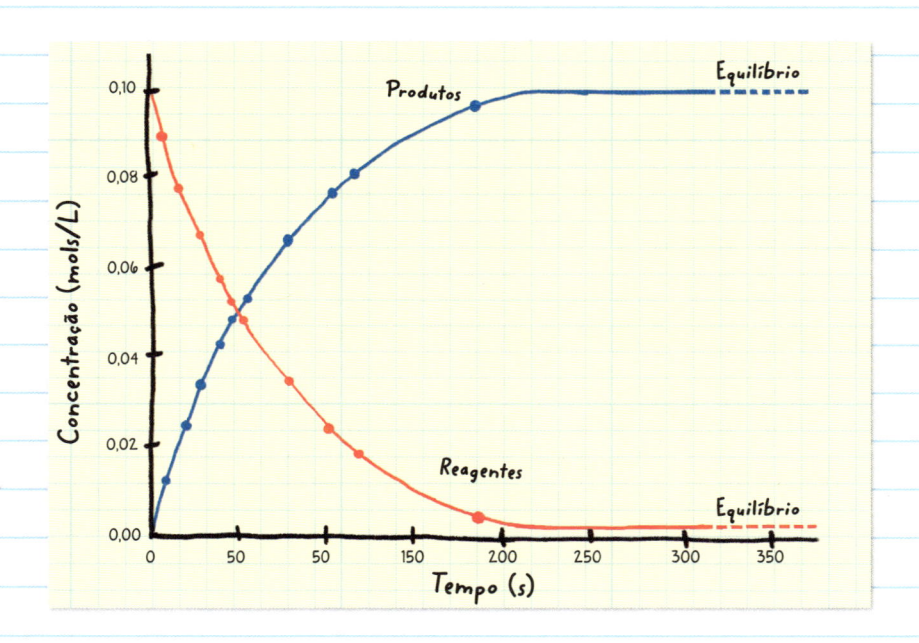

No início da reação química, a concentração dos produtos (linha azul) é zero. À medida que o tempo avança, a concentração dos reagentes (linha vermelha) diminui e a concentração dos produtos aumenta. Quando as concentrações dos reagentes e dos produtos se tornam constantes simultaneamente, chega-se ao EQUILÍBRIO QUÍMICO (veja mais no Capítulo 34).

TEORIA DAS COLISÕES

Para que uma reação química aconteça, os átomos precisam interagir. Isso geralmente significa que eles colidem com outros átomos. Quanto maior a concentração dos reagentes (o número de partículas por unidade de volume), mais haverá colisões.

Baixa concentração → menos colisões   Alta concentração → mais colisões

Nem todas as colisões produzem uma substância nova. Para produzi-la, é preciso que a colisão ocorra seguindo a orientação correta.

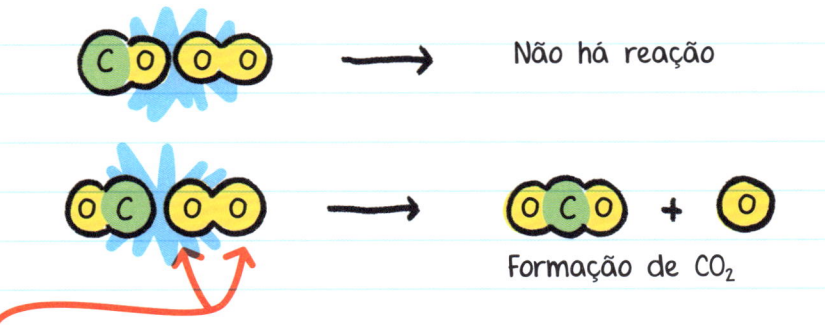

C O O → Não há reação

O C O O → O C O + O
Formação de CO_2

Quando o CO reage com O_2, o átomo C precisa estar envolvido na colisão para que um novo produto, o CO_2, se forme.

Se os átomos colidem com a energia mínima e a orientação favorável, ocorrem as COLISÕES EFETIVAS, que produzem uma substância nova. Fatores como temperatura e área superficial aumentam o número de colisões efetivas e a chance de gerar o produto. Consequentemente, a velocidade de reação também aumenta.

As colisões entre moléculas podem acontecer de diversas maneiras:

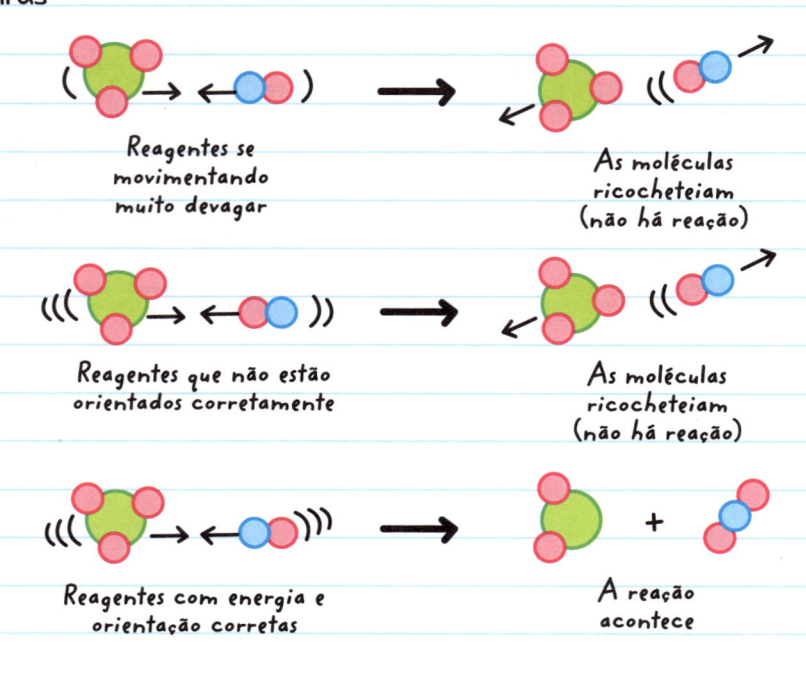

Reagentes se movimentando muito devagar → As moléculas ricocheteiam (não há reação)

Reagentes que não estão orientados corretamente → As moléculas ricocheteiam (não há reação)

Reagentes com energia e orientação corretas → A reação acontece

FATORES QUE AFETAM A VELOCIDADE DA REAÇÃO

Os seguintes fatores podem aumentar ou diminuir a velocidade da reação:

TEMPERATURA Aumentar a temperatura aumenta a velocidade média das partículas, que passam a colidir mais frequentemente, aumentando a velocidade da reação.

Reduzir a temperatura diminui a velocidade da reação.

CONCENTRAÇÃO Aumentar a concentração dos reagentes aumenta a velocidade da reação, porque há mais partículas por unidade de volume para colidir.

Reduzir a concentração diminui a velocidade da reação.

ÁREA SUPERFICIAL Aumentar a área superficial do reagente macerando-o ou cortando-o em pequenos pedaços cria mais regiões na substância para interagir e colidir, o que aumenta a velocidade da reação.

Reduzir a área superficial diminui a velocidade da reação.

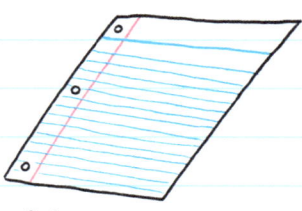

Esta folha de papel tem uma grande área superficial porque a folha inteira pode interagir com outro objeto.

Esta bolinha de papel tem uma área superficial exposta muito menor e, portanto, a possibilidade de interagir com outro objeto é menor.

A área superficial é a parte do objeto exposta ao exterior. O açúcar cristal demora muito mais para se dissolver em água do que uma mesma quantidade de açúcar refinado.

CATALISADOR é uma substância que aumenta a velocidade de uma reação, mas não é consumida no processo. Ele aumenta a velocidade reduzindo a ENERGIA DE ATIVAÇÃO.

As enzimas, por exemplo, são proteínas que atuam como catalisadores em reações bioquímicas. A OXIDAÇÃO da glicose, processo biológico pelo qual organismos obtêm energia, é auxiliada por enzimas que aumentam a velocidade do processo.

Energia de ativação

A **ENERGIA DE ATIVAÇÃO (E_a)** é a energia mínima necessária para iniciar uma reação química.

Todas as moléculas possuem energia cinética. Quando duas moléculas colidem, uma reação só acontece se a energia cinética total for igual ou maior que a energia de ativação da reação.

> Quanto menor a energia de ativação, mais rápida é a reação.

Duas moléculas que sofrem uma colisão efetiva formam um intermediário muito instável de alta energia, chamado complexo ativado, que possui uma estrutura intermediária entre o reagente e o produto.

Esse complexo só é formado caso o sistema adquira a energia de ativação necessária para produzi-lo.

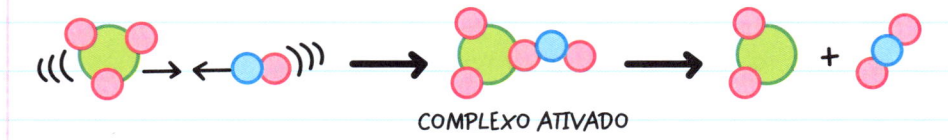

COMPLEXO ATIVADO

ΔG é a diferença entre a energia livre de Gibbs dos produtos e a energia livre de Gibbs dos reagentes.

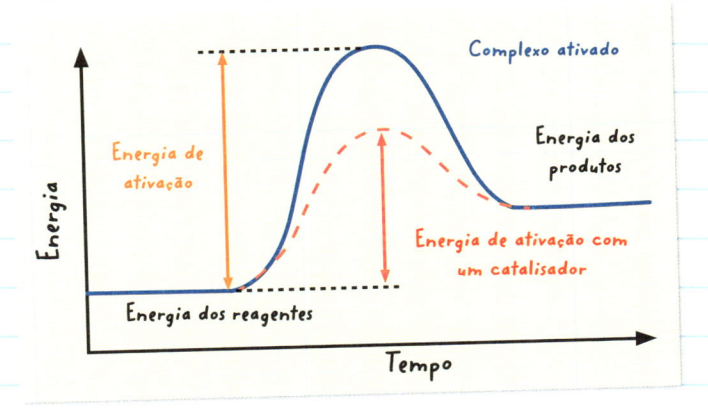

O gráfico mostra que os reagentes precisam superar a barreira de ativação (o nível do complexo ativado) para formar os produtos.

Como mostra a figura, a energia de ativação é maior sem um catalisador (curva azul).

Com um catalisador, a energia de ativação é menor (curva vermelha).

A energia de ativação também possui uma contribuição da entalpia e da entropia do sistema. Como o calor é mais fácil de medir e comumente envolve valores muito maiores que os valores de entropia, o gráfico é frequentemente representado apenas em termos de entalpia:

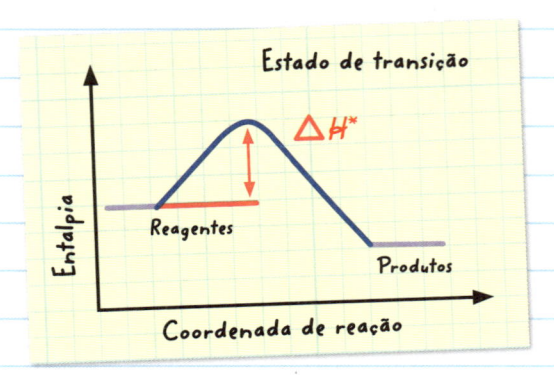

Estado de transição
ΔH^*
Entalpia
Reagentes
Produtos
Coordenada de reação

A entalpia de ativação (ΔH^*) representa a diferença entre o topo da curva do estado de transição (linha azul), que é análoga à energia de ativação, e a energia dos reagentes no estado normal (linha roxa no início da curva).

> Quando E_a e ΔH^* diminuem, a probabilidade de que a reação aconteça aumenta; quando E_a e ΔH^* aumentam, a probabilidade de que a reação aconteça diminui.

MECANISMOS DE REAÇÃO E A ETAPA DETERMINANTE DA VELOCIDADE

As reações químicas acontecem de acordo com determinado **MECANISMO DE REAÇÃO**, uma série de etapas nas quais os reagentes passam por várias transformações para chegar aos produtos. Entre essas etapas estão aquelas em que ligações são quebradas e novas são formadas. Cada etapa é concluída com uma velocidade diferente.

Entretanto, a velocidade global da reação é limitada pela etapa mais lenta, que recebe o nome de **ETAPA DETERMINANTE DA VELOCIDADE**.

> **ETAPA DETERMINANTE DA VELOCIDADE**
> A etapa mais lenta dentro da reação química global.

POR EXEMPLO: Na reação $NO_2 + CO \rightarrow NO + CO_2$:

O dióxido de nitrogênio se combina com o monóxido de carbono para produzir óxido de nitrogênio e dióxido de carbono. Não se trata de uma reação de uma única etapa. Em vez disso, acontecem duas reações sucessivas, cada uma com uma velocidade diferente.

A primeira reação é $NO_2 + NO_2 \rightarrow NO + NO_3$ (a mais lenta).

A segunda reação é $NO_3 + CO \rightarrow NO_2 + CO_2$ (a mais rápida).

Não escrevemos a reação inteira como um processo de duas etapas porque os produtos da primeira etapa são exatamente os reagentes da segunda etapa (eles são consumidos à medida que são produzidos). Quando as equações químicas de cada etapa são somadas para obter a equação global, as moléculas que estão do lado esquerdo e do lado direito da reação se cancelam:

$NO_2 + \cancel{NO_2} \rightarrow NO + \cancel{NO_3}$ (processo lento)

$\cancel{NO_3} + CO \rightarrow \cancel{NO_2} + CO_2$ (processo rápido)

Equação final: $NO_2 + CO \rightarrow NO + CO_2$

A etapa determinante da velocidade é a primeira, porque é a mais lenta.

VERIFIQUE SEUS CONHECIMENTOS

1. O que é a velocidade da reação e em que unidade é medida?

2. Quais os fatores que afetam a velocidade das reações?

3. Defina área superficial e dê um exemplo.

4. O que é energia de ativação e que papel desempenha nas reações químicas?

5. O que é a etapa determinante da velocidade de uma reação?

6. Qual é a função de um catalisador em uma reação química?

CONFIRA AS RESPOSTAS

1. A velocidade da reação é dada pela variação da concentração dos reagentes ou dos produtos por unidade de tempo. É medida em mols/litro/segundo.

2. A temperatura, a concentração dos reagentes e a área superficial.

3. Área superficial é a parte que está exposta ao exterior. O açúcar cristal demora muito mais para se dissolver em água do que uma mesma quantidade de açúcar refinado.

4. Energia de ativação é a menor energia necessária para iniciar uma reação química. O valor dela afeta a velocidade da reação.

5. É a etapa mais lenta de uma reação que envolve várias etapas. É ela que limita a velocidade global da reação.

6. Catalisador é uma substância que aumenta a velocidade de uma reação, mas não é consumida no processo. Ele aumenta a velocidade reduzindo a energia de ativação.

Unidade 11

Equilíbrio

Capítulo 34
EQUILÍBRIO QUÍMICO

EQUILÍBRIO QUÍMICO

Muitas reações químicas são reversíveis. Isso significa que elas ocorrem nos dois sentidos: a conversão dos reagentes nos produtos e dos produtos nos reagentes acontece ao mesmo tempo.

Um exemplo de reação reversível:
$$N_2O_{4(g)} \rightleftharpoons 2NO_{2(g)}$$

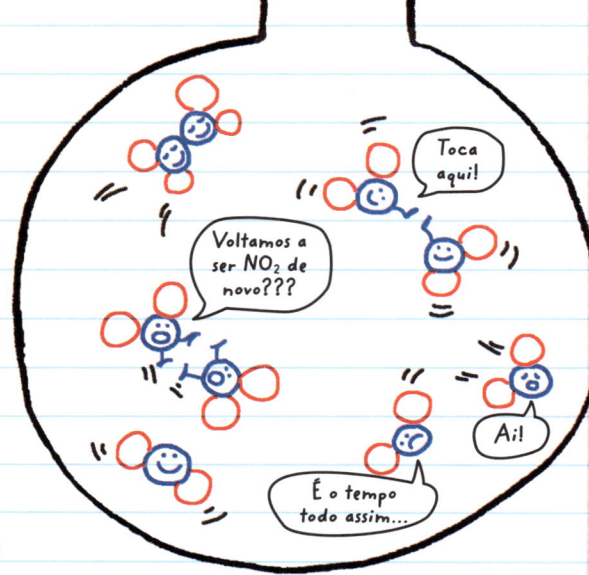

O equilíbrio químico é um processo dinâmico, está sempre mudando. Uma reação pode progredir no sentido direto, no sentido inverso ou não progredir em nenhum dos dois sentidos, e também ser "manipulada" para favorecer um dos sentidos trocando-se as condições nas quais ela acontece.

Reação reversível:
A + B → C + D (reação direta)
C + D → A + B (reação inversa)

Uma reação em equilíbrio:
A + B ⇌ C + D

> O equilíbrio químico é alcançado quando as velocidades com que ocorrem a reação direta e a reação inversa são iguais e a razão entre a concentração de reagentes e a concentração de produtos permanece constante.

Exemplos de reações químicas:

REAÇÃO DE PRECIPITAÇÃO

Se uma reação química em solução produz uma quantidade de sólido maior do que a sua solubilidade naquele solvente, obtém-se uma solução saturada daquele produto e o excedente não solubilizado surge no fundo do recipiente (CORPO DE FUNDO).

Mesmo que estejam em fases diferentes, os íons em solução estão em equilíbrio com o sólido, em um processo dinâmico. Enquanto alguns íons se reagrupam e formam o sólido, outros átomos se desprendem do sólido e se solubilizam no solvente.

O hidróxido de cálcio, por exemplo, é uma base que parece insolúvel. Entretanto, ela tem uma pequeníssima solubilidade (0,12 g é a quantidade máxima que consegue ser solubilizada em 100 mL de água, a 25°C). Ainda que a quantidade de íons em solução seja muito baixa, é um processo reversível:

$$Ca^{2+}_{(aq)} + 2OH^-_{(aq)} \rightleftharpoons Ca(OH)_{2(s)}$$

REAÇÕES ÁCIDO-BASE

Ácidos e bases fortes se dissociam 100% e se envolvem em reações de "mão única", pois a quantidade de reagentes que sobra é minúscula: praticamente 100% se converteram em produto. Ácidos e bases fracos entram em equilíbrio.

Por exemplo:

$$NaOH_{(aq)} + HCl_{(aq)} \rightarrow NaCl_{(s)} + H_2O$$

Hidróxido de sódio se combina com ácido clorídrico para produzir cloreto de sódio e água. Como HCl e NaOH são fortes, a reação de neutralização acontece apenas em um sentido.

$$NH_3 + H_2O \rightleftharpoons NH_4^+ + OH^-$$

A amônia é uma base fraca e não se ioniza completamente na água para formar íons amônio e íons hidróxido. Isso significa que a reação é reversível.

REAÇÕES REDOX

São reações de oxirredução, nas quais o número de oxidação de uma molécula, um átomo ou um íon muda pelo ganho ou pela perda de um elétron.

Por exemplo: $2Fe^{3+}_{(aq)} + Zn_{(s)} \rightleftharpoons 2Fe^{2+}_{(aq)} + Zn^{2+}_{(aq)}$

Dois íons Fe (III) se combinam com o zinco em uma solução aquosa para formar dois íons Fe (II) e um íon Zn (II). O zinco doa dois elétrons, um para cada íon Fe (III), o que os transforma em dois íons Fe (II). Os números de oxidação passaram de 3+ e 0 para 2+ e 2+.

Cada reação redox possui um valor de POTENCIAL REDOX. Esse número descreve a tendência de os reagentes transferirem elétrons entre si e é importante para determinar a direção da reação.

Se o valor for positivo, os reagentes são convertidos em produtos através da reação redox. Se for negativo, os produtos são convertidos em reagentes. Se for zero, a reação está em equilíbrio químico e não ocorre espontaneamente.

REAÇÕES QUÍMICAS E FÍSICAS

Em um **EQUILÍBRIO QUÍMICO**, ocorrem reações químicas reversíveis, no sentido direto e no sentido inverso.

Por exemplo: $HNO_2 \rightleftharpoons H^+ + NO_2^-$

Em um **EQUILÍBRIO FÍSICO**, a substância é a mesma antes e depois da transformação. A transformação representada refere-se a um processo físico - como uma mudança de fase, por exemplo.

Na equação abaixo, a água passa da fase líquida para a gasosa e vice-versa:

$$H_2O_{(l)} \rightleftharpoons H_2O_{(g)}$$

Condições para o equilíbrio:

- O equilíbrio só pode ser obtido em um **SISTEMA FECHADO**. (O sistema é o ambiente que está sendo estudado.)

> **SISTEMA FECHADO**
> Nenhuma substância é adicionada ou removida do sistema, mas a energia pode ser transferida para dentro ou para fora.

- Após atingido o equilíbrio, a velocidade da reação direta é igual à velocidade da reação inversa.

- **CATALISADORES** não mudam a posição de equilíbrio, mas aumentam a rapidez com que ele é alcançado.

> **CATALISADOR**
> Substância que pode afetar a velocidade de uma reação química sem ser ela própria alterada.

- A concentração de reagentes e de produtos permanece constante, mas uma não é necessariamente igual à outra.

Existem três tipos de sistema:

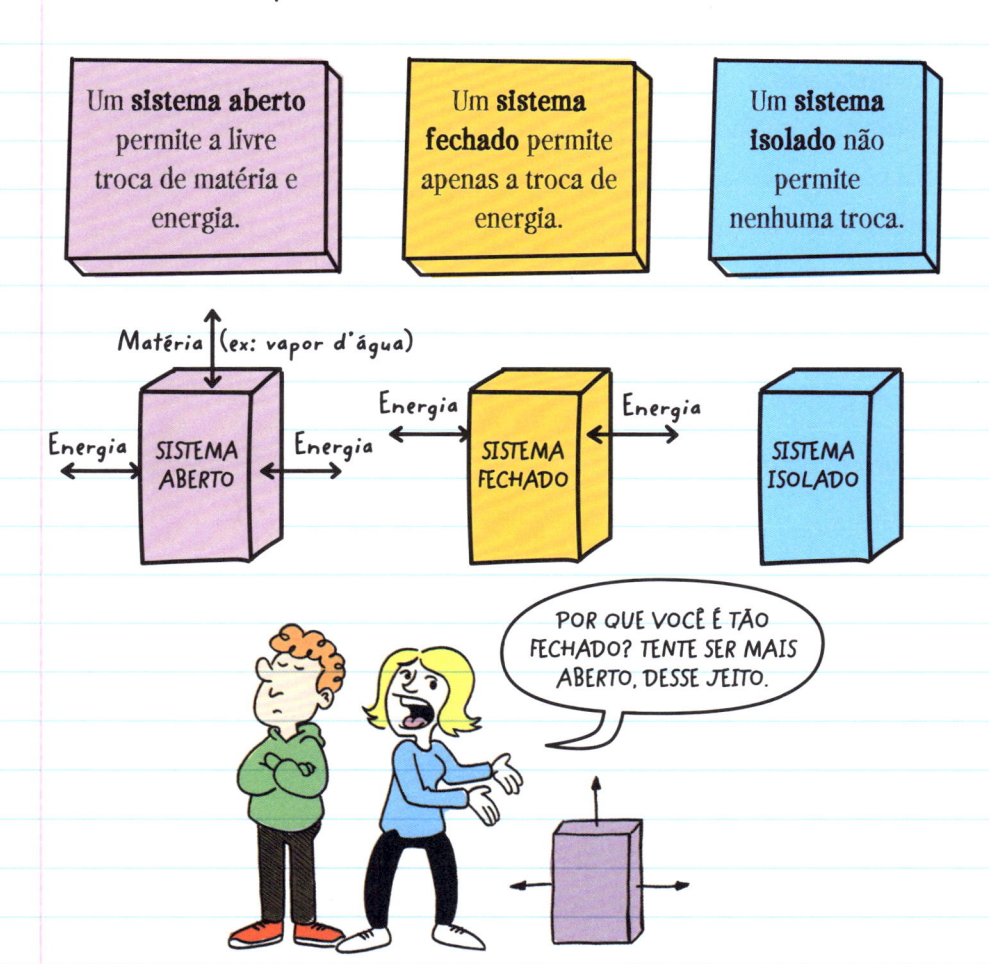

| Um **sistema aberto** permite a livre troca de matéria e energia. | Um **sistema fechado** permite apenas a troca de energia. | Um **sistema isolado** não permite nenhuma troca. |

Matéria (ex: vapor d'água)

Energia ⟷ SISTEMA ABERTO ⟷ Energia

Energia ⟶ SISTEMA FECHADO ⟵ Energia

SISTEMA ISOLADO

> POR QUE VOCÊ É TÃO FECHADO? TENTE SER MAIS ABERTO, DESSE JEITO.

No exemplo abaixo, ocorre uma mudança de cor, que mostra que uma reação está acontecendo:

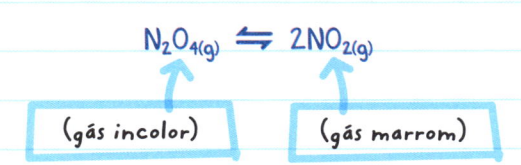

$$N_2O_{4(g)} \rightleftharpoons 2NO_{2(g)}$$

(gás incolor)   (gás marrom)

O tetróxido de dinitrogênio (N_2O_4) é um gás incolor. O dióxido de nitrogênio (NO_2) é um gás marrom. Quando o tetróxido de dinitrogênio é injetado em um frasco vazio, parte dele imediatamente fica marrom. Isso indica que começou a formação de dióxido de nitrogênio. Esse surgimento demora alguns instantes, até que as quantidades de N_2O_4 e NO_2 alcancem um equilíbrio.

A CONSTANTE DE EQUILÍBRIO

Os químicos querem ser capazes de determinar a concentração de cada um dos produtos e reagentes de uma reação.

A razão entre as quantidades dos produtos e reagentes envolvidos em uma reação é chamada de **CONSTANTE DE EQUILÍBRIO**, representada pelo símbolo **K**. Para reações diferentes, existem valores de constantes de equilíbrio diferentes.

Para uma reação em solução, do tipo $aA_{(aq)} + bB_{(aq)} \rightleftharpoons cC_{(aq)} + dD_{(aq)}$, a constante de equilíbrio é calculada pela fórmula:

$$K = \frac{[C]^c [D]^d}{[A]^a [B]^b}$$

> Os colchetes representam a molaridade (mols/litro), que pode ser aplicada a soluções e gases.

> Os coeficientes da equação balanceada se tornam expoentes na expressão de K.

Para a equação $aA_{(g)} + bB_{(g)} \rightleftharpoons cC_{(g)} + dD_{(g)}$,

K_c usa concentrações molares (indicadas entre colchetes) e pode ser utilizada para o equilíbrio de soluções ou gases:

$$K_c = \frac{[C]^c \, [D]^d}{[A]^a \, [B]^b}$$

K_p usa pressões parciais dos gases em um sistema fechado, representadas por P e parênteses:

$$K_p = \frac{P(C)^c \, P(D)^d}{P(A)^a \, P(B)^b}$$

A relação entre K_c e K_p depende do tipo de sistema.

> No **equilíbrio homogêneo**, todas as substâncias da reação estão na mesma fase, seja aquosa ou gasosa. No **equilíbrio heterogêneo**, pelo menos uma substância envolvida na reação está em uma fase diferente das demais.
> Os valores de K_c e K_p podem ser utilizados em ambos os casos.

Para equilíbrios envolvendo gases, as constantes relacionam-se como

$$K_p = K_c \, (RT)^{\Delta n}$$

Em que Δn = Soma dos coeficientes dos produtos gasosos − Soma dos coeficientes dos reagentes gasosos.

E R é a constante universal dos gases.

POR EXEMPLO: Escreva as expressões de K_c e/ou K_p.

- $HF_{(aq)} + H_2O_{(l)} \rightleftharpoons H_3O^+_{(aq)} + F^-_{(aq)}$

Você só precisa determinar K_c, porque não se trata de uma mistura de gases.

$$K_c = \frac{[H_3O^+][F^-]}{[HF]}$$

> Nenhum sólido ou líquido puro (incluindo a água) aparece nas expressões das constantes de equilíbrio K.

- $2CO_{2(g)} \rightleftharpoons 2CO_{(g)} + O_{2(g)}$

$$K_c = \frac{[CO]^2 [O_2]}{[CO_2]^2} \quad e \quad K_p = \frac{P(CO)^2 \, P(O_2)}{P(CO_2)^2}$$

POR EXEMPLO: A constante de equilíbrio K_c para a reação $2NO_{(g)} + O_{2(g)} \rightleftharpoons 2NO_{2(g)}$ a 500 K é $6{,}9 \cdot 10^5$. Determine o valor de K_p.

$$K_p = K_c (RT)^{\Delta n}$$

Δn é a variação de mols. Nessa equação: 2 mols do produto − 3 mols dos reagentes = −1

$$K_p = 6{,}9 \cdot 10^5 (0{,}0821 \cdot 500)^{-1} = 6{,}9 \cdot \frac{10^5}{0{,}0821 \cdot 500} = 1{,}7 \cdot 10^4$$

Alguns tipos de reação são associados a equilíbrio químico e suas constantes recebem "nomes" especiais:

> **a:** ácido
> **b:** base
> **c:** concentração
> **p:** pressão
> K_{ps}: produto de solubilidade
> K_w: constante iônica da água

- K_a = constante de acidez

$$= \frac{[H_3O^+][A^-]}{[HA]}$$

para a seguinte reação de ionização de um ácido, representado por HA: $HA + H_2O \rightleftharpoons H_3O^+ + A^-$

- K_b: constante de dissociação básica = $\frac{[B^+][OH^-]}{[BOH]}$

para a seguinte reação de dissociação da base BOH: $BOH \rightleftharpoons B^+ + OH^-$

- K_a e K_b estão relacionadas pela constante de ionização da água (o W vem de "water", "água" em inglês): $K_w = 1{,}0 \cdot 10^{-14}$ (a 25°C)

Para ácidos e bases conjugados, elas se relacionam da seguinte forma: $K_w = K_a \cdot K_b$

- K_{ps}: constante Produto da Solubilidade. É outra forma de representar a solubilidade de sais, principalmente aqueles pouco solúveis. Como os reagentes da reação são um sólido que se dissocia e água, o cálculo de K costuma ter somente os numeradores (os íons resultantes dissociados).

> K_{ps} é o produto de solubilidade para reações de dissociação. Você pode chegar a essa constante multiplicando as solubilidades dos produtos de uma reação de dissociação.
>
> Para a reação $Mg(OH)_{2(s)} \rightleftharpoons Mg^{2+} + 2OH^-$,
>
> $$K_{ps} = [Mg^{2+}][OH^-]^2$$

K x Q

Como as reações de equilíbrio são reversíveis, os químicos precisam saber que lado da reação é favorecido.

Dadas as quantidades presentes no equilíbrio em um determinado período de tempo, os químicos precisam saber se as reações avançam na direção dos produtos ou na direção dos reagentes. K é a constante de equilíbrio que ajuda a responder à pergunta.

K prevê um ponto de equilíbrio no qual a velocidade da reação direta é igual à velocidade da inversa. O **QUOCIENTE DA REAÇÃO (Q)** mostra, com base na combinação INICIAL de concentrações de reagentes e produtos, como a reação vai prosseguir em direção ao equilíbrio.

> **Q**, o **quociente da reação**, mede a constante de equilíbrio para qualquer período da reação e revela se ela já atingiu o equilíbrio.

Para esta equação, $aA_{(g)} + bB_{(g)} \rightleftharpoons cC_{(g)} + dD_{(g)}$,

$$Q = \frac{[C]^c [D]^d}{[A]^a [B]^b}$$

A equação para calcular Q é a mesma usada para calcular K, MAS, na equação de Q, as concentrações são de qualquer período, e não as de equilíbrio.

> Q é como um instantâneo do valor de K.

Se **Q > K**, a reação avança na direção dos reagentes. O sistema se desloca para a ESQUERDA ← para fazer mais reagentes.

Se **Q < K**, a reação avança na direção dos produtos. O sistema se desloca para a DIREITA → para fazer mais produtos.

Se **Q = K**, a reação já está em equilíbrio.

POR EXEMPLO: No início da reação $2SO_{2(g)} + O_{2(g)} \rightleftharpoons 2SO_3$, as quantidades iniciais de gases (em mols) são 0,35 mol de SO_2, $3,25 \cdot 10^{-2}$ mols de O_2 e $6,41 \cdot 10^{-4}$ mols de SO_3 em uma solução de 4,50 L.

Se o K_c para essa reação é 3,5 à temperatura ambiente, determine se o sistema está em equilíbrio. Se não estiver, identifique em que direção a reação vai avançar.

1. Calcule a molaridade inicial de cada substância.

$$\frac{0,35 \text{ mol de } SO_2}{4,50 \text{ L}} = 0,078 \text{ mol de } SO_2$$

$$\frac{3,25 \cdot 10^{-2} \text{ mols de } O_2}{4,50 \text{ L}} = 0,00722 \text{ mol/L de } O_2$$

$$\frac{6,41 \cdot 10^{-4} \text{ mols de } SO_3}{4,50 \text{ L}} = 0,000142 \text{ mol/L de } SO_3$$

2. Calcule o valor de Q

$$Q = \frac{[SO_3]^2}{[SO_2]^2[O_2]} = \frac{[0,000142]^2}{[0,078]^2[0,00722]} = 4,6 \cdot 10^{-4}$$

Como Q < K, existe um excesso de reagentes em relação aos produtos e, portanto, a reação se desloca para a direita.

GRÁFICOS DA CONCENTRAÇÃO EM FUNÇÃO DO TEMPO

Você pode ver como uma reação vai avançar observando o gráfico da concentração em função do tempo.

Este gráfico mostra o equilíbrio da reação por meio da linha roxa horizontal que se forma quando as duas curvas se encontram. Isso acontece porque, no equilíbrio, as velocidades das reações direta e inversa são iguais.

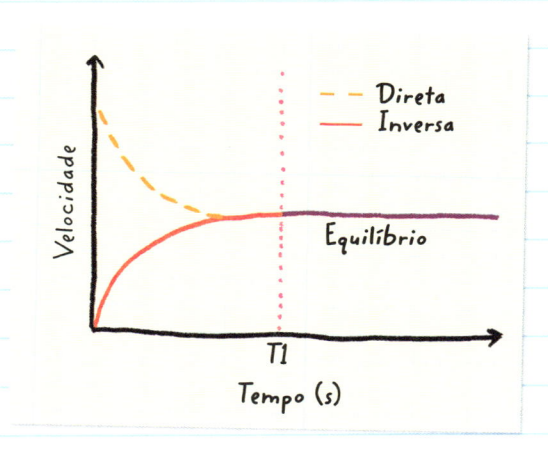

Este gráfico mostra a concentração em função do tempo. A quantidade de reagentes começa elevada e depois cai, até se tornar constante. Como os reagentes estão sendo consumidos, a quantidade inicial de produtos é pequena e aumenta à medida que eles são criados. As linhas retas dos reagentes e produtos mostram que a reação alcançou o equilíbrio.

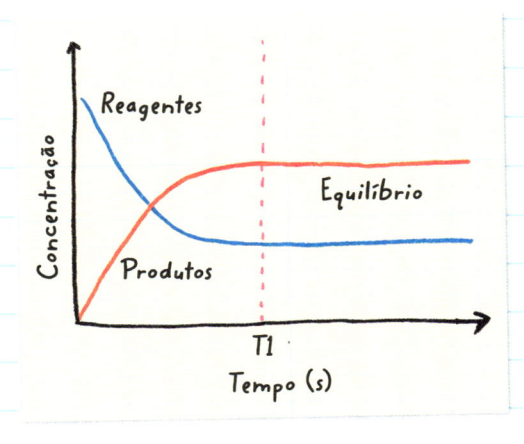

Neste gráfico, há maior concentração de reagentes do que de produtos no equilíbrio.

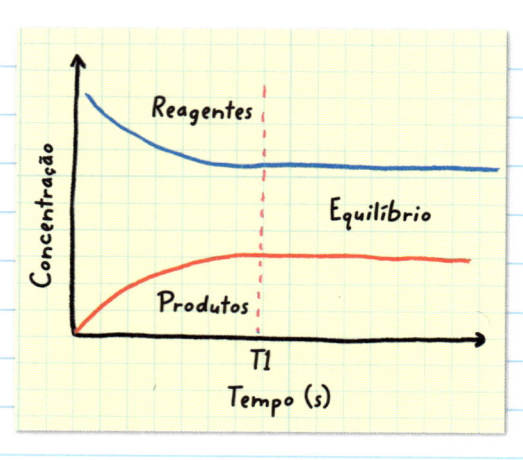

VERIFIQUE SEUS CONHECIMENTOS

1. Como é o processo do equilíbrio químico em uma reação? Dê exemplos de duas reações que podem estar em equilíbrio.

2. Qual a diferença entre uma reação de equilíbrio químico e uma de equilíbrio físico?

3. Quais são os três tipos de sistema? Explique como cada um deles se relaciona com a energia e a matéria em volta.

4. Defina K_w, K_a e K_b. Diga como são relacionados matematicamente.

5. O que são K_c e K_p?

6. O que é Q? Se Q > K, o que isso diz a respeito da reação?

CONFIRA AS RESPOSTAS

1. O equilíbrio químico é um processo dinâmico, ou seja, as reações em um sistema ocorrem no sentido direto e no sentido inverso. Exemplos de reações de equilíbrio são a precipitação e as reações ácido-base e redox.

2. Em um equilíbrio químico, ocorrem reações químicas reversíveis, no sentido direto e no sentido inverso. No equilíbrio físico, a substância é a mesma antes e depois da transformação. A transformação representada refere-se a um processo físico — como uma mudança de fase, por exemplo.

3. Um sistema aberto permite livre troca de matéria e energia com o ambiente. Um sistema fechado permite apenas a troca de energia. Um sistema isolado não permite nenhuma troca.

4. K_w é a constante de ionização da água, K_a é a constante de acidez e K_b é a constante de dissociação básica. Para ácidos e bases conjugados, elas se relacionam da seguinte forma: $K_w = K_a \cdot K_b$.

5. K_c é a constante de equilíbrio calculada em termos de concentração. Pode ser usada para descrever reações que ocorrem em soluções ou misturas gasosas.

K_p é a constante de equilíbrio calculada em termos de pressão parcial, então só é aplicada quando há substâncias gasosas.

6. Q é o quociente da reação, similar a K, mas em qualquer período de tempo. Se Q > K, a reação favorece os reagentes e o sistema se desloca para a ESQUERDA (←); se Q < K, a reação favorece os produtos e o sistema se desloca para a DIREITA (→); se Q = K, a reação está em equilíbrio.

Capítulo 35
O PRINCÍPIO DE LE CHÂTELIER

O equilíbrio de reações reversíveis pode mudar devido a diversos fatores, entre eles:

- temperatura
- pressão
- volume
- concentração

O PRINCÍPIO DE LE CHÂTELIER pode ser usado para prever o efeito da mudança de um desses fatores sobre o sistema.

> HENRY LOUIS LE CHÂTELIER foi um químico francês que desenvolveu um meio para prever o efeito da mudança de uma condição sobre um sistema em equilíbrio químico.

> De acordo com o **Princípio de Le Châtelier**, se uma perturbação externa é aplicada a um sistema em equilíbrio, o sistema se ajusta para um novo ponto de equilíbrio.

O princípio explora o fato de que as reações de equilíbrio são dinâmicas e autocorretivas. Se uma reação é tirada do equilíbrio, ela se desloca no sentido da restauração.

MUDANÇA DA CONCENTRAÇÃO
Dada a reação

$$2A_{(aq)} + B_{(aq)} \rightleftharpoons C_{(aq)} + 2D_{(aq)},$$

- O que acontece se você aumentar a concentração de A?

O valor de Q será menor que K. A reação se desloca para a DIREITA para formar mais produtos porque uma perturbação foi introduzida no lado dos reagentes, fazendo com que mais partículas de A se combinassem com B para produzir C e D até que Q volte a ser igual a K.

- O que acontece se você reduzir a concentração de B?

A reação vai se deslocar para a ESQUERDA para aumentar a concentração de reagentes porque um reagente foi subtraído; o sistema vai compensar convertendo produto em reagente.

- O que acontece se você remover C da reação logo depois que ele se forma?

A reação vai se deslocar para a DIREITA para formar mais produtos, o que significa outro C.

- O que acontece se você adicionar um íon de outro composto à solução original?

$$FeSCN^-_{(aq)} \rightleftharpoons Fe^{3+}_{(aq)} + SCN^-_{(aq)}$$

O que acontece se você adicionar NaSCN a essa solução?

O NaSCN vai se dissociar para formar mais íons de SCN^-, o que cria um excesso de SCN^- no sistema. Isso vai fazer a reação se deslocar para a ESQUERDA para produzir mais reagentes.

> Se você remove uma substância, a reação se desloca na direção dela para compensar a redução.
>
> Se você adiciona uma substância, a reação se desloca na direção oposta a ela para compensar o aumento.

Um exemplo de equilíbrio químico pode ser encontrado no corpo humano. A hemoglobina (Hb) presente no sangue se liga ao oxigênio (O_2) nos pulmões e é transportada pelas hemácias para o corpo inteiro. Quando o sangue chega a uma parte do corpo que precisa de oxigênio, este deixa as hemácias e vai para o tecido. Enquanto o oxigênio está disponível nos pulmões, mantém-se o equilíbrio. Mas, se uma pessoa sobe até o alto de uma montanha, onde a pressão atmosférica é menor, menos oxigênio está disponível para se ligar à hemoglobina. Assim, a reação se desloca para a esquerda, na direção da hemoglobina e do oxigênio separados, e se afasta do produto, a hemoglobina oxigenada. O resultado físico da mudança é que a pessoa pode perder os sentidos.

Mudança de volume

Mudanças de volume do recipiente afetam apenas reações que envolvem gases.

Suponha que todas as substâncias da reação abaixo sejam gases:

$$2A_{(g)} + B_{(g)} \rightleftharpoons C_{(g)} + D_{(g)}$$

- O que acontece se o volume do recipiente for reduzido?

A redução do volume vai gerar um aumento da pressão do sistema. Existem três moléculas de gás no lado esquerdo e duas no lado direito da reação. Ela então vai se deslocar na direção que é menos afetada pela perturbação, para reduzir a pressão. Nesse exemplo, a reação vai se deslocar para a DIREITA, no sentido do produto, o lado em que há menos moléculas de gás (quanto menos moléculas de gás, menor a pressão).

- 🟩 O que acontece se o volume do recipiente for aumentado?

O aumento do volume disponível vai reduzir a pressão do sistema. Dessa forma, a reação vai se deslocar para a ESQUERDA, o lado onde existem mais moléculas de gás (quanto mais moléculas de gás, maior a pressão).

- 🟩 O que acontece se a pressão for aumentada ou reduzida e houver o mesmo número de moléculas de gás dos dois lados?

Nesse caso, a proporção das moléculas vai continuar a mesma, ou seja, o equilíbrio não será afetado.

Os béqueres da figura abaixo ilustram a reação
$3H_{2(g)} + N_{2(g)} \rightleftharpoons 2NH_{3(g)}$.

A — molécula de amônia
B — pressão aumentada
C — novo equilíbrio

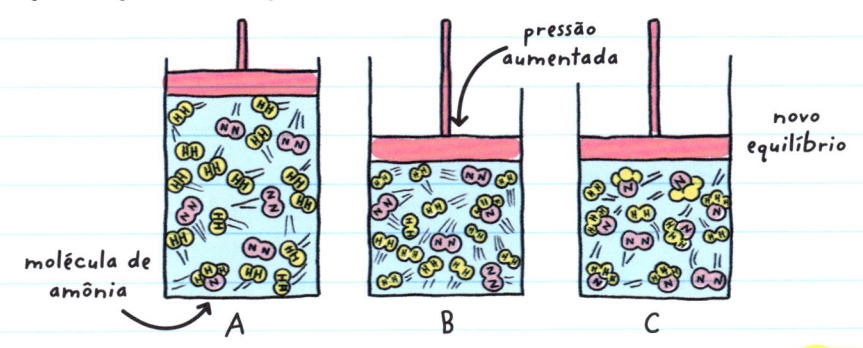

No béquer A existem cinco moléculas de nitrogênio e quatorze moléculas de hidrogênio, ou seja, dezenove moléculas de reagentes. E há apenas uma partícula de amônia, que representa o produto.

Como a pressão é maior no béquer B, as partículas se aproximam e passam a colidir com mais frequência, o que leva à formação de novas moléculas de amônia. São duas moléculas de gás NH_3 produzidas a cada quatro moléculas de reagente.

O béquer C mostra que no novo equilíbrio o número de moléculas de amônia é maior. Isso diminui o total de moléculas do sistema e, portanto, a pressão.

Outras mudanças de pressão

Aumentar a pressão interna do sistema com a adição de um gás inerte (que não participa da reação estudada) afetaria o equilíbrio?

Não afetaria, pois a razão entre as pressões parciais dos reagentes e produtos não seria afetada.

Mudança de temperatura

Se os reagentes absorvem calor para criar os produtos, a reação é **ENDOTÉRMICA**.

Se os produtos liberam calor ao serem criados, a reação é **EXOTÉRMICA**.

> Em uma reação **endotérmica**, o calor é como se fosse um dos reagentes.
> Em uma reação **exotérmica**, o calor é como se fosse um dos produtos.

A energia térmica de um sistema é medida por uma grandeza conhecida como ENTALPIA, representada pelo símbolo ΔH, cuja unidade mais comum é o QUILOJOULE (kJ).

> ΔH, ou **variação de entalpia**, é a quantidade de calor liberada ou absorvida em uma reação realizada a pressão constante.

---

250 kJ por mol são **liberados** quando A e B reagem para produzir C e D.

$$A + 2B \rightleftharpoons C + D \quad \Delta H = -250 \text{ kJ/mol}$$

250 kJ por mol são **absorvidos** quando C e D reagem completamente para produzir A e B.

🟩 O que acontece se você aumenta a temperatura de uma reação?

De acordo com a equação acima, se você aumentar a temperatura, a reação vai se deslocar para a ESQUERDA para absorver essa energia adicional.

🟩 O que acontece se você reduz a temperatura de uma reação?

De acordo com a equação anterior, se você reduzir a temperatura, a reação vai se deslocar para a DIREITA para liberar energia e compensar essa perda.

Para saber mais!

⬆ Já que o calor é quase tão importante quanto um reagente em uma reação endotérmica, aumentar a temperatura de um sistema endotérmico em equilíbrio dinâmico **favorece a formação de reagentes**. O sistema compensa a mudança que você fez absorvendo o calor adicional e criando uma quantidade maior de produtos.

⬇ Diminuir a temperatura de um sistema exotérmico em equilíbrio dinâmico **favorece a formação de produtos**. O sistema compensa a mudança que você fez produzindo mais calor e criando uma quantidade maior de produtos.

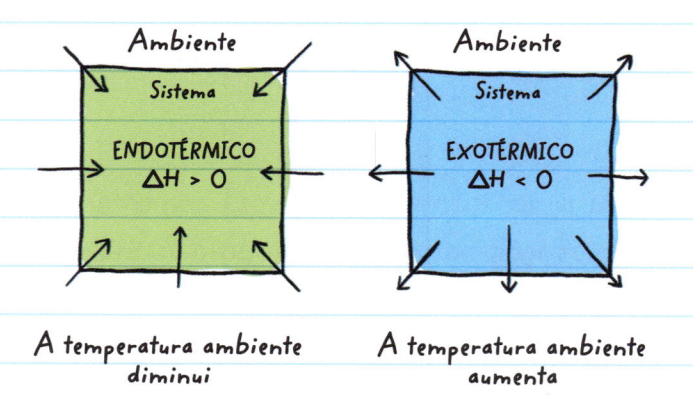

Ambiente	Ambiente
Sistema ENDOTÉRMICO $\Delta H > 0$	Sistema EXOTÉRMICO $\Delta H < 0$
A temperatura ambiente diminui	A temperatura ambiente aumenta

OBSERVAÇÃO: perturbações na concentração e na pressão não mudam o valor da constante de equilíbrio. Alterações na temperatura mudam!

VERIFIQUE SEUS CONHECIMENTOS

1. O que afirma o Princípio de Le Châtelier?

2. Dada a reação $2A_{(g)} + B_{(g)} \rightleftharpoons C_{(g)} + 2D_{(g)}$, o que acontece se a pressão aumenta?

3. Dada a reação $4A_{(s)} + B_{(g)} \rightleftharpoons 2C_{(s)} + 3D_{(s)}$, se a quantidade de A aumenta, o que acontece com a reação?

4. Qual a diferença entre uma reação exotérmica e uma reação endotérmica?

5. De que forma o equilíbrio é afetado se uma reação exotérmica ocorre a uma temperatura maior?

6. De que forma o equilíbrio é afetado se na reação abaixo ocorre uma redução do volume do recipiente?

$2SO_{3(g)} \rightleftharpoons 2SO_{2(g)} + O_{2(g)}$

CONFIRA AS RESPOSTAS

1. Se uma perturbação externa é aplicada a um sistema em equilíbrio, ele se ajusta até atingir um novo ponto de equilíbrio.

2. A reação não é afetada, porque o número de mols dos reagentes é igual ao número de mols dos produtos.

3. Nada, pois A é sólido. A concentração do reagente B é a única que poderia influenciar o equilíbrio.

4. Em uma reação endotérmica, os reagentes absorvem calor para criar produtos; em uma reação exotérmica, os produtos liberam calor ao serem criados.

5. Adicionar calor a uma reação exotérmica faz a reação se deslocar para a ESQUERDA para aumentar a absorção de calor.

6. Como há duas moléculas no lado esquerdo da reação e três no lado direito, se a pressão aumentar a reação vai se deslocar para a ESQUERDA para diminuir a pressão e, assim, reduzir a perturbação.

Capítulo 36
ÁCIDOS E BASES CONJUGADOS

Quando um ácido fraco reage com uma base fraca, eles atingem um **EQUILÍBRIO QUÍMICO**, um ponto em que a reação é reversível e existe uma razão fixa entre as concentrações de produtos e reagentes.

> os produtos podem se transformar de novo nos reagentes

Uma **REAÇÃO DIRETA** é indicada por uma seta que aponta da esquerda para a direita: →

Uma **REAÇÃO INVERSA** é indicada por uma seta que aponta da direita para a esquerda: ←

Uma seta dupla (⇌) indica um equilíbrio químico.

Na reação abaixo, HA é um ácido:

$HA + H_2O \rightleftharpoons H_3O^+ + A^-$

No modelo de Bronsted-Lowry, o ácido cede um próton e a base recebe um próton. Na reação direta deste exemplo, o ácido (A) doa um próton à água (H_2O), transformando-a em H_3O^+. Isso significa que a água é a base, porque recebe um próton.

Na reação inversa, o íon A^- é a base e o íon hidrônio (H_3O^+) é o ácido. O hidrônio doa um próton ao íon A^- para formar HA.

==PARES CONJUGADOS== são pares formados por:
- um ácido + seu respectivo produto, após perda de um próton
- uma base + seu respectivo produto, após incorporação de um próton

> **PARES CONJUGADOS**
> Um ácido e uma base que diferem entre si pela presença ou ausência de um íon de hidrogênio que foi transferido entre eles.

um par conjugado

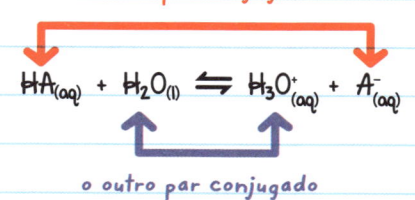

$$HA_{(aq)} + H_2O_{(l)} \rightleftharpoons H_3O^+_{(aq)} + A^-_{(aq)}$$

o outro par conjugado

> Pares conjugados diferem em suas fórmulas por exatamente 1 próton.

HA e A^- são pares conjugados porque têm um próton de diferença entre si.

> **EQUILÍBRIO QUÍMICO**
> Acontece quando a velocidade da reação direta é igual à velocidade da reação inversa.

H_2O e H_3O^+ são pares conjugados porque têm um próton de diferença entre si.

POR EXEMPLO: Determine quais os pares conjugados da reação abaixo:

$$NH_{3(aq)} + H_2O_{(l)} \rightleftharpoons NH_4^+{}_{(aq)} + OH^-{}_{(aq)}$$

1. Identifique os componentes que doam um próton e os que aceitam um próton.

Como NH_3 se torna NH_4^+, ele aceita um próton. Isso faz dele uma base.

Como H_2O se torna OH^-, ela doa um próton. Isso faz dela um ácido.

NH_4^+ doa um próton na reação inversa e isso faz dele um ácido.

OH^- aceita um próton na reação inversa e isso faz dela uma base.

2. Pergunte: Essa reação é reversível? Sim, porque a seta dupla $\rightleftharpoons$ mostra que existem pares conjugados:

um par conjugado

$$NH_{3(aq)} + H_2O_{(l)} \rightleftharpoons NH_4^+{}_{(aq)} + OH^-{}_{(aq)}$$

o outro par conjugado

> **POR EXEMPLO:** Identifique os pares conjugados nas seguintes reações:
>
> $H_2PO_4^- + NH_3 \rightleftharpoons HPO_4^{2-} + NH_4^+$
>
> NH_3 atua como uma base porque aceita um próton de $H_2PO_4^-$. HPO_4^{2-} é básico e aceita um próton de NH_4^+, que por sua vez atua como ácido. Isso faz de NH_3/NH_4^+ um par conjugado porque eles diferem em um próton. $H_2PO_4^-$ e HPO_4^{2-} também são um par conjugado.
>
> $HClO + CH_3NH_2 \rightleftharpoons CH_3NH_3^+ + ClO^-$
>
> $HClO$ está atuando como ácido e doando um próton para formar ClO^-, uma base; CH_3NH_2 é uma base que aceita um próton para formar $CH_3NH_3^+$, um ácido.

A água pode atuar como base em uma reação e como ácido em outra. Substâncias que atuam tanto como ácidos quanto como bases são chamadas de **ANFÓTERAS**. Podem tanto doar quanto aceitar H^+.

A FORÇA DOS ÁCIDOS E BASES

Os químicos usam a **CONSTANTE DE ACIDEZ** ou **CONSTANTE DE IONIZAÇÃO** (K_a) para expressar a força de um ácido. Quanto maior ela for, maior a concentração de íons do ácido na solução, mais forte o eletrólito e mais alta a razão entre íons e reagentes.

> K_a também é conhecida como CONSTANTE DE IONIZAÇÃO ou CONSTANTE DE ACIDEZ.

A fórmula para calcular K_a é a seguinte:

$$K_a = \frac{[\text{produtos}]}{[\text{reagentes}]}$$

Por exemplo: $HA + H_2O \rightleftharpoons H_3O^+ + A^-$

Nota: Sólidos e líquidos puros, como água, não são incluídos no cálculo de K_a porque suas concentrações são praticamente constantes.

$$K_a = \frac{[H_3O^+][A^-]}{[HA]}$$

Os colchetes indicam que se trata da molaridade das substâncias. Às vezes, as concentrações são extremamente pequenas, como 10^{-3} ou 10^{-6}, o que torna o valor de K_a também muito pequeno.

O valor de K_a depende da força do ácido.

> Ácidos fortes se dissociam quase totalmente na água e têm K_a alto (maior que 1). Ácidos fracos se dissociam apenas parcialmente e têm K_a baixo (menor que 1).

Tipos de ácido e suas bases conjugadas:

ÁCIDO	BASE CONJUGADA
Ácidos fortes	
HCl (ácido clorídrico) (muito forte)	Cl^- (íon cloreto) (muito fraco)
H_2SO_4 (ácido sulfúrico)	HSO_4^-; SO_4^{2-} forma duas bases conjugadas quando íons de hidrogênio são removidos sucessivamente do ácido
HNO_3 (ácido nítrico)	NO_3^- (íon nitrato)
Ácidos fracos	
H_3PO_4 (ácido fosfórico)	$H_2PO_4^-$ (íon di-hidrogenofosfato)
CH_3COOH (ácido acético)	CH_3COO^- (íon acetato)
H_2CO_3 (ácido carbônico)	HCO_3^- (íon bicarbonato)
HCN (ácido cianídrico) (muito fraco)	CN^- (íon cianeto) (muito forte)

VERIFIQUE SEUS CONHECIMENTOS

1. O que são pares conjugados e em que tipo de reação são encontrados?

2. Qual é o ácido conjugado ou a base conjugada das moléculas e íons abaixo?
   A. HCl
   B. CH_3COOH
   C. NO_3^-
   D. HCO_3^-

3. O que é a constante de acidez?

4. O que são as substâncias anfóteras?

5. Na reação $H_2PO_4^- + NH_3 \rightleftharpoons HPO_4^{2-} + NH_4^+$, $H_2PO_4^-$ e HPO_4^{2-} são considerados um par conjugado porque _____.

RESPOSTAS 487

CONFIRA AS RESPOSTAS

1. Pares conjugados são formados por um ácido e uma base que diferem entre si pela presença ou ausência do íon hidrogênio que foi transferido entre eles.

2. A. Cl^- é a base conjugada que se forma quando o ácido HCl perde um íon H^+.
B. CH_3COO^- é a base conjugada que se forma quando o CH_3COOH perde um íon H^+.
C. HNO_3 é o ácido conjugado que se forma quando o íon NO_3^- recebe um íon H^+.
D. H_2CO_3 é o ácido conjugado que se forma quando o íon HCO_3^- recebe um íon H^+.

3. É a usada para expressar a força de um ácido em uma solução.

4. Substâncias que podem se comportar como ácidos ou como bases.

5. diferem entre si pela presença ou ausência de apenas um próton

Unidade 12

Eletroquímica

Capítulo 37
REAÇÕES REDOX

Em uma reação de OXIRREDUÇÃO - ou, simplesmente, reação REDOX - ocorre transferência de elétrons entre os átomos: um átomo doa elétrons, enquanto outro os recebe. Mas nem sempre é fácil identificar esse tipo de reação, visualizar quais átomos estavam com os elétrons e para onde eles foram transferidos, principalmente no caso de substâncias com ligações covalentes, quando os elétrons estão compartilhados.

Para conseguir identificar essas reações, calcula-se o **NÚMERO DE OXIDAÇÃO** (ou estado de oxidação) dos átomos envolvidos, também chamado de NOX. Trata-se de uma carga hipotética calculada para cada átomo de uma substância. (Relembrando: oxidação é quando um átomo ou uma molécula perde elétrons.)

OXIDAÇÃO

Historicamente, o nome "oxidação" vem da observação de reações com oxigênio (O_2), em que esse elemento sequestra elétrons de outro elemento, aumentando seu nox. Ou seja, quem doa elétrons é oxidado. Atualmente, porém, o conceito de oxidação é mais genérico, correspondendo simplesmente à perda de elétrons, sem necessariamente envolver O_2 como agente oxidante.

Determinar o nox dos átomos envolvidos em uma reação ajuda a identificar se uma reação é redox ou não, pois, quando acontece transferência de elétrons há alteração no nox de algum elemento. Mais adiante vamos ver como fazer isso.

Como vimos na página 174, eletronegatividade é a tendência de um átomo de atrair elétrons em uma ligação química. Em uma reação redox, os elétrons compartilhados terão preferência pelo átomo com maior eletronegatividade. Ou seja, quanto maior a eletronegatividade, menor o número de oxidação. O nox é como se fosse a carga que o átomo teria se imaginarmos que as ligações da molécula se romperam. Com quem ficariam os elétrons originalmente compartilhados?

Devido à regra do octeto, alguns átomos possuem tendência a adquirir uma carga específica. Dessa forma, é mais fácil identificar o nox de alguns elementos, e assim temos pistas iniciais para identificar todas as transferências de elétrons ocorridas em um processo redox.

DETERMINAÇÃO DO NOX EM COMPOSTOS

Alguns elementos costumam apresentar o mesmo número de oxidação, ainda que estejam em compostos diferentes. Aqui estão algumas regrinhas para identificá-los:

ELEMENTO	NOX MAIS FREQUENTE	EXEMPLOS
Elementos do grupo 1	+1	NaCl LiF $K_2Cr_2O_7$
Elementos do grupo 2	+2	BeF_2 $SrCl_2$ $CaCO_3$
Prata (Ag)	+1	AgCl
Zinco (Zn) e cádmio (Cd)	+2	$ZnSO_4$ CdS
Alumínio (Al)	+3	$AlCl_3$
Elementos do grupo 16 (inclusive oxigênio) quando ligados a átomos menos eletronegativos	−2	H_2S CaO
Oxigênio em peróxidos (compostos com O_2^{2-})	−1	H_2O_2

ELEMENTO	NOX MAIS FREQUENTE	EXEMPLOS
Oxigênio em superóxidos (compostos com O_2^-)	$-\frac{1}{2}$*	CaO_4
Oxigênio em fluoretos (ligado apenas ao flúor)	+2	OF_2
Elementos do grupo 17 quando ligados a átomos menos eletronegativos	−1	KCl NaBr
Hidrogênio (H) na maioria dos compostos	+1	HCl H_2SO_4
Hidrogênio em hidretos (quando está ligado a um átomo mais eletropositivo)	−1	CaH_2

* No cálculo do nox, um elétron compartilhado (por meio de uma ligação química) entre dois átomos de uma molécula tem sua carga dividida pelos dois. O elétron ainda é um só, mas, ao se contabilizar a carga total hipoteticamente sentida por um único átomo, considera-se $\frac{1}{2}$.

O nox pode variar bastante dependendo dos átomos envolvidos nas ligações. Um exemplo são os oxiácidos. A combinação dos átomos de H, Cl e O pode formar diferentes ácidos (HClO, $HClO_2$, $HClO_3$, $HClO_4$), nos quais o estado de oxidação do cloro varia de acordo com a quantidade de átomos de O a que está ligado. Mas, sabendo o nox de alguns elementos que formam um composto, é possível determinar o nox dos demais.

> Para compostos iônicos, o número de oxidação da partícula é a própria carga do íon.

Note que o oxigênio é mais eletronegativo, por isso, nessas moléculas, o nox do Cl não é −1.

Regras para determinar o nox de outros elementos dos compostos

- A somatória do nox de todos os átomos de uma molécula é igual a zero.

- A somatória do nox de todos os átomos de um íon é igual à carga daquele íon.

- Se uma substância é simples, o nox de seus átomos é zero.

A partir disso, para calcular o nox de cada átomo em uma molécula neutra, formulamos uma equação de resultado zero e somamos todos os elementos, de acordo com a quantidade de cada tipo de átomo. Exemplo: para determinar o nox do átomo de fósforo (P) no ácido fosfórico, H_3PO_4, começamos escrevendo a equação:

$$3 \cdot nox(H) + 1 \cdot nox(P) + 4 \cdot nox(O) = 0$$

Em seguida, consulte a tabela de nox frequentes e faça as substituições. Geralmente, apenas um dos elementos possuirá nox desconhecido. Esse será nosso x. No exemplo, sabemos que o nox do hidrogênio é +1 e o do oxigênio é −2, então as substituições seriam:

$3 \cdot nox(H) = 3 \cdot (+1) = 3$
$4 \cdot nox(O) = 4 \cdot (-2) = -8$
$nox(P) = x$

Agora podemos resolver a equação para identificar o nox desconhecido.

$3 + x - 8 = 0$
$x = 8 - 3 = +5$

O nox do P presente no ácido fosfórico é +5.

Como descobrir se uma reação é redox ou não?

Uma reação é redox se houver alteração do nox de algum elemento.

Exemplo: $CO + H_2O \rightarrow CO_2 + H_2$

1. Para saber se essa reação é redox, vamos começar identificando o nox de cada elemento (use as regras das páginas anteriores). No caso de um elemento ou substância simples, o nox é zero, como H_2.

$$\underset{(+2)\ (-2)}{C\ \ \ O} + \underset{(+1)\ (-2)}{H_2\ \ \ O} \rightarrow \underset{(+4)\ (-2)}{C\ \ \ O_2} + \underset{(0)}{H_2}$$

2. Analise o que acontece com cada elemento após a reação.
- O carbono fazia parte da molécula de CO. Descobrimos, pela equação já explicada, que possuía nox +2 antes da reação. Depois, adquiriu nox +4.
- O hidrogênio fazia parte da molécula de H_2O e possuía nox +1. Depois, adquiriu nox 0.
- O oxigênio fazia parte da molécula de H_2O e possuía nox −2. Não alterou seu nox.

3. Se algum elemento apresentar variação de nox, é uma reação redox. Se os nox permanecerem os mesmos, não houve transferência de elétrons durante essa reação.

Carbono e hidrogênio sofreram alteração de nox. Portanto, trata-se de uma reação redox.

SEMIRREAÇÕES DE OXIDAÇÃO E REDUÇÃO

Em uma reação redox, ocorrem obrigatoriamente dois processos simultâneos nas substâncias reagentes:

- Processo de **REDUÇÃO**, quando o nox diminui devido ao recebimento de elétrons.
- Processo de **OXIDAÇÃO**, quando o nox aumenta devido à perda de elétrons.

> Uma mesma substância pode sofrer oxidação e redução ao mesmo tempo! É o caso da água oxigenada, H_2O_2. Esse fenômeno é chamado de auto-oxirredução.
>
> $$2H_2O_2 \rightarrow 2H_2O + O_2$$
>
> H_2 O_2 $\rightarrow$ H_2 O + O_2
> (+1)   (-1)   (+1)   (-2)   (0)
>
> Note que, inicialmente, os átomos de oxigênio do peróxido possuem nox -1. Alguns átomos de oxigênio doam elétrons, adquirindo nox 0 e produzindo uma molécula de gás oxigênio. Simultaneamente, outros átomos de oxigênio, também do peróxido, recebem estes elétrons, adquirindo nox -2 e compondo a molécula de água.

O AGENTE REDUTOR é a substância que promove a redução de outra, por meio da doação de elétrons, e possui um elemento que sofre oxidação (seu nox aumenta).

O AGENTE OXIDANTE é a substância que promove a oxidação de outra, por meio da aquisição de elétrons, e possui um elemento que sofre redução (seu nox diminui).

Observe a reação abaixo:

$$CO + H_2O \rightarrow CO_2 + H_2$$

- Como vimos na página 496, o nox do carbono da molécula de CO aumenta, portanto CO sofre uma oxidação. Essa molécula é o agente redutor, pois cedeu elétrons.
- O nox do hidrogênio da molécula de H_2O diminui, portanto H_2O sofre uma redução. Essa molécula é o agente oxidante, pois recebeu elétrons.

Como os processos de oxidação e redução não ocorrem separadamente, dizemos que ambos são semirreações. Afinal, a oxidação de uma substância só ocorre se houver outra substância que receba elétrons.

Quando uma barra de zinco é mergulhada em uma solução contendo cátions Cu^{2+}, os elétrons do zinco migram para os cátions de cobre, transformando-os em Cu. A transferência de elétrons ocorre na superfície do metal.

Semirreação de redução: $Cu^{2+}_{(aq)} + 2e^- \rightleftharpoons Cu_{(s)}$
Semirreação de oxidação: $Zn_{(s)} \rightleftharpoons Zn^{2+}_{(aq)} + 2e^-$
Reação global: $Cu^{2+}_{(aq)} + Zn_{(s)} \rightleftharpoons Cu_{(s)} + Zn^{2+}_{(aq)}$

> Nessas semirreações, o elétron pode ser representado como um "reagente" ou um "produto". Mas, na reação global, a quantidade de elétrons liberada é sempre a mesma que a quantidade consumida, por isso ele não é apresentado.

Neste exemplo, o cobre sofre redução e é o agente oxidante. O zinco sofre oxidação e é o agente redutor.

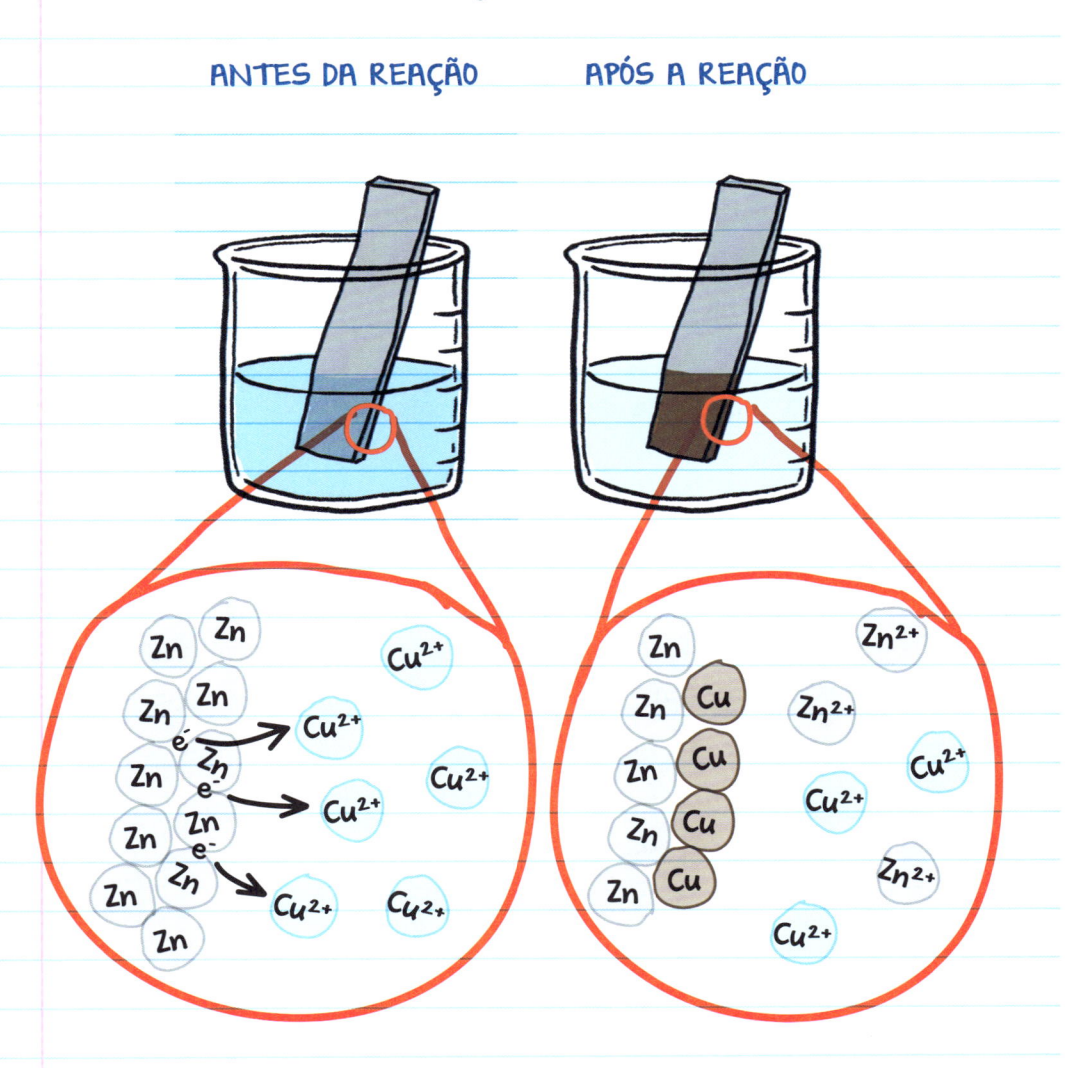

ANTES DA REAÇÃO   **APÓS A REAÇÃO**

REAÇÕES REDOX DO COTIDIANO

No corpo humano e de outros seres vivos ocorrem muitas reações redox – a começar pela oxidação dos açúcares. Para que tenha alta eficiência, essa reação é catalisada por enzimas que transportam os elétrons (inicialmente presentes nas moléculas de carboidrato) até moléculas de gás oxigênio captadas na respiração. Esse processo libera bastante energia, que é consumida pelo organismo para garantir a nossa sobrevivência e a de outros animais.

Veja abaixo a reação de oxidação da glicose:

$$C_6H_{12}O_6 + 6O_2 \rightarrow 6CO_2 + 6H_2O$$

Quando ocorrem problemas nas reações redox do organismo, com a consequente "fuga" de elétrons para outras biomoléculas, podem ser gerados RADICAIS LIVRES, que são substâncias com número ímpar de elétrons. Fora de controle, essas moléculas podem "atacar" outros componentes do organismo, gerando, assim, substâncias tóxicas.

Para evitar isso, o corpo produz ANTIOXIDANTES, moléculas que inativam os radicais livres. Por oxidarem facilmente, elas são "sacrificadas" para proteger componentes importantes do organismo.

Processos redox também podem danificar materiais do nosso cotidiano. No litoral, é comum estruturas metálicas (portões, pontes, eletrodomésticos, etc.) apresentarem vida útil reduzida devido à ferrugem. Até mesmo monumentos turísticos estão suscetíveis: a Estátua da Liberdade, por exemplo, era originalmente avermelhada devido a seu revestimento de cobre, mas a oxidação gradual a tornou esverdeada.

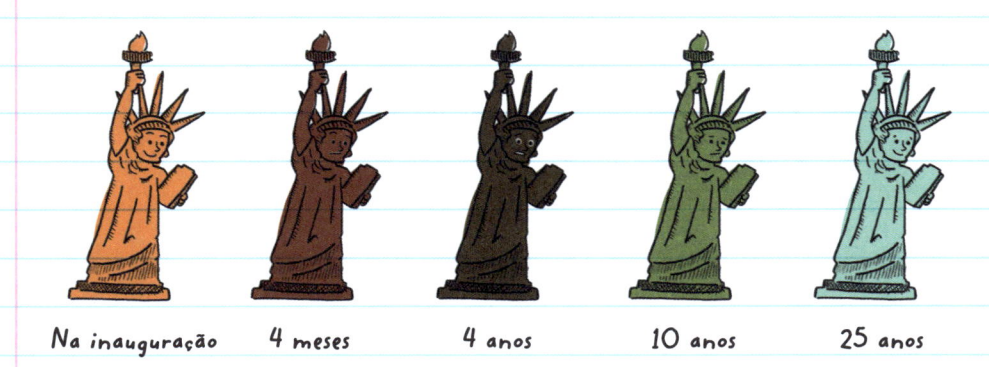

| Na inauguração | 4 meses | 4 anos | 10 anos | 25 anos |

Os produtos da oxidação são uma mistura de sais de cobre (II), conhecida como pátina, de coloração esverdeada. A pátina é indesejável a princípio, mas acaba formando uma película que blinda o restante do cobre contra outros agentes oxidantes, evitando que o processo se agrave.

Para evitar corrosão, podem ser utilizados METAIS DE SACRIFÍCIO. São materiais de baixo valor agregado, que sofrem oxidação com mais facilidade que os metais que se deseja proteger. Dessa forma, o agente oxidante ataca primeiro o metal de sacrifício. No entanto, é preciso fazer manutenções periódicas para trocar o metal sacrificado.

BALANCEAMENTO DE REAÇÕES REDOX

No Capítulo 22 (Reações Químicas) realizamos o balanceamento por tentativa. O BALANCEAMENTO REDOX também deve considerar o balanço de massas (ou seja, obedecer à regra "quantidade de átomos dos reagentes = quantidade de átomos dos produtos"), mas, além disso, deve englobar as cargas elétricas. Isso significa que devemos balancear a reação de forma que a quantidade de elétrons liberada pelas substâncias oxidadas seja a mesma quantidade absorvida pelas substâncias reduzidas.

POR EXEMPLO:

$$Br_2 + Cl_2 + H_2O \rightarrow HBrO_3 + HCl$$

1. Identifique o nox dos átomos de todas as substâncias presentes na reação:

	Br_2 +	Cl_2 +	H_2	O $\rightarrow$	H	Br	O_3 +	H	Cl
Nox de cada átomo	(0)	(0)	(+1)	(−2)	(+1)	(+5)	(−2)	(+1)	(−1)
Total de cada elemento	0	0	+2	−2	+1	+5	−6	+1	−1

2. Identifique os elementos que sofrem variação de nox.

Br (da molécula de Br_2) passa de nox 0 para nox +5: sofre oxidação.

Cl (da molécula de Cl_2) passa de nox 0 para nox −1: sofre redução.

3. Identifique a variação de nox (Δnox). Considere todos os átomos envolvidos no processo redox.

Δnox = (Nox final do átomo, como produto) − (Nox inicial, como reagente)

Uma molécula de Br_2 possui dois átomos de bromo, portanto multiplicamos por 2 a diferença de nox:
Δnox Br_2 = 2 • (5 − 0) = +10

O mesmo se dá com o cloro:
Δnox Cl_2 = 2 • (−1 − 0) = −2

4. Faça o balanceamento das cargas com base no Δnox, de forma que a quantidade de elétrons liberada seja igual à quantidade de elétrons consumida. Para isso, utilize os valores de Δnox como os primeiros coeficientes, desprezando o sinal (coeficientes são sempre positivos):

Coeficiente da substância que sofreu oxidação (Br_2): igual a Δnox da substância que sofreu redução.
Coeficiente da substância que sofreu redução (Cl_2): igual a Δnox da substância que sofreu oxidação.

$$2 Br_2 + 10 Cl_2 + H_2O \rightarrow HBrO_3 + HCl$$

A cada 2 moléculas de Br_2, que perdem, ao todo, 20 elétrons (Δnox = +10 para cada molécula), serão necessários 20 átomos de Cl para recebê-los, ou seja, 10 moléculas de Cl_2.

5. Realize o balanceamento por tentativa dos elementos remanescentes.

$$2Br_2 + 10Cl_2 + 12H_2O \rightarrow 4HBrO_3 + 20HCl$$

6. Simplifique os coeficientes para os menores valores inteiros possíveis, dividindo todos os coeficientes por um mesmo divisor comum.

Na equação acima, todos os coeficientes são divisíveis por 2. Então a equação pode ser simplificada para:

$$Br_2 + 5Cl_2 + 6H_2O \rightarrow 2HBrO_3 + 10HCl$$

VERIFIQUE SEUS CONHECIMENTOS

1. O que é nox?

2. O que é oxidação? E redução?

3. O que é agente redutor? E agente oxidante?

4. Calcule o nox do nitrogênio nas seguintes substâncias: NO_3^-, NH_3, N_2.

5. Identifique se as reações abaixo são redox:
   A. $AgNO_3 + NaCl \rightarrow NaNO_3 + AgCl$
   B. $Zn + 2HCl \rightarrow ZnCl_2 + H_2$
   C. $4Fe + 3O_2 \rightarrow 2Fe_2O_3$

6. Faça o balanceamento redox da seguinte equação química:
   $H_2S + Br_2 + H_2O \rightarrow H_2SO_4 + HBr$

RESPOSTAS 505

CONFIRA AS RESPOSTAS

1. É o número de oxidação, ou estado de oxidação, uma carga hipotética calculada para cada átomo de uma substância.

2. Processo de REDUÇÃO: quando o nox de um átomo diminui devido ao recebimento de elétrons. Processo de OXIDAÇÃO: quando o nox aumenta devido à perda de elétrons.

3. O AGENTE REDUTOR é a substância que promove a redução de outra, por meio da doação de elétrons, e possui um elemento que sofre oxidação (seu nox aumenta). O AGENTE OXIDANTE é a substância que promove a oxidação de outra, por meio da aquisição de elétrons, e possui um elemento que sofre redução (seu nox diminui).

4.

Molécula: NO_3^-
Nox de cada átomo de oxigênio: -2
Contribuição do O_3: -6
Nox do ânion: -1

$x - 6 = -1$
$x = -1 + 6$
$x = +5$

Molécula: NH_3
Nox de cada átomo de hidrogênio: $+1$
Contribuição do H_3: $+3$
Nox da molécula: 0

$x + 3 = 0$
$x = -3$

Molécula: N_2
Somatória da molécula: 0
$x = 0$ (substância simples)

5.

A. Essa reação é do tipo dupla troca: não houve alterações no nox, somente recombinação dos íons de duas substâncias iônicas inicialmente dissolvidas em solução.

Molécula	$AgNO_3 + NaCl \rightarrow NaNO_3 + AgCl$
Nox de cada átomo	(+1)(+5)(−2) (+1)(−1) (+1)(+5)(−2) (+1)(−1)
Total de cada elemento	+1 +5 −6 +1 −1 +1 +5 −6 +1 −1

B. É uma reação redox: Zn sofre oxidação e HCl sofre redução.

Molécula	$Zn + HCl \rightarrow ZnCl_2 + H_2$
Nox de cada átomo	(0) (+1)(−1) (+2)(−1) (0)
Total de cada elemento	0 +1 −1 +2 −2 0

C. É uma reação redox: Fe sofre oxidação e O sofre redução.

Molécula	$Fe + O_2 \rightarrow Fe_2O_3$
Nox de cada átomo	(0) (0) (+3)(−2)
Total de cada elemento	0 0 +6 −6

6.

Molécula	$H_2S + Br_2 + H_2O \rightarrow H_2SO_4 + HBr$
Nox de cada elemento	(+1)(−2) (0) (+1)(−2) (+1)(+6)(−2) (+1)(−1)
Total de cada elemento	+2 −2 0 +2 −2 +2 +6 −8 +1 −1

O enxofre (S) passa de nox −2 para +6 → sofreu oxidação
O bromo (Br) passa de nox 0 para −1 → sofreu redução
Δ nox S = +6 − (−2) = +8
Δ nox Br_2 = 2 · (−1 − 0) = −2

$2H_2S + 8Br_2 + H_2O \rightarrow H_2SO_4 + HBr$
$2H_2S + 8Br_2 + 8H_2O \rightarrow 2H_2SO_4 + 16HBr$
$H_2S + 4Br_2 + 4H_2O \rightarrow H_2SO_4 + 8HBr$

Capítulo 38

PILHAS

As pilhas são circuitos que aproveitam a corrente de elétrons produzida em reações redox, transformando energia química em energia elétrica. Para que esse processo funcione, os reagentes são afastados e confinados em compartimentos separados - os chamados ELETRODOS.

Os reagentes são conectados por um condutor metálico, por onde um fluxo de elétrons sai de um eletrodo e alcança o outro. Esse distanciamento permite que o fluxo seja utilizado para ligar uma lâmpada ou acionar dispositivos eletrônicos simples. As reações das pilhas são termodinamicamente espontâneas, ou seja, as pilhas não precisam de uma fonte de energia externa para promover a reação química.

PILHA DE DANIELL

Para montar uma pilha, não basta conectar os reagentes com um fio condutor. É preciso construir um circuito fechado para a circulação de cargas elétricas.

As primeiras ideias de pilha surgiram com o médico e físico Luigi Galvani, que identificou o aparecimento de corrente elétrica quando diferentes metais entravam em contato com tecidos de seres vivos (que são cheios de íons). Mais tarde, em torno de 1800, o italiano Alessandro Volta criou a primeira ideia de pilha, através do empilhamento intercalado de discos de cobre e zinco banhados em solução de ácido sulfúrico.

No século XIX, o cientista britânico John Daniell formulou uma estrutura de pilha mais próxima ao formato que conhecemos atualmente. As chamadas PILHAS ou CÉLULAS VOLTAICAS são compostas por dois compartimentos, chamados SEMICÉLULAS ou ELETRODOS. Cada eletrodo é formado por um reagente diferente, sendo que um possui mais afinidade por elétrons do que o outro. O exemplo mais clássico dessa combinação é a reação entre cobre e zinco: um eletrodo formado por uma barrinha de cobre mergulhada em uma solução de cobre (II) e o outro, por uma barrinha de zinco mergulhada em solução de zinco (II).

Caso alguns elétrons migrassem de um reagente para o outro, haveria um desequilíbrio de carga: um compartimento ficaria negativo (com mais elétrons do que prótons) e o outro ficaria positivo (com excesso de cátions). Só que não seria possível manter esse ambiente tão instável. Para que uma pilha funcione, devemos ter um circuito fechado que evite um desequilíbrio permanente, então uma PONTE SALINA é inserida para conectar os dois lados e não deixá-los isolados.

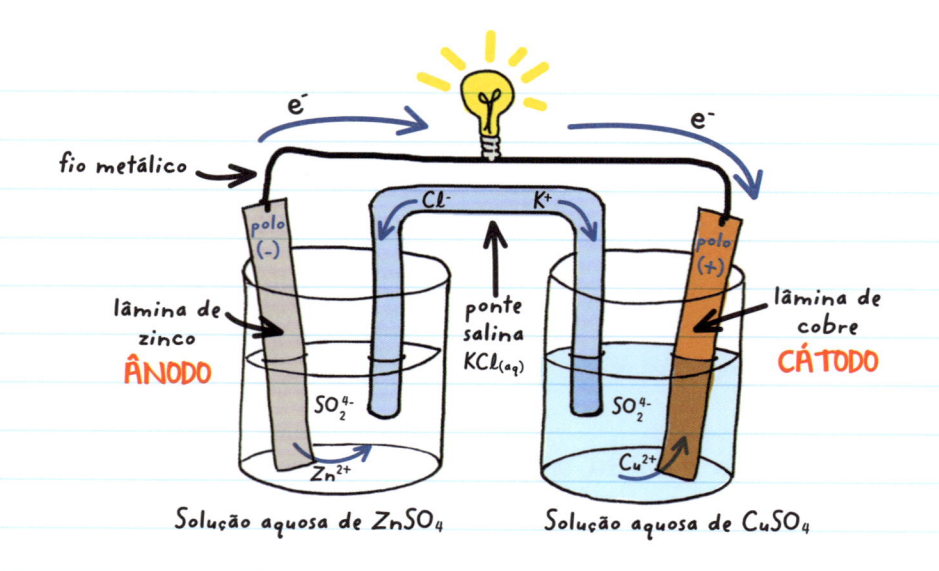

A ponte salina geralmente é formada por um tubo em U fechado nas duas pontas por algodão ou outra tampa porosa, mantendo assim a solução confinada e permitindo a passagem somente de íons. Dentro do tubo há uma solução eletrolítica inerte, isto é, que dificilmente sofrerá uma reação redox – no caso acima, cloreto de potássio em água ($KCl_{(aq)}$). Os cátions da ponte salina migram para o lado do cobre, que sofre redução, balanceando a carga negativa recebida pelo fio, enquanto os ânions da ponte salina migram para o lado do zinco, oxidado.

Conforme a pilha é usada, nota-se uma deterioração do eletrodo de zinco: seus átomos sofrem oxidação, transformando-se em cátions Zn^{2+} que migram para a solução. Por outro lado, o eletrodo de cobre aumenta em massa, pois os cátions Cu^{2+} em solução são reduzidos e depositam-se como sólido em sua superfície.

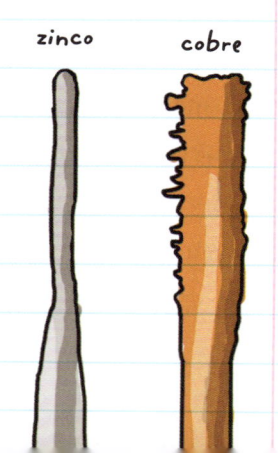

O eletrodo que doa elétrons é o polo (−), negativo, e se chama ÂNODO. O eletrodo que recebe elétrons é o polo (+), positivo, e se chama CÁTODO.

> **Mnemônico para a função de cada eletrodo:**
> No **C**átodo ocorre **R**edução, no **Â**nodo ocorre **O**xidação.

Para não precisar desenhar uma pilha toda vez que é necessário mencionar um sistema desse tipo, foi criada uma representação formal:

Reagente que sofre oxidação | Produto da oxidação ‖ Reagente que sofre redução | Produto da redução

$$Zn_{(s)} \mid Zn^{2+}_{(aq)} \parallel Cu^{2+}_{(aq)} \mid Cu_{(s)}$$

As duas barras verticais no meio representam a ponte salina.

POTENCIAL DE REDUÇÃO

Como prever qual substância sofrerá redução ou oxidação? É como uma luta: que vença o mais forte. Um competidor pode perder uma luta para um concorrente, mas ganhar de outro. O mesmo acontece com os reagentes: um mesmo eletrodo pode sofrer redução ou oxidação, dependendo do eletrodo a que está ligado. Por isso, as semirreações são escritas como processos reversíveis, pois podem ocorrer em qualquer um dos sentidos (oxidação ou redução), dependendo dos reagentes.

O **POTENCIAL DE REDUÇÃO** indica a tendência de uma substância ou um elemento a sofrer redução. É uma forma de medir a facilidade com que uma substância ganha ou perde elétrons e de ordenar as substâncias em uma escala.

> O potencial de redução nas condições-padrão é representado por $E°_{red}$. Sua unidade é o volt (V).

Para criar essa escala de potencial, determinou-se uma referência adotada como 0, que é o eletrodo-padrão de hidrogênio operando nas condições-padrão (T = 298 K, P = 1 atm, concentração = 1 mol/L). O fio e a placa de platina são **ELETRODOS INERTES**, que não reagem diretamente, mas auxiliam na condução dos elétrons dentro da pilha.

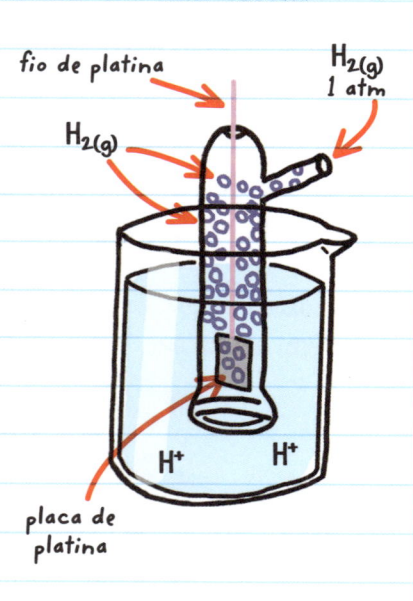

- fio de platina
- $H_{2(g)}$
- $H_{2(g)}$ 1 atm
- H^+ H^+
- placa de platina

O **POTENCIAL DE ELETRODO** é a medida da **FORÇA ELETROMOTRIZ** de uma célula voltaica quando é conectada a uma célula contendo eletrodo-padrão de hidrogênio.

> **FORÇA ELETROMOTRIZ** é a propriedade de uma pilha de produzir corrente elétrica.

Mede-se a diferença de potencial de redução (d.d.p., ou ΔE) entre os dois eletrodos com um equipamento chamado VOLTÍMETRO. Atualmente se utiliza também o MULTÍMETRO, que faz diversas medições úteis para caracterizar um sistema elétrico, como resistência, corrente elétrica e tensão.

O potencial de eletrodo é calculado pela seguinte equação:

$$\Delta \varepsilon^0 = \varepsilon^0_{red} \text{ (maior)} - \varepsilon^0_{red} \text{ (menor)}$$

Alguns potenciais-padrão de redução nas condições-padrão (ε^0_{red}):

SEMIRREAÇÃO	E^0_{RED}
$Li^+ + e^- \rightleftharpoons Li$	-3,04
$K^+ + e^- \rightleftharpoons K$	-2,92
$Sr^{2+} + 2e^- \rightleftharpoons Sr$	-2,89
$Na^+ + e^- \rightleftharpoons Na$	-2,71
$Mg^{2+} + 2e^- \rightleftharpoons Mg$	-2,37
$Al^{3+} + 3e^- \rightleftharpoons Al$	-1,66
$Zn^{2+} + 2e^- \rightleftharpoons Zn$	-0,76
$S + 2e^- \rightleftharpoons S^{2-}$	-0,48
$Fe^{2+} + 2e^- \rightleftharpoons Fe$	-0,44
$Ni^{2+} + 2e^- \rightleftharpoons Ni$	-0,23
$2H^+ + 2e^- \rightleftharpoons H_2$	0,00
$Cu^{2+} + 2e^- \rightleftharpoons Cu$	+0,34
$2H_2O + O_2 + 4e^- \rightleftharpoons 4OH^-$	+0,40
$Ag^+ + e^- \rightleftharpoons Ag$	+0,80
$4H^+ + O_2 + 4e^- \rightleftharpoons 2H_2O$	+1,23
$Cl_2 + 2e^- \rightleftharpoons 2Cl^-$	+1,36
$Au^{3+} + 3e^- \rightleftharpoons Au$	+1,50
$F_2 + 2e^- \rightleftharpoons 2F^-$	+2,87

↓ Aumento da força oxidante

↑ Aumento da força redutora

Exemplo:

Um eletrodo de zinco conectado a um eletrodo de hidrogênio, ligado nas condições-padrão, indica fluxo no sentido do eletrodo de hidrogênio e um valor de +0,76V.

Isso significa que:
- O potencial de redução do hidrogênio é maior que o potencial do zinco, pois é ele que recebe elétrons quando esse sistema é construído. Logo, ε^o_{red} (zinco) < ε^o_{red} (hidrogênio)
- Se o voltímetro marcar uma diferença de potencial entre os eletrodos (d.d.p.) igual a 0,76 V, então temos:

$$\Delta \varepsilon^o = \varepsilon^o_{red} \text{ (maior)} - \varepsilon^o_{red} \text{ (menor)} = 0,76 \text{ V}$$

- Por convenção, o potencial do eletrodo de hidrogênio é 0,00 V. Portanto:

$$\Delta \varepsilon^o = 0 - \varepsilon^o_{red} \text{ (menor)} = 0,76 \text{ V}$$
$$\varepsilon^o_{red} \text{ (menor)} = -0,76 \text{ V}$$

Portanto, o potencial de redução padrão do zinco (II) é -0,76V, como mostrado na tabela anterior.

Se ε^o_{red} < ε^o_{red} (hidrogênio), o eletrodo sofre oxidação mais facilmente que o hidrogênio e terá valor de ε^o_{red} menor que 0.

Se ε^o_{red} > ε^o_{red} (hidrogênio), o eletrodo sofre redução mais facilmente que o hidrogênio e terá valor de ε^o_{red} maior que 0.

O POTENCIAL DE OXIDAÇÃO é a tendência de uma substância a sofrer oxidação. Para calcular seu valor, basta inverter o sinal do potencial de redução:

$$\varepsilon^o_{oxi} = -\varepsilon^o_{red}$$

Os potenciais de redução e oxidação permitem prever como uma pilha vai funcionar. Esse trabalho é calculado pela diferença entre os valores do potencial de redução de cada compartimento da pilha.

$$\Delta \varepsilon^o = \varepsilon^o_{red} \text{ (maior)} - \varepsilon^o_{red} \text{ (menor)}$$
$$\Delta \varepsilon^o = \varepsilon^o_{red} \text{ (cátodo)} - \varepsilon^o_{red} \text{ (ânodo)}$$

Ou

$$\Delta \varepsilon^o = \varepsilon^o_{red} + \varepsilon^o_{oxi}$$

Para que uma reação seja espontânea, o valor de $\Delta \varepsilon$ deve ser positivo.

Para calcular o potencial de redução ou oxidação fora das condições-padrão, podemos utilizar a equação de Nernst:

$$\varepsilon = \varepsilon^o - \frac{RT}{nF} \cdot \ln(Q)$$

- n é quantidade de elétrons envolvida na semirreação.
- Q é o quociente de reação, o mesmo Q utilizado para monitorar equilíbrios químicos (relembre-o na página 464).

- E^0 é o potencial-padrão.
- R é a constante dos gases. Nesse caso, use $R = 8,3145$ J / mol
  - K para evitar conversões de unidade.
- T é a temperatura, em Kelvin.
- F é a <u>constante de Faraday</u> e equivale à carga elétrica presente em 1 mol de elétrons: 1 F = 96 485 C/mol (ou J / V · mol).

> Veremos mais sobre ela no próximo capítulo!

POR EXEMPLO: calcule o potencial de redução de uma solução para um eletrodo de zinco, em uma solução 0,1 mol/L, a 25°C.

A semirreação de redução do zinco é: $Zn^{2+}_{(aq)} + 2e^- \rightleftharpoons Zn_{(s)}$

Nesse caso, $Q = \dfrac{1}{[Zn]^{2+}} = \dfrac{1}{0,1}$, pois o produto é zinco sólido, e substâncias sólidas não entram na equação (logo, usa-se numerador 1), e a concentração do reagente (Zn^{2+}) é 0,1 mol/L.

$$\varepsilon = \varepsilon^0 - \dfrac{RT}{nF} \cdot \ln(Q) = -0,76 - \dfrac{8,3145 \cdot 298}{2 \cdot 96\,485} \cdot \ln\left(\dfrac{1}{0,1}\right)$$

$$\varepsilon = -0,790 \text{ V}$$

ALGUMAS PILHAS DO DIA A DIA

A PILHA SECA (conhecida como pilha alcalina) é um dispositivo cilíndrico que contém zinco metálico como ânodo (polo negativo). Seu cátodo (polo positivo) é uma pasta úmida alcalina com dióxido de manganês, MnO_2. Sua d.d.p. final é em torno de 1,5 V.

ânodo de zinco
condutor de grafite
cátodo contendo a pasta com MnO_2

A BATERIA DE CARRO também é chamada de bateria de chumbo ácido. Possui compostos de chumbo com diferentes estados de oxidação em seu ânodo e seu cátodo e gera uma d.d.p. em torno de 2,0 V. Como a bateria conta com seis células dispostas em série, a d.d.p. final é uma somatória da contribuição dos seis dispositivos, resultando em uma tensão de 12 V.

As CÉLULAS A COMBUSTÍVEL obtêm energia elétrica por meio da oxidação de combustíveis em uma célula galvânica, com maior rendimento em conversão quando comparadas aos sistemas de queima direta de combustíveis. Pode ser construída para vários combustíveis, como gás natural, gasolina e etanol, mas sua principal aplicação é na oxidação do gás hidrogênio. As células são utilizadas como geradores elétricos de residências, hospitais, veículos e até foguetes.

Ao contrário das pilhas convencionais, os reagentes que sofrem oxirredução na célula a combustível não estão confinados na estrutura. No caso do gás hidrogênio, ele é continuamente bombeado para o ânodo, onde doa elétrons. Eles são transferidos para o gás oxigênio no cátodo.

No exemplo da imagem, o gás hidrogênio é oxidado, produzindo cátions H+. Esses cátions podem se combinar com o oxigênio, que sofre redução, produzindo moléculas de água.

Ainda há altos custos associados à produção dessas células, mas elas têm grande aceitação por liberarem menos gases poluentes.

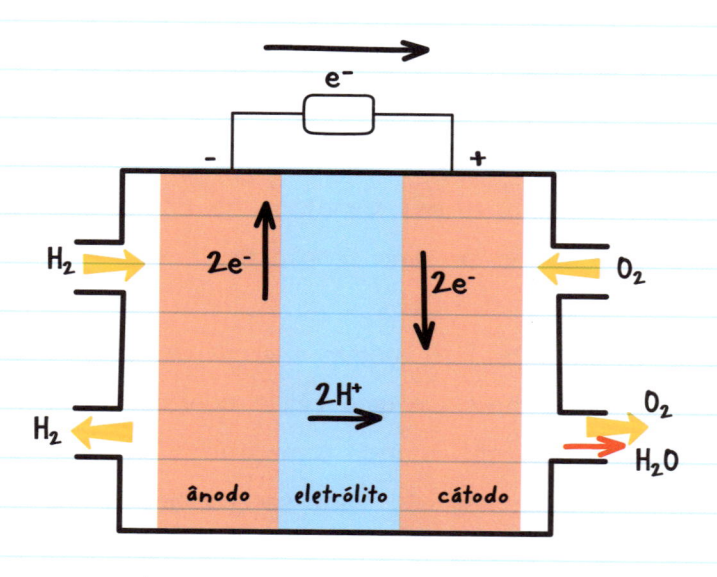

Reação global: $2H_{2(s)} + O_{2(g)} \rightarrow 2H_2O_{(l)}$

VERIFIQUE SEUS CONHECIMENTOS

1. O que é uma pilha?

2. Qual a função de uma ponte salina?

3. Considere a seguinte pilha:

$Mg_{(s)} \mid Mg^{2+}_{(aq)} \parallel Ag^{+}_{(aq)} \mid Ag_{(s)}$

A. Qual substância sofre oxidação e qual sofre redução?
B. Qual substância é o agente oxidante e qual é o agente redutor?
C. Escreva as semirreações de oxidação e redução, bem como a reação global do processo.
D. Consulte a tabela de potenciais-padrão de redução e calcule o potencial-padrão da pilha.

CONFIRA AS RESPOSTAS

1. As pilhas são circuitos que aproveitam a corrente de elétrons produzida em reações redox.

2. A ponte salina fecha o circuito de uma pilha, conectando os dois reservatórios. Ela permite que cátions de uma solução inerte migrem para o eletrodo que sofre redução, balanceando a carga negativa recebida por ele. Os ânions da ponte salina migrarão para o lado oxidado.

3. A. O metal Mg sofre oxidação e o cátion Ag^+ sofre redução.

B. O agente oxidante é Ag^+ e o agente redutor é Mg.

C. Semirreação de oxidação: $Mg_{(s)} \rightarrow Mg^{2+}_{(aq)} + 2e^-$
Semirreação de redução: $Ag^+_{(aq)} + e^- \rightarrow Ag_{(s)}$

D.
$\varepsilon^o_{red}(Ag^+) = +0,80$ V
$\varepsilon^o_{red}(Mg^{2+}) = -2,37$ V
$\Delta \varepsilon^o = \varepsilon^o_{red}(maior) - \varepsilon^o_{red}(menor) = 0,80 - (-2,37) = 3,17$ V

Capítulo 39
ELETRÓLISE

A ELETRÓLISE é uma reação química não espontânea em que a energia elétrica é convertida em energia química. As pilhas recarregáveis são um exemplo de eletrólise: a energia elétrica da tomada provoca uma reação química, regenerando os reagentes e fazendo a pilha voltar a funcionar.

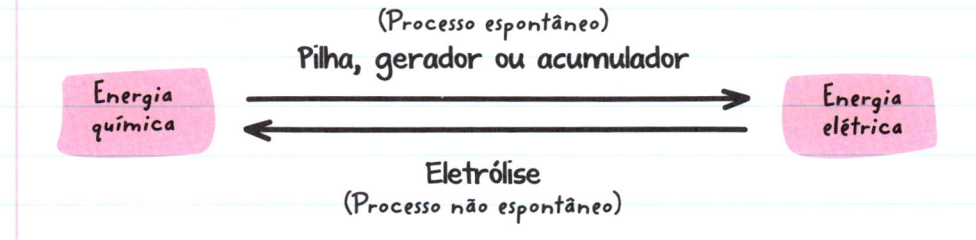

```
                    (Processo espontâneo)
                 Pilha, gerador ou acumulador
    Energia      ──────────────────────────►    Energia
    química      ◄──────────────────────────    elétrica
                         Eletrólise
                  (Processo não espontâneo)
```

A eletrólise ocorre em uma CUBA ELETROLÍTICA, preenchida por eletrólitos e contendo dois eletrodos que podem participar ou não da reação química - ou seja, podem ser eletrodos ATIVOS ou INERTES. O circuito é conectado a uma bateria externa ou gerador.

A fonte externa transfere elétrons do polo negativo para o positivo, gerando um fluxo de cargas dentro da cuba. Os elétrons recebidos no eletrodo ligado ao polo negativo da bateria (cátodo) são descarregados para os cátions próximos, enquanto os ânions do eletrólito próximos ao polo positivo da bateria (ânodo) perdem elétrons. Dessa maneira, ocorre uma reação redox, forçada pela corrente elétrica, e novas substâncias são produzidas.

Abaixo, você pode ver um exemplo de eletrólise:

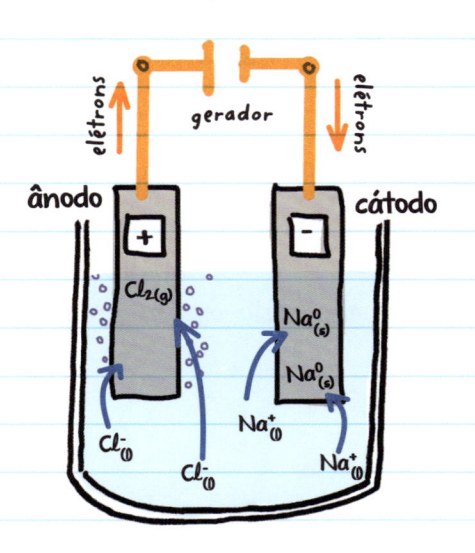

> Note que, nas pilhas, representa-se o ânodo como o polo negativo e o cátodo como polo positivo. Na eletrólise há inversão de polaridade, pois se trata de uma reação não espontânea. Nesse caso, o ânodo é representado como polo positivo, enquanto o cátodo é o polo negativo!

ELETRÓLISE COM ELETRODOS INERTES

Para conduzir corrente elétrica, é necessário utilizar um composto iônico fundido (ELETRÓLISE ÍGNEA) ou uma solução contendo sais dissolvidos (ELETRÓLISE AQUOSA).

As eletrólises ígneas geralmente operam a centenas de graus Celsius, para obter íons livres por meio da fusão de um sal, ou seja, o sal passa de sólido para líquido. É uma outra forma de obter um eletrólito, ou seja, um meio líquido com cargas livres. Sua aplicação mais comum é na produção de sódio metálico e gás cloro, como mostra a reação a seguir:

Semirreação do cátodo: $2Na^+_{(l)} + 2e^- \rightarrow 2Na$
Semirreação do ânodo: $2Cl^- \rightarrow Cl_2 + 2e^-$
Reação global: $2NaCl_{(l)} \rightarrow 2Na_{(s)} + Cl_{2(g)}$

Na eletrólise aquosa, uma corrente elétrica é descarregada numa solução aquosa, que possui íons dissociados livres. Essa corrente faz com que os cátions sofram redução no cátodo e que os ânions sofram oxidação no ânodo.

Além dos íons do soluto, ainda há os íons da AUTOIONIZAÇÃO da água: $H_2O \rightarrow H^+ + OH^-$

Dessa forma, na eletrólise aquosa há sempre ao menos dois cátions e dois ânions diferentes. Por exemplo, sendo uma solução de cloreto de sódio (NaCl), haverá dois cátions (Na^+ e H^+) e dois ânions (Cl^- e OH^-), porém só um de cada tipo sofrerá **DESCARGA**. Para saber qual, é necessário descobrir o mais eletronegativo.

> Dizemos que um íon sofre **DESCARGA** quando ele doa ou recebe elétrons dos eletrodos em um processo eletrolítico.

Facilidade de descarga de cátions (ordem crescente)
$Cs^+ < Li^+ < K^+ < Ca^{2+} < Na^+ < Mg^{2+} < Al^{3+} < H_3O^+$ ou $H^+ < Mn^{2+} < Zn^{2+} < Cd^{2+} < Ni^{2+} < Cu^{2+} < Ag^+ < Au^{3+}$

Facilidade de descarga de ânions (ordem crescente)
Ânions oxigenados e $F^- < OH^- <$ Ânions não oxigenados e HSO_4^-

No caso da solução de cloreto de sódio, o cátion H^+ e o ânion Cl^- (não oxigenado) sofrerão descarga: redução do H^+ no cátodo e oxidação do Cl^- no ânodo.

Assim fica a equação geral balanceada da eletrólise, cortando-se as moléculas que se repetem nos reagentes e nos produtos:

$$2NaCl_{(aq)} \rightarrow 2Na^+_{(aq)} + 2Cl^-_{(aq)}$$
$$2H_2O_{(l)} \rightarrow 2H^+_{(aq)} + 2OH^-_{(aq)}$$
$$2H^+_{(aq)} + 2e^- \rightarrow H_{2(g)}$$
$$2Cl^-_{(aq)} \rightarrow 2e^- + Cl_{2(g)}$$
$$\overline{2NaCl_{(aq)} + 2H_2O_{(l)} \rightarrow 2Na^+_{(aq)} + 2OH^-_{(aq)} + H_{2(g)} + Cl_{2(g)}}$$

Essa eletrólise produz gás hidrogênio, importante combustível, e gás cloro, que é muito utilizado na indústria química. Além disso, há os íons $Na^+_{(aq)}$ e $OH^-_{(aq)}$, que formam soda cáustica (NaOH).

ELETRÓLISE COM ELETRODOS ATIVOS

Uma das principais aplicações de eletrodos ativos (eletrodos que participam ativamente do processo eletrolítico) é a GALVANOPLASTIA. Essa técnica permite o revestimento metálico de peças de metal conectadas ao cátodo em uma cuba eletrolítica. O ânodo é formado por uma placa contendo o metal que vai revestir a peça, e a solução aquosa deverá conter o cátion desse metal.

Por exemplo, em uma solução de $Au(NO_3)_3$ há um ânodo de ouro (Au), que libera cátions Au^{3+}, que por sua vez sofrem redução no cátodo e se depõem sobre o cátodo de alumínio (Al).

Essa técnica é muito utilizada para criar revestimentos de proteção contra corrosão ou simplesmente conferir beleza a uma peça, banhando-a de prata ou ouro.

CONSTANTE DE FARADAY

O químico inglês Michael Faraday fez muitos estudos relacionados aos aspectos quantitativos das reações redox e criou as leis da eletrólise, que relacionam a proporção entre a massa da substância eletrolisada e a carga elétrica que atravessa a solução, por exemplo. Essa constante de proporcionalidade deu origem à constante de Faraday: 1 F = 96 485 C/mol. Essa é a carga elétrica presente em 1 mol de elétrons.

POR EXEMPLO: Uma peça metálica de 3,00 g sofreu cromação em uma cuba eletrolítica contendo cátions Cr^{3+}. Houve passagem de corrente elétrica de 2,0 A por 300 segundos. Qual a massa final da peça?

Para saber a carga total envolvida na deposição, usamos a seguinte equação:

$Q = i \cdot \Delta t$

em que Q é a carga elétrica medida em coulombs (C), i é a corrente elétrica medida em ampères (A) e Δt é o intervalo de tempo da passagem de corrente em segundos (s).

Uma corrente de 2,0 A corresponde a 2,0 C/s. Se houve passagem de corrente elétrica por 300 segundos, então:

$$Q = 2,0 \text{ C/s} \cdot 300 \text{ s} = 600 \text{ C}$$

Fazendo regra de três com a constante de Faraday:

96 485 C ——— 1 mol de elétrons
  600 C ——— x
x = 0,00622 mol de elétrons

A semirreação de redução do crômio (III) é: $Cr^{3+} + 3e^- \rightarrow Cr$

Ou seja, cada 1 mol de cátions Cr^{3+} precisa de 3 mols de elétrons. Como 1 mol de cromo possui massa de 52,00 g:

52,00 g de cromo ——— 3 mols de elétrons
              x ——— 0,00622 mol de elétrons
x = 0,108 g de cromo

Como a peça inicialmente pesava 3,00 g e recebeu uma película cromada de 0,108 g, a massa final será de 3,108 g.

VERIFIQUE SEUS CONHECIMENTOS

1. Através da eletrólise ígnea do minério bauxita (Al_2O_3) são produzidos alumínio e gás oxigênio. Em qual eletrodo se obtém cada um dos produtos?

2. Na eletrólise aquosa de sulfato de cobre (II), $CuSO_4$, qual gás é liberado?

3. Uma peça passou por um tratamento chamado banho de níquel em uma solução contendo cátions níquel (II). Qual o tempo de deposição eletrolítica necessário para depositar 0,5 g de níquel utilizando-se uma corrente de 5,0 A?

RESPOSTAS

CONFIRA AS RESPOSTAS

1. O alumínio foi reduzido, pois seu nox passou de +3 para 0. Portanto, ele foi produzido no cátodo.
O oxigênio foi oxidado, pois seu nox passou de –2 para 0. Portanto, ele foi produzido no ânodo.

2. Na eletrólise aquosa há a presença de cátions Cu^{2+} e H^+, e ânions SO_4^{2-} e OH^-. O cátion com maior facilidade de descarga é Cu^{2+}, que sofre redução e forma Cu. O ânion com maior facilidade de descarga é OH^-, que é oxidado, liberando gás O_2, conforme vimos na tabela de semirreações do capítulo anterior.

3. A massa molar do níquel é 58,693 g/mol.

58,693 g de Ni ——— 1 mol
0,5 g de Ni ——— x
x = 0,00852 mol de níquel

A semirreação de oxidação de Ni(II) é $Ni^{2+} + 2e^- \rightarrow Ni$. Por ela, descobrimos a quantidade de elétrons necessária para reduzir essa quantidade de níquel.

1 mol de Ni ——— 2 elétrons
0,00852 mol de Ni ——— x
x = 0,0170 mol de elétrons

Usando a constante de Faraday:
96 485 C ——— 1 mol de elétrons
x ——— 0,0170 mol de elétrons
x = 1643 C

Relacionando a carga e a corrente para descobrir o tempo:
$Q = i \cdot \Delta t$
1643 C = 5,0 C/s · Δt
Δt = 1643/5 s = 328 s ≈ 5,5 minutos

Unidade 13

Introdução à Química Orgânica

Capítulo 40
COMPOSTOS ORGÂNICOS

Desde a Antiguidade, as substâncias orgânicas são retiradas de seres vivos (vegetais e animais) e utilizadas no dia a dia – como alimento, medicamento ou matéria-prima do papel e da tinta, por exemplo.

No século XVIII, o químico francês ANTOINE-LAURENT LAVOISIER verificou que essa classe de substâncias é rica em átomos de carbono, oxigênio e hidrogênio, algo que não ocorre em compostos de origem mineral. Com base nessa e em outras descobertas, o químico sueco JÖNS BERZELIUS propôs, em 1808, a teoria da força vital, que defendia a ideia de que apenas os seres vivos são capazes de produzir compostos orgânicos, ou seja, esses compostos não poderiam ser criados artificialmente.

Essa teoria foi desmistificada pelo médico e químico alemão FRIEDRICH WÖHLER, que, vinte anos depois, realizou a síntese da ureia em laboratório. A partir daí, a QUÍMICA ORGÂNICA começou a se reinventar, sendo conceituada principalmente como "a Química dos compostos de carbono".

Todos os compostos orgânicos possuem carbono. Eles têm como principal característica sua estrutura baseada em esqueletos desse elemento: cadeias formadas por ligações covalentes entre átomos de carbono, que podem ter formatos bem variados. São a base de construção de moléculas pequenas ou grandes, lineares ou fechadas em anel (cíclicas), polares ou apolares, etc., o que influencia as propriedades físicas e químicas das substâncias que compõem.

> Nem todos os compostos com carbono são considerados orgânicos, pois alguns possuem estrutura muito mais simples (não possuem esqueleto) e suas propriedades químicas são mais facilmente estudadas quando são classificados pela sua reatividade como compostos inorgânicos. Ex.: $NaHCO_3$ (sal), HCN (ácido).

O carbono ($_6C$) tem quatro elétrons na camada de valência. Ou seja, ele é tetravalente.

$1s^2 2s^2 2p^2$ ← camada de valência

Em busca de estabilização, o carbono compartilha quatro elétrons com outros ametais, ou seja, forma ligações covalentes simples, duplas ou triplas, que podem ser do tipo σ (letra grega que se lê "sigma") ou π ("pi"), dependendo de como os orbitais interagem. As ligações simples sempre são σ. Nas ligações duplas e triplas, apenas uma será σ e as restantes serão π.

> simples: 1 σ
> duplas: 1 σ + 1 π
> triplas: 1 σ + 2 π

Quando o carbono forma somente ligações simples, num total de quatro, adquire uma geometria tetraédrica. Quando forma uma ligação dupla, adquire geometria trigonal planar. Se forma duas ligações duplas ou uma ligação tripla, adquire geometria linear. Mais informações podem ser vistas no Capítulo 15, que aborda a geometria molecular.

TIPO DE LIGAÇÃO DE CARBONO	ÂNGULO ENTRE LIGAÇÕES
—C— (tetraédrico)	109°28'
>C=	120°
=C= ou —C≡	180°

O carbono se liga principalmente ao hidrogênio, mas também é comum que ele forme ligações com ametais como oxigênio, nitrogênio, enxofre e halogênios (flúor, cloro, bromo e iodo). A camada de valência dos elementos determina quantas ligações covalentes cada um vai fazer.

ELEMENTO	NÚMERO DE ELÉTRONS DE VALÊNCIA	QUANTIDADE DE LIGAÇÕES COVALENTES
C	4 elétrons	4 ligações
N	5 elétrons	3 ligações
O	6 elétrons	2 ligações
Halogênios (F, Cl, Br, I)	7 elétrons	1 ligação
Hidrogênio	1 elétron	1 ligação

PROPRIEDADES GERAIS

O átomo de carbono consegue se ligar tanto a elementos menos eletronegativos (como o átomo de hidrogênio) quanto a átomos mais eletronegativos (como o oxigênio). Ele possui a capacidade de formar diferentes tipos de cadeia.

Para representar os compostos orgânicos, podemos utilizar:

FÓRMULA MOLECULAR: apresenta os elementos que formam a substância, bem como a quantidade de átomos de cada um.

FÓRMULA ESTRUTURAL PLANA: indica como os átomos estão conectados entre si. As ligações químicas são representadas por traços simples, duplos ou triplos.

FÓRMULA ESTRUTURAL CONDENSADA: versão simplificada da fórmula plana. Os átomos de hidrogênio conectados ao mesmo carbono podem ser agrupados e escritos ao lado do átomo de carbono ao qual estão ligados. Como carbono e hidrogênio fazem apenas ligações simples entre si, podemos omitir o traçado da ligação.

FÓRMULA ESTRUTURAL DE TRAÇOS: não tem letras representando nem carbono, nem hidrogênio. Os átomos de carbono são as extremidades de cada traço que representa uma ligação, enquanto os de hidrogênio são totalmente omitidos. Sabe-se que estão lá para completar as quatro ligações necessárias do carbono. Os demais elementos (O, S, F, etc.) são representados normalmente.

Veja a seguir o etoxietano (também chamado de éter dietílico) representado por meio dos quatro tipos de fórmula:

$C_4H_{10}O$ — Fórmula molecular

$H-\underset{H}{\overset{H}{C}}-\underset{H}{\overset{H}{C}}-O-\underset{H}{\overset{H}{C}}-\underset{H}{\overset{H}{C}}-H$ — Fórmula plana

$CH_3-CH_2-O-CH_2-CH_3$ — Fórmula condensada

∧—O—∧ — Fórmula de traços

CLASSIFICAÇÃO DOS ÁTOMOS DE CARBONO

Um átomo de carbono pode ser classificado como:

- Primário, se não estiver ligado a nenhum átomo de carbono, ou se estiver ligado a apenas um.
- Secundário, se estiver ligado a dois átomos de carbono.
- Terciário, se estiver ligado a três átomos de carbono.
- Quaternário, se estiver ligado a quatro átomos de carbono.

No composto abaixo, você pode ver os tipos de carbono, com as iniciais de cada classificação:

$$\overset{P}{CH_3}-\overset{P}{CH_2}-\underset{\underset{T}{|}}{\overset{\overset{P}{CH_3}}{\overset{|}{C}}}=\overset{S}{CH}-\underset{\underset{P}{CH_3}}{\overset{|}{\overset{T}{CH}}}-\overset{S}{C}\equiv\overset{S}{C}-\underset{\underset{P}{CH_3}}{\overset{\overset{P}{CH_3}}{\overset{|}{\overset{Q}{C}}}}-\overset{P}{CH_2}-O-\overset{P}{CH_3}$$

CLASSIFICAÇÃO DAS CADEIAS CARBÔNICAS

Para descrever como os átomos estão ligados, há diferentes formas de classificar as cadeias carbônicas.

Classificação quanto ao formato

- Abertas: cadeias lineares, isto é, possuem pelo menos duas extremidades livres e nenhum anel.
- Fechadas/cíclicas: possuem pelo menos um anel (uma cadeia fechada) e nenhuma extremidade livre.
- Mistas: possuem tanto anéis quanto cadeias lineares (têm pelo menos uma extremidade livre).

ácido fumárico
(cadeia aberta)

antraceno
(cadeia fechada)

vinilciclo-hexano
(cadeia mista)

Classificação quanto à disposição dos carbonos

- Normal: apresenta somente uma sequência de carbonos.
- Ramificada: apresenta mais de uma sequência de carbonos.

pantan-2-ona (cadeia normal)   metilbutano (cadeia ramificada)

DICA: Represente a cadeia carbônica inteira de determinada molécula usando a fórmula de traços. Se você conseguir desenhá-la sem tirar o lápis do papel e sem passar duas vezes pelo mesmo lugar, trata-se de uma **cadeia normal**: todos os carbonos da molécula se encadeiam em um zigue-zague com apenas duas pontas. Caso contrário, é uma **cadeia ramificada**.

Classificação quanto à natureza dos elementos

- Homogênea: não apresenta **HETEROÁTOMO**.
- Heterogênea: apresenta um heteroátomo.

> **HETEROÁTOMO**
> Um elemento diferente que interrompe a sequência de carbonos de uma cadeia.

$$H_3C-CH(OH)-CH_3$$

propan-2-ol
(cadeia homogênea)

$$H_3C-C(=O)-O-CH_2-CH_3$$

etanoato de etila
(cadeia heterogênea)

Classificação quanto ao tipo de ligação

- Saturada: quando a cadeia carbônica apresenta somente ligações σ (simples). Chamamos de saturada porque os carbonos fazem a maior quantidade possível de ligações com outros carbonos, não sendo possível aumentar a quantidade de átomos ligados à cadeia carbônica.
- Insaturada: quando a molécula apresenta também ligações π (duplas ou triplas) entre carbonos. Isso significa que essas ligações podem ser quebradas e os carbonos provenientes poderão fazer ligações simples com mais átomos, aumentando a fórmula da molécula.

> Ligações duplas envolvendo outros elementos não são consideradas nesta classificação!

Ácido aspártico possui apenas ligações simples entre os átomos de carbono. Sua cadeia é saturada.

1-pentino possui uma ligação tripla entre dois átomos de carbono. Sua cadeia é insaturada.

$CH_3-CH_2-CH_2-C\equiv C-H$

Existe também a classificação quanto à aromaticidade, mas, para podermos entrar nesse tema, precisamos primeiro estudar os anéis aromáticos.

Anéis aromáticos

Antes mesmo de ser descoberta a estrutura dos compostos aromáticos, eles receberam esse nome porque têm um cheiro forte característico. Com o avanço da Química, propôs-se um primeiro modelo da estrutura especial dessas moléculas: uma cadeia cíclica hexagonal formada por ligações simples e duplas alternadas entre os carbonos. Ela ganhou o nome de ANEL AROMÁTICO, mas também é conhecida como anel benzênico, pois a substância mais simples composta apenas por um anel aromático com seis carbonos é chamada de BENZENO.

Alguns experimentos e cálculos indicaram que as ligações entre os carbonos do anel aromático na verdade são iguais entre si, tendo comportamento intermediário entre ligação simples e dupla. É possível mudar os elétrons das ligações π sem mudar a posição dos átomos. Dessa forma, o benzeno tem duas representações aceitas:

[estruturas de Kekulé do benzeno]

Em 1930, o químico americano Linus Pauling propôs a teoria da ressonância, que explicou esse comportamento atípico: "Sempre que, em uma fórmula estrutural, podemos mudar a posição dos elétrons sem mudar a posição dos átomos, a estrutura real não será nenhuma das estruturas obtidas, mas um híbrido de ressonância dessas estruturas."

No HÍBRIDO DE RESSONÂNCIA, os elétrons das ligações π são DESLOCALIZADOS, ou seja, não têm uma posição específica.

O híbrido de ressonância pode ser representado pelas diferentes fórmulas planas da mesma substância, com setas indicando a alternância constante das ligações entre simples e duplas, ou por um círculo que simboliza os elétrons deslocalizados em torno do anel.

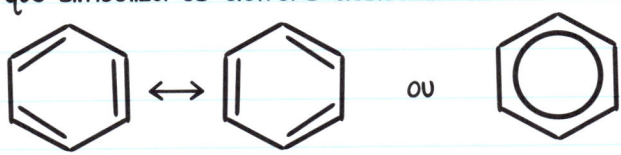

Híbrido de ressonância

Levando em conta os anéis aromáticos, podemos por fim classificar as cadeias carbônicas quanto à aromaticidade:

- Alifática: a cadeia pode ser aberta ou fechada, mas não contém anéis aromáticos.
- Aromática: possui pelo menos um anel aromático; logo, será sempre fechada.

ciclopenteno (cadeia alifática)

FUNÇÕES ORGÂNICAS

Grupos de compostos que possuem propriedades químicas semelhantes entre si, ou seja, tendem a sofrer os mesmos tipos de reação orgânica, geralmente porque parte da sua estrutura é similar. Estas são as principais:

- Hidrocarbonetos
- Álcoois
- Fenóis
- Éteres
- Aldeídos
- Cetonas
- Ácidos carboxílicos
- Ésteres
- Aminas
- Amidas
- Haletos orgânicos

Nos próximos capítulos, vamos conhecê-las mais a fundo.

VERIFIQUE SEUS CONHECIMENTOS

1. O que representam as letras gregas σ e π na Química Orgânica?

2. Classifique a cadeia do propanoato de etila quanto ao formato, à disposição dos carbonos, ao tipo de ligação, à presença de heteroátomo e à aromaticidade:

3. Apresente a fórmula condensada da estrutura abaixo:

4. Esta é a fórmula de traços do ácido ascórbico, a vitamina C. Apresente sua fórmula molecular.

5. O que são as funções orgânicas?

RESPOSTAS 541

CONFIRA AS RESPOSTAS

1. A letra σ (sigma) representa a ligação simples e a letra π (pi) representa uma ligação da dupla e duas ligações da tripla.

2. Aberta, normal, saturada, heterogênea, alifática.

3.

[estrutura: anel de ciclohexeno com HC=CH, H₂C, CH, H₂C—CH₂, ligado a CH=CH—CH₂—CH₂—C≡C—CH₃]

4. Transforme a fórmula de traços na fórmula plana:

[estrutura do ácido ascórbico]

Fórmula molecular: $C_6H_8O_6$

5. As funções orgânicas são grupos de compostos que possuem propriedades químicas semelhantes entre si, ou seja, tendem a sofrer os mesmos tipos de reação orgânica, geralmente porque parte da sua estrutura é similar.

Capítulo 41
HIDROCARBONETOS

Os hidrocarbonetos são compostos orgânicos formados somente por carbono e hidrogênio. Como esses elementos têm eletronegatividade próxima, os hidrocarbonetos costumam ser apolares e suas moléculas geram somente forças de London entre si. Além disso, são denominados compostos HIDROFÓBICOS, pois possuem baixa solubilidade em água e baixos pontos de ebulição e fusão, quando comparados com moléculas polares. É a função orgânica mais simples e sua fórmula geral é C_xH_y.

CLASSIFICAÇÃO DOS HIDROCARBONETOS

- Alcanos: também chamados de parafinas, são formados por cadeias abertas saturadas. Sua fórmula molecular obedece à regra C_nH_{2n+2}. São pouco reativos. Muito utilizados como combustíveis.
- Cicloalcanos: são cadeias cíclicas saturadas. Sua fórmula molecular obedece à regra C_nH_{2n}.
- Alcenos: são compostos com cadeia aberta e ligação dupla em sua cadeia carbônica. Também obedecem à regra geral C_nH_{2n}. São mais reativos que os alcanos, por causa da sua ligação π.
- Alcinos: são compostos de cadeia aberta e ligação tripla em sua cadeia carbônica. Obedecem à regra C_nH_{2n-2} e também são muito reativos.
- Aromáticos: possuem pelo menos um anel benzênico.

é possível escrever fórmulas gerais para casos mais específicos de hidrocarbonetos. Cada dupla ligação adicionada a uma molécula implica uma redução de dois átomos de hidrogênio do total. Por exemplo, uma molécula com duas duplas ligações (um alcadieno) ou um cicloalceno (um anel contendo dupla ligação) também terão fórmula geral C_nH_{2n-2}.

O PETRÓLEO

O petróleo é um óleo, geralmente de cor marrom ou preta, formado por uma mistura de substâncias, a maioria hidrocarbonetos. Como os hidrocarbonetos possuem uma diversidade de tamanhos e estruturas, a mistura passa por um processo de DESTILAÇÃO FRACIONADA em grandes torres de refinarias. São coletadas FRAÇÕES da mistura (ou seja, uma mistura de moléculas, formada por uma variabilidade menor da quantidade de átomos de carbono). Cada fração possui uma aplicação comercial diferente, como você pode ver a seguir (os valores são estimados, pois a composição do petróleo varia muito em função da região onde foi extraído).

FRAÇÃO	QUANTIDADE DE CARBONOS	APLICAÇÕES
Gás	C_1 a C_4	Gás encanado e gás de cozinha
Nafta	C_5 a C_8	Matéria química para síntese de outros compostos orgânicos
Gasolina	C_5 a C_{10}	Combustível para automóveis
Querosene	C_{10} a C_{18}	Solvente, combustível de aeronaves

FRAÇÃO	QUANTIDADE DE CARBONOS	APLICAÇÕES
Óleo diesel	C_{14} a C_{20}	Combustível para ônibus e caminhões
Óleo lubrificante	C_{20} a C_{50}	Lubrificantes de máquinas e motores
Asfalto	Acima de C_{50} Compostos policíclicos	Construção civil

> Moléculas com estrutura muito complexa contendo vários anéis, podendo ser alifáticas ou aromáticas.

NOMENCLATURA

Para nomear um hidrocarboneto com base em uma fórmula estrutural, foi criada uma nomenclatura oficial. A regra geral na verdade se aplica à maioria dos compostos orgânicos, praticamente só mudando o sufixo. No próximo capítulo veremos em mais detalhes todas as nomenclaturas, mas agora focaremos os hidrocarbonetos.

Passo a passo da nomenclatura:

1. Identificar e nomear a cadeia principal. A CADEIA PRINCIPAL é a sequência linear com a maior quantidade de carbonos, que contém possíveis insaturações (ligações duplas e/ou triplas). Em hidrocarbonetos de cadeia mista, a cadeia principal é o anel e o nome recebe também o prefixo "ciclo".

> No capítulo 42, veremos sufixos de outras funções

PREFIXO + **INFIXO** + **SUFIXO**

Quantidade de carbonos da cadeia principal		Tipo de ligação entre os carbonos		Função orgânica
met	1	an	Ligação simples	o (hidrocarbonetos)
et	2	en	Ligação dupla	
prop	3	in	Ligação tripla	
but	4	dien	Duas ligações duplas	
pent	5	trien	Três ligações duplas	
hex	6	diin	Duas ligações triplas	
hept	7	...		
oct	8			
non	9			
dec	10			
...				

ligação dupla
$$H_2C = CH_2$$
  1   2

eteno

ligação simples
$$H_3C - CH_2 - CH_3$$
  1   2   3

propano

No exemplo abaixo, seria usado o prefixo "hept", porque a cadeia principal tem sete carbonos.

$$CH_3 - CH - CH_2 - CH - CH_3$$
$$ | |$$
$$ CH_2 CH_2$$
$$ | |$$
$$ CH_3 CH_3$$

→

ramificação / ramificação (substituinte) / cadeia principal

$$CH_3 - CH - CH_2 - CH - CH_3$$
(mesma estrutura, com a cadeia principal destacada)

2. Nomear as cadeias de carbono fora da cadeia principal, que são chamadas de SUBSTITUINTES (ganharam esse nome porque dão a impressão de estarem substituindo um hidrogênio). O nome dos substituintes entra no início da nomenclatura da molécula, com o sufixo -IL. Alguns dos substituintes mais comuns:

QUANTIDADE DE CARBONOS	GRUPO SUBSTITUINTE	NOME
1	CH_3-	metil
2	CH_3-CH_2-	etil
2	$H_2C=CH-$	etenil ou vinil
3	$CH_3-CH_2-CH_2-$	propil ou n-propil
3	CH_3-CH- $\quad\quad\;\;\;|$ $\quad\quad\;CH_3$	isopropil
4	$CH_3-CH_2-CH_2-CH_2-$	butil ou n-butil
4	$\quad\quad\quad\;\;|$ $CH_3-CH_2-CH-CH_3-$	sec-butil
4	$\quad\quad\;CH_3$ $\quad\quad\;\;\;|$ CH_3-C- $\quad\quad\;\;\;|$ $\quad\quad\;CH_3$	terc-butil
4	$CH_3-CH-CH_2-$ $\quad\quad\;\;\;|$ $\quad\quad\;CH_3$	isobutil

QUANTIDADE DE CARBONOS	GRUPO SUBSTITUINTE	NOME
6	(anel benzênico)	fenil
7	(anel benzênico)–CH$_2$–	benzil

3. Numerar a cadeia principal, começando pelo carbono de uma ponta (carbono 1) até o último carbono da sequência. Comece contando da ponta que deixaria os menores números para os carbonos com as funções orgânicas e/ou substituintes. Em cadeias insaturadas, a contagem deve ser feita para dar a menor numeração possível para a dupla ou para a tripla.

No caso abaixo, a sequência em L tem mais carbonos que a sequência reta. E, se contarmos a partir de baixo, o carbono ligado ao metil é o 3 em vez do 4.

```
      metil    3     4      5      6
      H₃C — CH — CH₂ — CH₂ — CH₃
             |
          2  CH₂
             |
          1  CH₃
```

4. Listar os substituintes em ordem alfabética, apresentando o número do átomo de carbono ao qual cada um está ligado. Separar as informações com hifens. Indicar também o número do átomo de carbono que tem ligação dupla ou tripla. Se houver mais de um grupo igual, acrescentar os prefixos di-, tri-, tetra-, etc. antes do nome dos grupos.

POR EXEMPLO: Nomeie o seguinte hidrocarboneto:

$$H_2C=CH-\underset{\underset{CH_3}{|}}{C}=CH-CH_3$$

metil

1 2 3 4 5

A cadeia principal tem cinco carbonos, por isso "penta". Contando a cadeia a partir da esquerda, a primeira ligação dupla fica ligada ao menor número. Há duas ligações duplas nos carbonos 1 e 3, portanto se trata de "1,3-dieno". CH_3 é o substituinte metil, ligado ao terceiro carbono da cadeia principal, logo o início do composto é "3-metil". Dessa forma, a molécula se chama "3-metilpenta-1,3-dieno".

Outros exemplos:

3-metil-hexano ou 3-metilexano

1-etil-3-metilciclopentano

Nomenclatura de compostos aromáticos

Quando anéis benzênicos apresentam dois substituintes, podemos utilizar os prefixos:
- Orto (o-): substituintes ligados aos carbonos 1 e 2.
- Meta (m-): substituintes ligados aos carbonos 1 e 3.
- Para (p-): substituintes ligados aos carbonos 1 e 4.

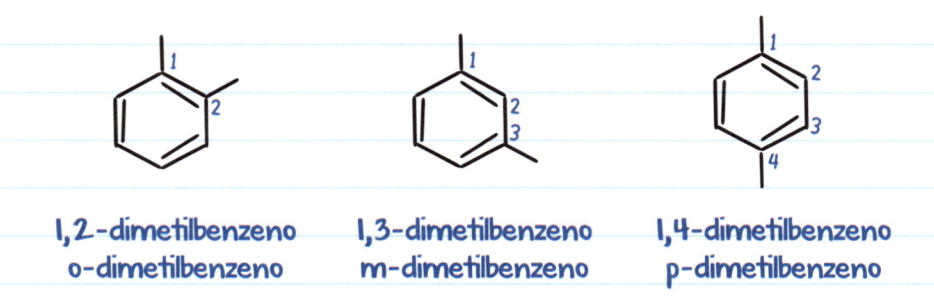

1,2-dimetilbenzeno
o-dimetilbenzeno

1,3-dimetilbenzeno
m-dimetilbenzeno

1,4-dimetilbenzeno
p-dimetilbenzeno

Muitos compostos aromáticos possuem nomes próprios para facilitar a nomenclatura. Um exemplo é o metilbenzeno, mais conhecido como tolueno. É uma substância muito utilizada como solvente de tintas, mas perigosa à saúde. O nome "tolueno" também pode ser utilizado para nomear moléculas análogas, contendo outros substituintes além do grupo metil. Nesse caso, o carbono 1 será aquele ligado ao metil.

m-bromotolueno

VERIFIQUE SEUS CONHECIMENTOS

1. Nomeie o seguinte hidrocarboneto:

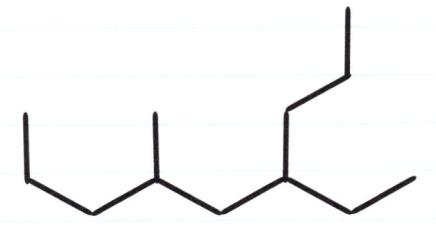

2. Apresente a fórmula de traços do 2,2,4-trimetil-hexano.

3. Qual a utilidade dos prefixos "orto", "meta" e "para"?

RESPOSTAS 551

CONFIRA AS RESPOSTAS

1. 4-etil-6-metilnonano.

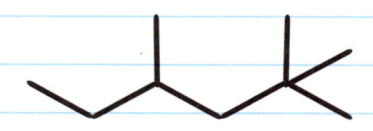

2.

3. Escrever a nomenclatura de anéis benzênicos com dois substituintes.

Capítulo 42
OUTRAS FUNÇÕES ORGÂNICAS E ISOMERIA

FUNÇÕES ORGÂNICAS

Vamos agora ver em detalhes as outras funções orgânicas principais.

Álcoois

Possuem o radical hidroxila (–OH) ligado a um carbono. Sua fórmula geral é R – OH. Sua nomenclatura obedece às regras para hidrocarbonetos, mas utilizando o sufixo –ol.

$$CH_2-CH_2-CH_3$$
$$|$$
$$OH$$

propan-1-ol ou 1-propanol

Quando só há um número compondo a nomenclatura, ele pode ser transferido para o início, facilitando a leitura.

$$H_3C-\underset{CH_3}{\underset{|}{\overset{OH}{\overset{|}{C}}}}-CH_3$$

2-metilpropan-2-ol ou 2-metil-2-propanol

> Costumamos utilizar a letra "R" para representar qualquer variação de cadeia carbônica. Dessa forma, simplificamos a fórmula estrutural omitindo partes da molécula e destacando outras. No caso das funções, R é a parte que pode variar e o restante é o que caracteriza a função.
>
> R vem da palavra "radical", que é um fragmento de uma molécula orgânica, podendo ser até um átomo de hidrogênio apenas. Quando há mais de um radical, usa-se R' e R".
>
> Um álcool pode ter cadeias carbônicas diversas: poucos ou muitos carbonos, cadeias lineares ou ramificadas. Mas todas estas moléculas serão representadas por R - OH.

Também podemos utilizar a nomenclatura "álcool ...ílico".

grupo etil → OH
|
[$H_3C - CH_2$]

álcool etílico (ou etanol)

Os álcoois possuem cheiro característico, sendo muito utilizados como combustível, solvente, aditivos químicos e matéria-prima para a indústria petroquímica, assim como na perfumaria. Suas moléculas realizam ligações de hidrogênio graças ao grupo hidroxila. À medida que a cadeia carbônica cresce, a molécula apresenta menor polaridade e se comporta de forma semelhante aos hidrocarbonetos.

Os compostos dessa função podem ser classificados em:
- Primários, se a hidroxila estiver ligada a um carbono primário.
- Secundários, se a hidroxila estiver ligada a um carbono secundário.
- Terciários, se a hidroxila estiver ligada a um carbono terciário.

Fenóis

São compostos em que uma hidroxila está ligada diretamente a um carbono do anel aromático. São representados por **Ar - OH**, sendo "Ar" o anel aromático. São muito utilizados na produção de resinas, tintas, explosivos e bactericidas.

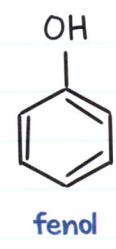

fenol

A regra geral de nomenclatura é a seguinte:

Hidroxi- (Nome do aromático)

As regras de nomenclatura orto-, meta- e para- também são utilizadas para nomear fenóis que possuem substituintes no anel além do -OH.

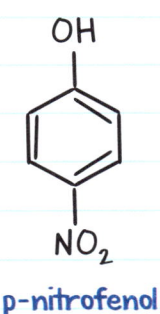

p-nitrofenol

Éteres

Possuem um átomo de oxigênio ligado a carbonos por ligações simples. Ou seja, todos os éteres têm cadeia heterogênea, sendo o oxigênio seu heteroátomo. Eles têm interações dipolares fracas entre si, mas interagem fortemente com a água. Sua fórmula geral é R - O - R'.

Os éteres foram muito usados como os primeiros anestésicos. Hoje, são muito utilizados como solventes de gorduras e matéria-prima da indústria farmacêutica.

Sua regra geral é nomear os dois radicais ligados ao átomo de oxigênio:

(Nome da cadeia menor) –oxi– (Nome da cadeia maior)

metoxipropano   metoxibenzeno

Aldeídos

Apresentam carbonilas (carbono e oxigênio com ligação dupla) na extremidade da cadeia. Esta é sua fórmula geral:

Sua nomenclatura segue a regra dos hidrocarbonetos, mas utilizando o sufixo –al. A contagem dos carbonos da cadeia principal se inicia pelo carbono da carbonila.

Os aldeídos são muito polares graças às carbonilas, mas não realizam ligação de hidrogênio entre si, por isso seu ponto de ebulição não é tão alto quanto o dos álcoois.

O metanal (mais conhecido como formaldeído, ou simplesmente formol) é muito utilizado para conservar amostras biológicas para estudo em laboratório:

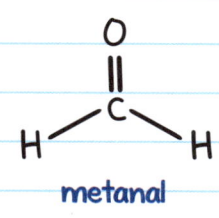

metanal

Cetonas

Também apresentam a carbonila, só que no meio de sua cadeia principal. Costumam ser muito solúveis, embora não realizem ligações de hidrogênio entre si. Esta é sua fórmula geral:

A propanona, mais conhecida como acetona, é um popular solvente de esmaltes:

propanona

Sua nomenclatura segue a regra dos hidrocarbonetos, mas utilizando o sufixo -ona. A contagem dos carbonos da cadeia principal é feita de forma a atribuir a menor numeração possível ao carbono da carbonila.

4,5 dimetilexan-3-ona
ou 4,5-dimetil-3-hexanona

Ácidos carboxílicos

Apresentam o grupo carboxila (COOH) em pelo menos uma extremidade da cadeia principal. Como está próximo de dois átomos de oxigênio (muito eletronegativos), o hidrogênio da carboxila é facilmente ionizável, sendo liberado como o cátion H$^+$, o que explica o caráter ácido dessas substâncias. Eles também realizam ligações de hidrogênio e são muito polares, apresentando boa solubilidade em água quando suas cadeias carbônicas são pequenas. Esta é sua fórmula geral:

Sua nomenclatura oficial segue a estrutura dos hidrocarbonetos, com duas modificações:
- O nome do composto se inicia com "ácido".
- O sufixo da cadeia principal é -oico.

O ácido etanoico (usualmente chamado de ácido acético) é o principal componente do vinagre.

Assim como acontece no caso dos ácidos inorgânicos, os sais de ácidos carboxílicos contêm o ânion derivado. Sua nomenclatura é análoga, substituindo a terminação -ico por -ato.

Acetato de sódio é o produto da neutralização do ácido acético com hidróxido de sódio.

Ácidos graxos são ácidos carboxílicos com cadeia carbônica muito longa. São a base da construção de lipídios e gorduras.

ácido palmítico, principal componente do óleo de palma

Ésteres

Também contêm a carbonila dentro de sua cadeia carbônica, ligada a um oxigênio heteroátomo. São polares devido aos átomos de oxigênio, mas, como não realizam ligações de hidrogênio, somente as menores moléculas (com dois a três carbonos) apresentam solubilidade em água. Esta é sua fórmula geral:

Sua regra de nomenclatura segue a estrutura a seguir:

(Nome do radical ligado ao carbono) -ato de (Nome do radical ligado ao oxigênio) -ila

etanoato (ou acetato) de isopentila, usado na fabricação da essência de banana

Os ésteres costumam ter cheiro agradável, sendo muito utilizados como aromatizantes sintéticos na indústria alimentícia.

Aminas

Compostos formados por cadeias carbônicas ligadas a um átomo de nitrogênio por ligações simples. Esta é sua fórmula geral:

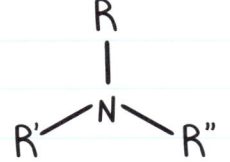

Podem ser classificadas em:
- Primárias, quando há uma cadeia carbônica.
- Secundárias, com duas cadeias carbônicas ligadas ao nitrogênio.
- Terciárias, com três cadeias carbônicas ligadas ao nitrogênio.

A nomenclatura mais usual de aminas primárias é constituída pelos nomes dos substituintes mais o sufixo -amina. Para aminas secundárias ou terciárias com cadeias diferentes, coloca-se "N-" no início do nome.

metilamina   N-etil-fenilamina   trimetilamina

As aminas são bases orgânicas, pois o par de elétrons não ligantes consegue interagir com um cátion H⁺, tornando-se uma molécula catiônica (com uma carga positiva). Apenas as aminas primárias e secundárias conseguem realizar ligações de hidrogênio.

Em aminas primárias, podemos encarar o grupo amina como um substituinte, utilizando o prefixo "amino-".

2-aminobutano, ou 2-butanamina

Amidas

Contêm uma carbonila ligada a um átomo de nitrogênio. Esta é sua fórmula geral:

acetamida

Sua nomenclatura é semelhante à dos hidrocarbonetos e aminas, porém utilizando o sufixo –amida.

Amidas que possuem átomos de hidrogênio ligados ao seu átomo de nitrogênio realizam ligação de hidrogênio e possuem ponto de ebulição elevado.

Haletos orgânicos

Possuem pelo menos um halogênio na fórmula. Sua fórmula geral é R – X, sendo X um halogênio.

A regra oficial para sua nomenclatura é incluir o nome do haleto como um dos substituintes da cadeia principal, mas também é usual escrever desta forma:

(Nome do halogênio) -eto de (Nome do radical) -ila

2-iodobutano, ou iodeto de sec-butila

Como halogênios são muito eletronegativos, sua presença torna a cadeia polar. Entretanto, essa polaridade não basta para que realizem interações fortes o suficiente com a água, sendo pouco solúveis. Os haletos orgânicos são muito utilizados como solventes polares orgânicos.

Mais funções orgânicas

R—C≡N
nitrila

R—NO$_2$
nitrocomposto

anidrido

R—SH
tiol

R—S—R'
tioéter

enol

Como escrever uma fórmula estrutural a partir de um nome?

POR EXEMPLO: Escreva a fórmula estrutural do ácido 5-metil-2-decenoico.

Passo 1: Identificar a cadeia carbônica principal.
O prefixo "dec" indica que a cadeia possui dez carbonos.

C-C-C-C-C-C-C-C-C-C

Passo 2: Investigar os grupos funcionais por meio do sufixo.
O sufixo "oico" indica que a molécula possui a função ácido carboxílico em uma das extremidades. A numeração da cadeia começará no carbono que participa do grupo funcional.

C-C-C-C-C-C-C-C-C-C(=O)-OH

Passo 3: Adicionar insaturações na cadeia.
O número 2 e o infixo "en" indicam que há uma ligação dupla no segundo carbono.

C-C-C-C-C-C-C-C=C-C(=O)-OH

Passo 4: Adicionar substituintes.
Esta molécula possui somente o substituinte metil, na posição 5.

[estrutura: cadeia carbônica com CH₃ ramificação, ligação dupla e grupo COOH]

Passo 5: Inseridas todas as informações contidas no nome, completar as ligações ausentes nos carbonos com átomos de hidrogênio.

[estrutura completa com hidrogênios: H₃C–CH₂–CH₂–CH₂–CH₂–CH(CH₃)–CH₂–CH=CH–C(=O)–OH]

ISOMERIA

ISÔMEROS são compostos que diferem na estrutura (forma como os átomos estão conectados) mas têm fórmula molecular igual. Isso porque os mesmos átomos podem se conectar de maneiras diversas, impactando a reatividade de uma substância.

A isomeria pode ser plana ou espacial.

Isomeria plana

Também chamada de isomeria constitucional. Ocorre quando os átomos estão conectados de formas variadas em fórmulas planas. Pode ser classificada como:

- **Isomeria de função:** quando os isômeros pertencem a funções orgânicas diferentes.

[estruturas: epoxietano (anel de 3 membros com O) e etanal (H₃C–CHO)]

Ambos têm fórmula C_2H_4O, mas o primeiro é um éter (epoxietano) e o segundo é um aldeído (etanal).

Usamos o prefixo "epoxi" para nomear éteres cíclicos.

- **Isomeria de cadeia:** quando os isômeros pertencem à mesma função orgânica, mas a cadeia principal é diferente.

$$H_3C-CH_2-NH_2 \qquad H_3C-NH-CH_3$$

A etilamina possui cadeia principal com dois átomos de carbono, mas a dimetilamina possui cadeia de somente um carbono. Ambas as moléculas têm fórmula molecular C_2H_7N.

- **Isomeria de posição:** quando os isômeros pertencem à mesma função e possuem o mesmo tipo de cadeia, mas há uma diferença na posição da função ou insaturação.

$$\underset{}{H_2C}-CH_2-CH_2-CH_3 \text{ (OH em C1)} \qquad H_3C-\underset{OH}{CH}-CH_2-CH_3$$

A função álcool está em posições diferentes em 1-butanol e 2-butanol.

- **Isomeria de compensação ou metameria:** quando há diferença na posição do heteroátomo.

$$H_3C-CH_2-O-CH_2-CH_3 \qquad H_3C-O-CH_2-CH_2-CH_3$$

Etoxietano e metoxipropano são éteres de fórmula molecular $C_4H_{10}O$.

- **Tautomeria:** quando os isômeros coexistem devido ao equilíbrio químico.

$$H_3C-C\underset{H}{\overset{O}{\lessgtr}} \quad \rightleftharpoons \quad H_2C=\underset{OH}{CH}$$

Etanal pode ser convertido em etenol. (Uma molécula que possui um carbono composto de dupla ligação + função álcool é chamado de enol.)

Isomeria espacial

Também chamada de estereoisomeria, ocorre quando os isômeros apresentam a mesma conectividade entre os átomos, não sendo possível distinguir suas diferenças numa fórmula plana simples. A diferença está no arranjo tridimensional dos átomos.

Existem dois tipos de isomeria espacial:
- **Isomeria geométrica ou cis-trans:** quando as cadeias carbônicas são lineares e apresentam somente ligações σ, os átomos ficam livres para rotacionar em torno do eixo da ligação, mesmo mantendo a conectividade. Entretanto, anéis e ligações π travam os átomos de carbono da ligação, impedindo sua rotação e, consequentemente, a movimentação das cadeias que estejam ligadas a eles. Quando esses átomos permanecem fixos em posições diferentes, atraem ou repelem os átomos ao redor de formas diferentes.

Nas moléculas a seguir, de 1,2-dicloroeteno, foi traçada uma linha para comparar melhor os substituintes de cada lado das moléculas (no caso do desenho, dividindo acima e abaixo). Neste exemplo, cada átomo da dupla ligação está ligado a um átomo de hidrogênio e um átomo de cloro. Como os substituintes estão travados na posição, é possível que os dois átomos de cloro estejam no mesmo lado (cis) ou em lados opostos (trans). Cada molécula gera uma substância com propriedades diferentes, pois o arranjo espacial diferenciado impacta a polaridade da molécula. O isômero cis é polar, enquanto a versão trans é apolar. Consequentemente, o ponto de ebulição do primeiro é 60°C (interações intermoleculares mais fortes), e o da substância trans é 48°C.

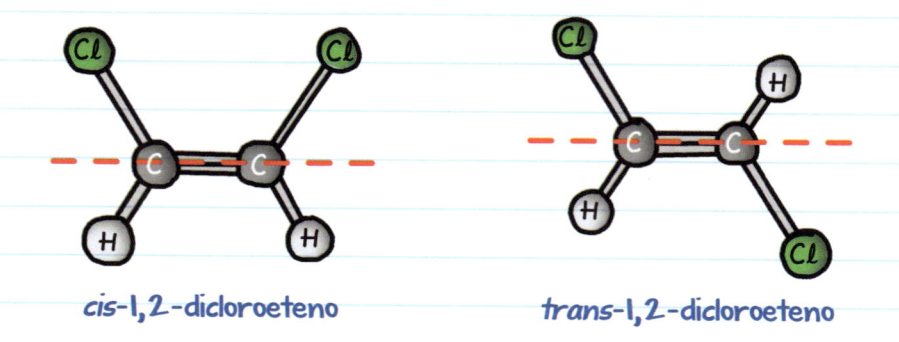

cis-1,2-dicloroeteno   trans-1,2-dicloroeteno

> Na isomeria geométrica ou cis-trans, quando dois substituintes iguais se encontram no mesmo lado, temos um isômero cis. Quando os ligantes estão em lados opostos, trata-se do isômero trans. Essa isomeria é frequente em moléculas com duplas ligações ou anéis contendo dois substituintes iguais em carbonos diferentes.

- **Isomeria óptica**: ocorre em moléculas assimétricas. Se traçarmos uma linha dividindo a molécula ao meio, um lado será diferente do outro.

Isômeros ópticos são muito semelhantes entre si. Quando colocados lado a lado, parecem um reflexo no espelho. Entretanto, se as moléculas são colocadas uma sobre a outra, percebe-se que a conexão dos átomos é diferente.

As moléculas com essa isomeria sempre têm um carbono com quatro substituintes diferentes, que é classificado como QUIRAL ou ASSIMÉTRICO.

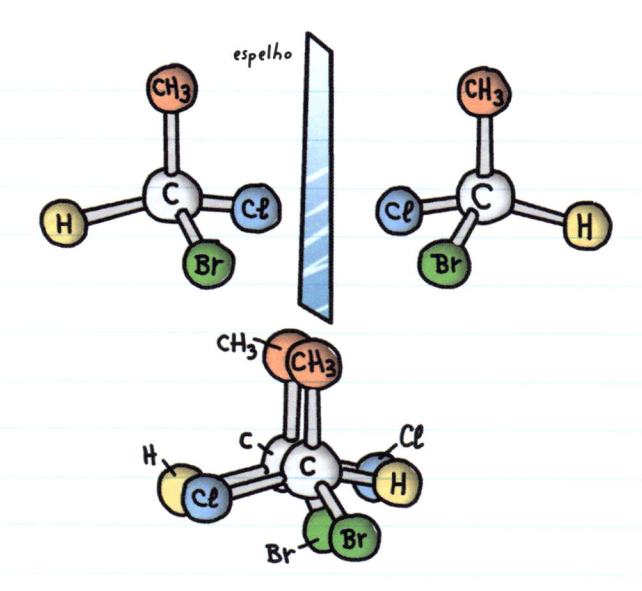

Fazendo um paralelo: nossa mão esquerda é diferente da direita, mas o reflexo de uma das mãos é idêntico à outra mão. São imagens espelhadas. Assim acontece com isômeros ópticos.

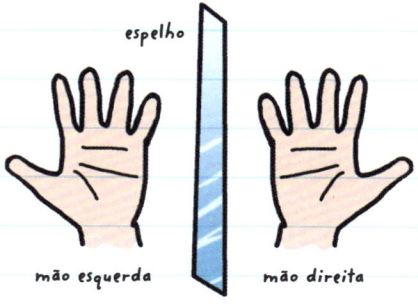

Os aminoácidos, peças de construção das proteínas do nosso organismo, contêm os grupos amina ($-NH_2$) e ácido carboxílico (representado por $-COOH$). Existem mais de vinte aminoácidos diferentes nos seres vivos, em que se altera somente o grupo R. Com exceção da glicina, em que o R é o hidrogênio (nesse caso, o carbono se liga a apenas três substituintes diferentes), todos os outros aminoácidos possuem esse carbono assimétrico, ligado a carboxila, hidrogênio, radical amino e um quarto substituinte:

Na Bioquímica, os isômeros ópticos são classificados em D e L (de "dextrogiro" e "levogiro", quando desviam a luz para a direita ou a esquerda no POLARÍMETRO).

> Os isômeros ópticos podem apresentar algumas propriedades químicas diferentes entre si, principalmente em seres vivos, mas que são muito específicas e difíceis de detectar. A principal estratégia para diferenciá-los é verificar seu comportamento quando são iluminados por luz polarizada (um tipo de radiação que só se propaga em um plano) em um equipamento chamado polarímetro.

Nos seres vivos, os aminoácidos presentes nas proteínas são isômeros L. Isômeros D não produziriam a mesma proteína, pois as interações entre biomoléculas são complexas e envolvem interações em diferentes regiões delas. Da mesma forma que sua mão direita não conseguiria cumprimentar a mão esquerda de outra pessoa corretamente, um átomo na posição errada pode impedir ligações químicas favoráveis em reações químicas importantes para o bom funcionamento das células.

isômero D   isômero L

VERIFIQUE SEUS CONHECIMENTOS

1. Apresente a fórmula estrutural do 4-etil-3,5-dimetiloct-5-en-2-ol.

2. A qual função pertence o $CH_3COOC_2H_5$?

3. Quais funções orgânicas estão presentes na molécula de glicose? Circule na fórmula e nomeie.

$$H-C(=O)-H$$
$$H-C(OH)-H$$
$$HO-C(H)-H$$
$$H-C(OH)-H$$
$$H-C(OH)-H$$
$$CH_2OH$$

4. Quais funções orgânicas estão presentes na molécula de EDTA? Circule na fórmula e nomeie.

5. As substâncias a seguir são isômeros? Justifique.

$$CH_3-CH_2-C(=O)H$$

e

$$CH_3-C(=O)-CH_3$$

RESPOSTAS 569

CONFIRA AS RESPOSTAS

1.

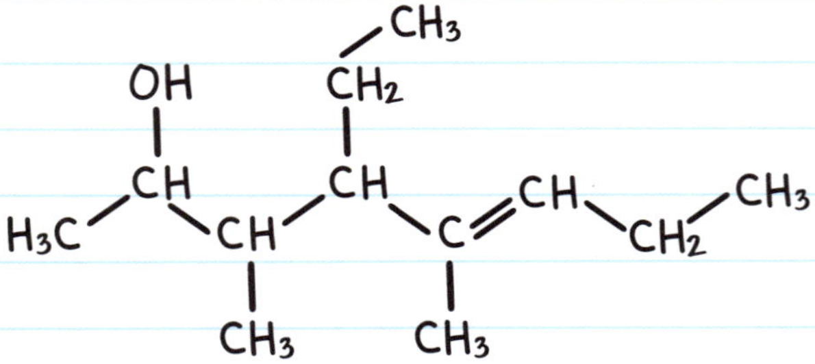

2. Éster, pois tem a representação RCOOR'.

3.

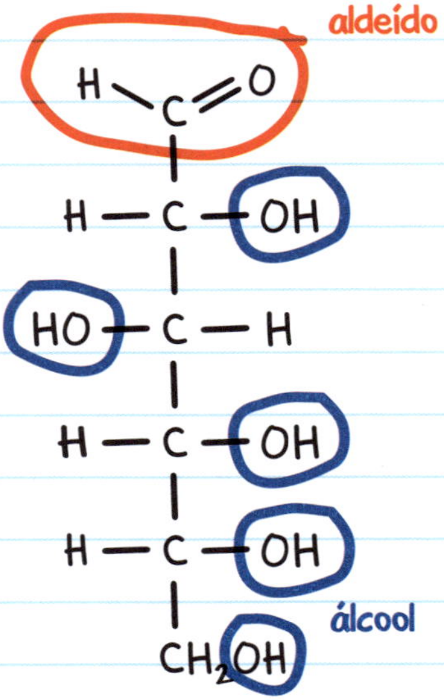
aldeído
álcool

4.

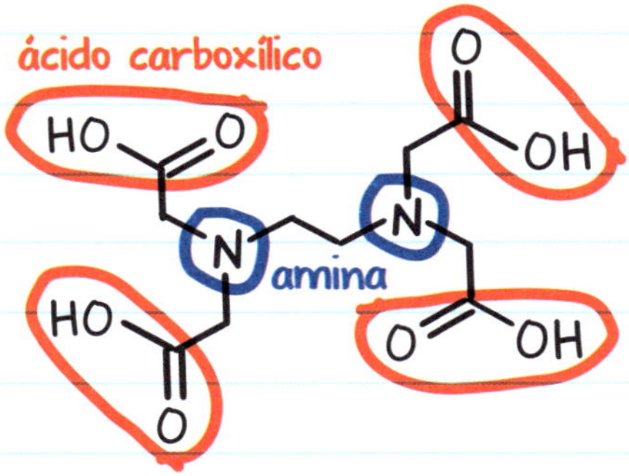
ácido carboxílico
HO
O
O
OH
N
N
amina
HO
O
OH
O

5. A fórmula molecular das duas é C_3H_6O, portanto são isômeros.

Capítulo 43
REAÇÕES ORGÂNICAS

As reações orgânicas costumam seguir padrões, conforme a reatividade dos grupos funcionais presentes nos compostos. Por meio delas, é possível produzir moléculas orgânicas em laboratório.

As principais reações orgânicas podem ser agrupadas como:
- Reações de adição
- Reações de eliminação
- Reações de substituição
- Reações de oxidação e redução

REAÇÕES DE ADIÇÃO

São reações de síntese: dois reagentes se unem, formando somente um produto. Geralmente ocorre após a quebra de uma ligação π, que permite que os carbonos envolvidos realizem ligações com outras substâncias.

Fórmula geral:

$$\mathrm{C=C} + \mathrm{A-B} \longrightarrow \mathrm{-\underset{|}{\overset{A}{C}}-\underset{|}{\overset{B}{C}}-}$$

Algumas das reações de adição mais conhecidas são:
- Hidrogenação: quando A – B é uma molécula de H_2. Nesse caso, cada átomo de H se liga a um dos átomos de carbono que faziam ligação π.
- Halogenação: quando A – B é uma molécula de halogênio (F_2, Cl_2, Br_2 ou I_2).
- Hidratação: quando A – B é uma molécula de água. Também pode ser chamada de hidrólise, pois a água se quebra, fazendo com que um dos carbonos se ligue a seu hidrogênio, enquanto outro carbono se liga à hidroxila restante.

Na reação de adição a moléculas insaturadas, as mudanças ocorrem somente nas insaturações (ou seja, nas duplas e triplas ligações). Os alcinos também podem participar dessa reação, tornando-se alcenos ou alcanos, dependendo das condições.

Quando A e B forem do tipo HX (haleto de hidrogênio), usamos a regra de Markovnikov para determinar qual carbono se ligará a qual fragmento: o átomo de hidrogênio será adicionado ao carbono mais hidrogenado, isto é, aquele que já possui mais ligações com átomos de hidrogênio (comparando-se somente os átomos de carbono que originalmente faziam a ligação dupla).

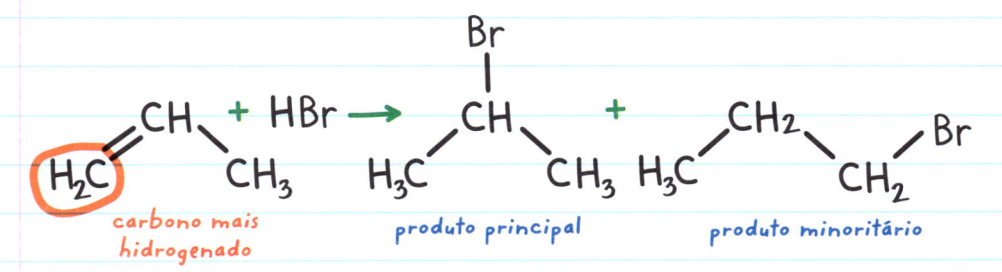

H_2C=CH-CH_3 + HBr → H_3C-CH(Br)-CH_3 + H_3C-CH_2-CH_2-Br

(**H_2C**) carbono mais hidrogenado

produto principal

produto minoritário

REAÇÕES DE ELIMINAÇÃO

São o caminho inverso da adição: dois carbonos adjacentes perdem um ligante cada e realizam uma ligação π entre si. A fórmula geral é:

$$-\underset{|}{\overset{|}{C}}\overset{A}{-}\underset{|}{\overset{|}{\overset{B}{C}}}- \longrightarrow C=C + A-B$$

Algumas reações de eliminação comuns são:
- Desidrogenação: quando o produto é H_2.
- Desalogenação: quando o produto é um halogênio.
- Desidratação: quando a molécula perde uma hidroxila e um hidrogênio adjacente, formando água.

As reações de eliminação que envolvem perda de átomos de hidrogênio seguem a regra de Saytzef: o hidrogênio a ser eliminado sai do carbono menos hidrogenado. Podemos ver isso na reação de desidratação abaixo:

$$H_3C-\underset{\text{carbono menos hidrogenado}}{\underset{|}{\overset{\overset{CH_3}{|}}{CH}}}-\underset{\underset{OH}{|}}{CH}-CH_3 \longrightarrow \underset{\text{produto principal}}{H_3C-\overset{\overset{CH_3}{|}}{C}=CH-CH_3} + \underset{\text{produto minoritário}}{H_3C-\overset{\overset{CH_3}{|}}{CH}-CH=CH_2} + H_2O$$

REAÇÕES DE SUBSTITUIÇÃO

Nessas reações, um átomo ou um grupo de átomos de uma molécula orgânica é substituído por outro átomo ou grupo de átomos.

$$-\overset{Z}{\underset{|}{C}}-\overset{|}{\underset{|}{C}}- \;+\; A-B \;\longrightarrow\; -\overset{A}{\underset{|}{C}}-\overset{|}{\underset{|}{C}}- \;+\; Z-B$$

As reações de substituição ocorrem com nucleófilos, moléculas que têm afinidade por átomos com carga parcial positiva como o carbono e que costumam ter átomos com pares não ligantes de elétrons. Álcoois, haletos orgânicos e aminas são alguns exemplos. Se o nucleófilo apenas se ligasse ao carbono, ele acabaria fazendo cinco ligações, o que não é possível. Consequentemente, a ligação de outro de seus quatro substituintes acaba sendo quebrada. No exemplo acima, o fragmento representado por Z é o grupo que sai.

As principais reações de substituição são:
- Halogenação: produção de uma molécula contendo função haleto orgânico.
- Nitração: adição de um grupo nitro ($-NO_2$) à molécula.
- Sulfonação: adição de um grupo sulfônico ($-SO_3$) à molécula.
- Esterificação: produção de uma molécula contendo função éster.

A reação de esterificação mais comum ocorre entre um ácido carboxílico e um álcool. Trata-se de uma reação muito utilizada na indústria alimentícia, pois, como já falamos, os ésteres são muito empregados como aromatizantes sintéticos.

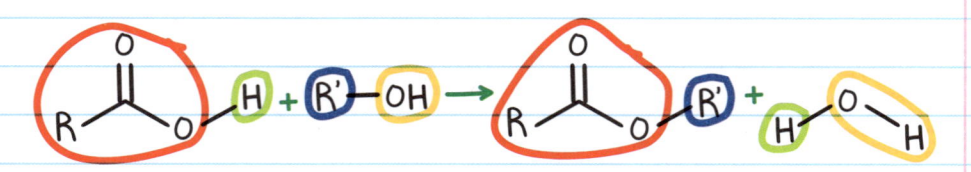

$$R-COOH + R'-OH \rightarrow R-COO-R' + H_2O$$

REAÇÕES DE OXIDAÇÃO E REDUÇÃO

São aquelas que envolvem alterações no nox dos átomos presentes no composto.

Em Química Orgânica, as reações redox geralmente são associadas à:

- Oxidação do reagente principal: aumento do número de ligações entre carbono e átomos mais eletronegativos (sobretudo oxigênio) ou diminuição da quantidade de átomos de hidrogênio, que é mais eletropositivo que o carbono. Dessa forma, o carbono é oxidado.
- Redução do reagente principal: adição de átomos de hidrogênio ou diminuição da quantidade de ligações com átomos mais eletronegativos, sobretudo oxigênio. Assim, o carbono é reduzido (seu estado de oxidação é menor).

Reações de oxidação

Uma reação genérica de oxidação pode ser representada por [O] sobre a seta de reação.

Quando é oxidado, o carbono de um álcool primário faz mais uma ligação com o mesmo oxigênio, gerando um aldeído:

$$\begin{array}{c}\text{H} \quad \text{H} \\ | \quad | \\ \text{H}-\text{C}-\text{C}-\text{H} \\ | \quad | \\ \text{H} \quad \text{OH}\end{array} \xrightarrow{[O]} \begin{array}{c}\text{H} \\ | \\ \text{H}-\text{C}-\text{C}\underset{\text{H}}{\overset{\nearrow O}{}} \\ | \\ \text{H}\end{array}$$

Um álcool secundário se torna uma cetona, pois seu carbono é secundário:

$$\begin{array}{c}\text{H} \quad \text{OH} \quad \text{H} \\ | \quad | \quad | \\ \text{H}-\text{C}-\text{C}-\text{C}-\text{H} \\ | \quad | \quad | \\ \text{H} \quad \text{H} \quad \text{H}\end{array} \xrightarrow{[O]} \begin{array}{c}\text{H} \quad \text{O} \quad \text{H} \\ | \quad \| \quad | \\ \text{H}-\text{C}-\text{C}-\text{C}-\text{H} \\ | \quad \quad | \\ \text{H} \quad \quad \text{H}\end{array}$$

(Os hidrogênios perdidos pelas moléculas podem formar diferentes produtos, dependendo do reagente oxidante e das outras substâncias presentes na mistura. Geralmente ligam-se a átomos de oxigênio, formando moléculas de água.)

Um exemplo de aplicação dessa reação é o teste do bafômetro. O tubo onde se assopra contém íons dicromato, $Cr_2O_7^{2-}$, de cor laranja. Quando reagem com álcool, são reduzidos para Cr^{3+}, que é verde. O equipamento consegue ler a intensidade com que essa cor é alterada, que é proporcional à quantidade de álcool emitida pelo sopro. Outro modelo de bafômetro, mais atual, é uma minicélula a combustível, que oxida o etanol do sopro em uma reação de combustão e monitora a corrente elétrica produzida nessa pilha, que também é proporcional à concentração de álcool.

As reações de COMBUSTÃO também são reações de oxidação. Uma combustão completa produz dióxido de carbono (CO_2). Quando há escassez de oxigênio, a combustão é incompleta e pode produzir C ou CO.

Hidrocarbonetos + O_2 → CO_2 + H_2O *Combustão completa*
Hidrocarbonetos + O_2 → CO + H_2O *Combustão incompleta*
Hidrocarbonetos + O_2 → C + H_2O *Combustão incompleta*

Os alcenos também podem sofrer oxidação. Caso seja uma OXIDAÇÃO BRANDA, com permanganato de potássio ($KMnO_4$) ou tetróxido de ósmio (OsO_4), serão adicionadas duas hidroxilas aos carbonos que realizavam a ligação dupla.

$$\diagdown \!\! C \!\! =\!\! C \!\! \diagdown \xrightarrow{[O]} -\underset{|}{\overset{OH}{\underset{|}{C}}}-\underset{|}{\overset{OH}{\underset{|}{C}}}-$$

Na OXIDAÇÃO ENERGÉTICA, a molécula de alceno é quebrada totalmente na ligação dupla entre carbonos, e uma ligação dupla com um átomo de oxigênio é adicionada a cada fragmento.

Caso um desses carbonos seja primário, ele é oxidado para ácido carboxílico. Ou seja, essa reação pode produzir moléculas de cetona e/ou ácidos carboxílicos. Essa reação também pode acontecer com o oxidante KMnO₄, mas deve-se aquecer a mistura para potencializar a oxidação:

$$H_3C-CH=C(CH_3)-CH_2CH_3 \xrightarrow[\Delta]{KMnO_4} H_3C-C(=O)-OH + O=C(CH_3)-CH_2CH_3$$

oxidação energética → ácido carboxílico + cetona

Essa é uma fórmula geral do comportamento de um grupo de moléculas. Por isso o agente oxidante ou redutor aparece sobre a seta.

> Reações em altas temperaturas são representadas pelo símbolo Δ acima ou abaixo da seta de reação.

A OZONÓLISE é um tipo de oxidação que utiliza gás ozônio como oxidante. Essa reação também quebra a molécula na posição da dupla ligação, mas produz aldeídos e/ou cetonas quando realizada em condições mais controladas – adiciona-se, por exemplo, zinco metálico, que é um agente redutor (como visto na Unidade 12) e protege o reagente de oxidação excessiva.

$$H_3C-CH=C(CH_3)-CH_2CH_3 \xrightarrow{O_3} H_3C-C(H)=O + O=C(CH_3)-CH_2CH_3$$

ozonólise → aldeído (H é mantido) + cetona

579

Reações de redução

São muito empregadas na Síntese Orgânica, que é uma área da Química extremamente importante para o desenvolvimento tecnológico, baseada no planejamento e produção de novas moléculas orgânicas que contenham determinadas propriedades físicas e químicas desejadas. Um exemplo de sua aplicação são as telas flexíveis para celulares, que lidam com substâncias orgânicas com propriedades especiais, como a de conduzir corrente elétrica ou a de emitir luz.

É uma área desafiadora, pois é influenciada por pH, eletronegatividade, solubilidade dos reagentes, equilíbrio químico, temperatura de reação, etc.

Na Síntese Orgânica, os redutores mais utilizados contêm hidreto, que são hidrogênios com nox -1. Os reagentes mais simples, como hidreto de lítio (LiH), são pouco solúveis. Então, utilizam-se reagentes como hidreto de alumínio e lítio (LiAlH$_4$).

Os átomos de hidrogênio do hidreto são adicionados diretamente ao átomo de carbono que se deseja reduzir. No exemplo abaixo, o carbono da carbonila recebe um hidrogênio e perde uma ligação π com o oxigênio, tornando-se uma função álcool.

$$R-\underset{}{\overset{O}{C}}-R' \xrightarrow{LiAlH_4} R-\underset{H}{\overset{OH}{C}}-R'$$

VERIFIQUE SEUS CONHECIMENTOS

1. Qual é o produto da hidrogenação do alceno abaixo?

2. O que afirma a regra de Markovnikov?

3. Qual o produto da reação de esterificação do ácido etanoico com o butanol?

4. Qual a diferença entre uma reação de oxidação energética e uma ozonólise?

RESPOSTAS 581

CONFIRA AS RESPOSTAS

1.

$$H_3C\text{-}C(CH_3)=CH\text{-}CH_3 + H_2 \rightarrow H_3C\text{-}CH(CH_3)\text{-}CH_2\text{-}CH_3$$

2. Ela afirma que, em reações orgânicas de adição de haletos de hidrogênio, o átomo de hidrogênio será adicionado ao carbono da insaturação mais hidrogenado.

3. O etanoato de butila.

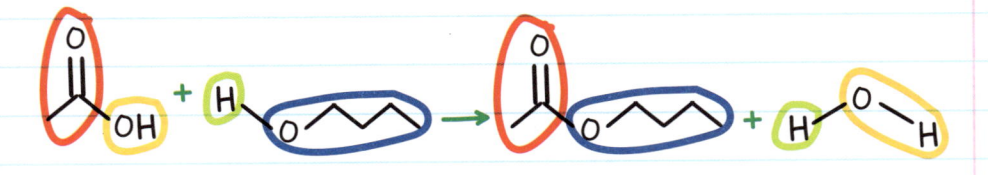

[esquema da reação de esterificação: ácido carboxílico + álcool → éster + água]

4. Na oxidação energética, a molécula de alceno é quebrada totalmente na ligação dupla entre carbonos, e uma ligação dupla com um átomo de oxigênio é adicionada a cada fragmento. Caso um desses carbonos seja primário, ele será oxidado para ácido carboxílico. Ou seja, essa reação pode produzir moléculas de cetona e/ou ácidos carboxílicos. A ozonólise utiliza gás ozônio como oxidante e quebra a molécula na posição da dupla ligação, mas produz aldeídos e/ou cetonas.